分析化学

（仪器分析部分）

周　激　吴跃焕　主编

辛先荣　赵晓红　程雪松　陈志敏　李　敏　编

国防工业出版社

·北京·

内 容 简 介

现代仪器分析种类繁多，根据我国目前的实际情况和对应用型本科人才培养的要求，本书主要讨论了最常用的一些分析方法：光化学分析法，介绍了紫外-可见吸收光谱法、红外吸收光谱法、原子吸收光谱法和原子发射光谱法；电化学分析法，介绍了电位分析法、库仑分析法和伏安分析法；分离分析法，介绍了气相色谱分析法和高效液相色谱分析法；并对核磁共振波谱分析法和质谱分析法做了简要介绍。全书共12章，章后附有精选的思考题和习题，并附习题答案，以便读者课后练习与参考。

本书可作为高等院校化学化工类各专业仪器分析课程的教材，也可供工厂和科研单位从事分析测试的工作人员参考。

图书在版编目（CIP）数据

分析化学. 仪器分析部分/周激，吴跃焕主编. —北京：国防工业出版社，2013.1

ISBN 978-7-118-08455-9

Ⅰ.①分… Ⅱ.①周… ②吴… Ⅲ.①分析化学－高等学校－教材 ②仪器分析－高等学校－教材 Ⅳ.①O65

中国版本图书馆 CIP 数据核字（2012）第 269970 号

※

*国防工业出版社*出版发行

（北京市海淀区紫竹院南路 23 号　邮政编码　100048）

北京奥鑫印刷厂印刷

新华书店经售

*

开本 787×1092　1/16　印张 12½　字数 280 千字

2013 年 1 月第 1 版第 1 次印刷　印数 1—4000 册　定价 28.00 元

（本书如有印装错误，我社负责调换）

国防书店：（010）88540777　　　　发行邮购：（010）88540776

发行传真：（010）88540755　　　　发行业务：（010）88540717

前　言

　　仪器分析是分析化学的重要组成部分，是高等院校化学化工类专业必修的基础课程之一。随着科学技术的快速发展，新的仪器分析方法不断出现，其应用日益广泛，仪器分析方法已成为现代实验化学的重要支柱。

　　本书是为配合精品课程建设，以适应应用型人才培养为目的而编写的。因此，在编写过程中力求精选基本教学内容，重点阐述各种仪器分析方法的基本原理、定性定量方法以及各种分析法适应的条件和应用范围。因为仪器结构是为实现分析目的而设计的，所以对仪器的结构和工作原理也进行了一定篇幅的介绍。本书叙述上注重各部分内容的衔接，深入浅出，努力做到前后呼应，文字上力求通俗易懂，自然流畅。全书共12章，按光化学分析、电化学分析、分离分析顺序排列，考虑到目前仪器分析的应用现状，最后两章安排为核磁共振波谱分析和质谱分析。

　　本书的第1、2章由吴跃焕编写，第3章由陈志敏编写，第4、5章由辛先荣编写，第6、7、9章由周激编写，第8章由李敏编写，第10章由程雪松编写，第11、12章由赵晓红编写，全书由周激统稿。

　　解放军第二炮兵工程学院博士生导师刘祥萱教授对本书进行了审阅，在此深表谢意。

　　本书虽经多次讨论修改，但由于编者水平有限，错误或不妥之处，恳请使用者和读者给予批评指正。

编　者

2012 年 7 月

目　　录

第1章 绪 论

分析化学按分析方法分为 2 大类,即化学分析法和仪器分析法。以物质的化学反应为基础建立起来的分析方法称为化学分析法。而仪器分析是通过测量物质的物理性质或物理化学性质来确定物质组成、结构和含量的方法,由于需要用到特殊仪器,故称为仪器分析法。

仪器分析是在化学分析的基础上发展起来的,它是分析化学的重要组成部分。仪器分析除了用于定性定量分析外,还可以用于物质的结构、价态和状态分析,表面、微区和薄层分析,化学反应有关参数的测定以及为其他学科提供有用的化学信息等。因此,仪器分析不仅是重要的分析测试方法,还广泛应用于研究和解决各种化学理论和实际问题。仪器分析是强有力的科学研究手段,是分析化学的发展方向。

1.1 仪器分析的内容和分类

仪器分析方法很多,内容非常丰富,按测量的物理或物理化学性质的不同,可分为以下几类。

1.1.1 光化学分析法

光化学分析法是以辐射能与物质相互作用为基础建立起的一类分析方法,这类方法主要有:

1. 分子吸收光谱法

分子吸收光谱法是根据物质的分子或离子对不同波长的光的吸收特征而建立起来的分析方法,可用于测定物质的定性组成、定量组成以及进行结构分析。根据所用光的波长区域不同,可分为紫外-可见吸收光谱法、红外吸收光谱法等。

2. 原子吸收光谱法

原子吸收光谱法是根据基态原子能够有选择地吸收特定波长的光,其吸收程度与基态原子的浓度有函数关系,通过测定物质对光的吸收程度进行定量分析。

3. 原子发射光谱法

当基态原子被激发成为激发态原子,由激发态原子回到基态原子的过程中,它们以光的形式释放出能量。不同元素的原子所发射的谱线不同,根据发射谱线的特征,可进行定性分析;根据发射谱线的强度可进行定量分析。

4. 核磁共振波谱分析法

在强磁场中,原子核发生能级分裂(在 1.41T 磁场中,磁能级差约为 25×10^{-3} J),当吸收外来电磁辐射(109 nm~1010 nm,4 MHz~900MHz)时,将发生核能级的跃迁,产生核磁共振现象,通过测定氢原子的位置、环境以及官能团和碳骨架上的氢原子相对数目，得到核磁共振碳谱和氢谱，从而确定有机化合物的结构、构型等。

1.1.2　电化学分析法

这类分析方法是将含有待测物的试液组成化学电池或电解池，通过测量电池或电解池的电动势、电流或电量等电化学参数，获得待测物的含量。常用的方法有：

1．电位分析法

该法是基于溶液中某种离子的活度和相应的电极的电位具有一定的函数关系，通过测量电极电位（两电极组成的电池电动势）而进行定量测定的分析方法。它包括直接电位法和电位滴定法。

2．库仑分析法

它是根据电解定律而建立的分析方法。通过测量电解所消耗的电量计算被测组分的含量。它可分为控制电位库仑法和恒电流库仑法。

3．伏安分析法

伏安分析法是一种特殊形式的电解分析法。它以小面积的工作电极与参比电极组成电解池，根据所得电流-电压曲线（伏-安曲线）进行定性定量分析。如使用滴汞电极作工作电极的又叫极谱分析。它又发展了许多新的极谱技术，其中广泛应用的有极谱催化波、单扫描极谱、方波极谱、脉冲极谱以及溶出伏安法。

1.1.3　分离分析法

分离分析法主要是指分离与测定一体化的仪器分析法，其中色谱法是它们的代表。其原理是根据混合物各组分，在互不相溶的两相（固定相和流动相）中的吸附能力、分配系数或其他亲和作用的差异作为分离依据，当混合物中各组分随着流动相移动时，在流动相和固定相之间进行反复的分配，这样就能使吸附能力或分配系数不同的组分在移动速度上产生差异，使各组分得到分离，分离后的组分被检测器检测出。用气体作为流动相的称为气相色谱，用液体作为流动相的称为液相色谱。毛细管电泳也属于此类分析方法。

1.1.4　其他仪器分析法

除上面介绍的常用仪器分析方法外，还有质谱法、差热分析法、放射化学分析法等：质谱法是通过物质在离子源中被电离形成带电离子,在质量分析器中按离子质荷比（m/z）进行测定的分析方法；热分析法是基于物质的质量、体积、热导或反应热等与温度之间关系的一种测定方法；利用放射性同位素进行分析的方法为放射化学分析法。

1.2　仪器分析的特点和局限性

1.2.1　仪器分析的特点

仪器分析与化学分析相比，具有下列一些主要特点：

（1）灵敏度高。最低检出浓度和检出量大大降低，相对灵敏度达 $1/10^{11}$（ppt 级），

最低可达 $1/10^{18}$；绝对灵敏度达 $10^{-9}g \sim 10^{-12}g$，适用于痕量、超痕量分析。

（2）分析速度快，易于实现自动化。例如：用光电直读光谱仪在 1min～2min 之内可同时对钢中 20 多个元素给出分析结果；毛细管色谱用于石油馏分的测定，十几分钟内可测出上百个组分。仪器分析一般都将物质浓度或物理性质转变成电信号，因此易于实现自动控制和在线测定。

（3）可以实现无损分析。化学分析在溶液中进行，试样需要溶解或分解；仪器分析可在物质原始状态下分析，可实现试样非破坏性分析及表面、微区分析，这对文物分析以及其他一些特殊领域的分析用途很大。

（4）不单进行成分分析，并且可以完成组成物质分子之间分布、存在状态及化学结构等特征测定。

1.2.2　仪器分析的局限性

（1）仪器价格较昂贵，平时对仪器的维护要求较高，特别是大型和复杂的精密仪器很难普遍使用。

（2）多数仪器分析的相对误差较大，不适用于常量和高含量组分的测定。例如，发射光谱的相对误差为 5%～20%。

（3）仪器分析是一种相对分析法，一般需要标准样品做对照，而这些标准样品需要用化学分析方法来标定。此外，在进行仪器分析之前，时常需要化学方法对试样进行预处理（如富集、除去干扰杂质等）。

因此，化学方法和仪器方法是相辅相成的，在使用时应根据具体情况，取长补短，互相配合。

1.3　仪器分析的发展趋势

仪器分析自 20 世纪 30 年代后期问世以来，不断丰富分析化学的内涵并使分析化学发生了一系列根本性的变化。随着科学技术的发展，分析化学将面临更深刻、更广泛和更激烈的变革。现代分析仪器的更新换代和仪器分析新方法、新技术的不断创新与应用，是这些变革的重要内容。纵观仪器分析的历史和现状，其发展趋势大致可归纳下列几个方面。

（1）仪器分析和分析仪器正向自动化、智能化和微型化方向发展，发展趋势的主要表现是：基于微电子技术和计算机技术的应用实现分析仪器的自动化；通过计算机控制器和数字模型以及数字图像处理系统进行数据采集、运算、统计、分析、处理，提高分析仪器数据处理能力。自动化、智能化、微型化的仪器分析方法将逐渐成为常规分析的手段。

（2）非破坏性检测及遥测是仪器分析方法的又一个重要外延。当今的许多物理和物理化学分析方法都已发展为非破坏性检测。这对于生产流程控制，自动分析及难于取样的诸如生命过程等的分析是极端重要的。应用激光雷达、激光散射和共振荧光、傅里叶变换红外吸收光谱等，已成功地用于遥测几十千米距离内的气体、某些金属的原子和分子、飞机尾气组成、炼油厂周围大气组成等，并为红外制导和反制导系统的设计提供理论和实验根据。

（3）生命科学及生物工程的发展向分析化学提出了新的挑战和要求。仪器分析不仅在生命体和有机组织的整体水平上，而且在分子和细胞水平上来认识和研究生命过程中某些大分子及生物活性物质的化学和生物本质。用于生物大分子及生物活性物质的表征与测定，成为生物大分子多维结构和功能研究以及生物药学、生理病理变化的有力工具。

（4）发展各种仪器分析方法的特长，实现不同仪器分析方法的联用技术，特别是色谱分离与质谱、光谱检测联用及与计算机、信息理论结合，将大大提高仪器分析获取并快速处理复杂问题的能力。分析仪器的联用技术向测试速度超高速化、分析试样超微量化、分析仪器超小型化的方向发展。

第2章 紫外−可见吸收光谱分析

2.1 光谱分析的基本知识

2.1.1 光的基本性质

1．光的波粒二象性

光是一种电磁波（或称电磁辐射），它具有波动性和粒子性两重性质。光的波动性是指光按波的形式传播，其波长 λ 与频率 ν 的关系为

$$\nu = \frac{c}{\lambda} \tag{2-1}$$

式中：λ 的单位为厘米（cm）；ν 的单位为赫［兹］（Hz）；c 为光速，等于 $3 \times 10^{10} \text{cm·s}^{-1}$。

光的粒子性是指光是由光子（或称光量子）组成，光子的能量 E 与波长 λ、频率 ν 的关系为

$$E = h\nu = \frac{hc}{\lambda} \tag{2-2}$$

式中：E 的单位为焦［耳］（J）；h 为普朗克常量，等于 $6.63 \times 10^{-34} \text{J·s}$。

由式（2-2）可知，光的能量与光的频率成正比，与光的波长成反比，光的频率越高（波长越短），能量越大。

2．电磁波谱

按波长顺序排列的电磁波称为电磁波谱，电磁波谱根据波长划分为几个不同的波谱区，电磁波谱区及引起物质运动的各种跃迁类型与所对应的分析方法见表2-1。

表 2-1　电磁波谱区域及对应的分析方法

波 谱 名 称	波 长 范 围	跃 迁 类 型	辐 射 源	分 析 方 法
γ 射线区	5 pm～140 pm	核能级	核聚变、钴 60	
X 射线区	10^{-2} nm～140 nm	内层电子能级	X 射线管	X 射线光谱法
远紫外光区	10 nm～200 nm	内层电子能级	氢、氙、氘灯	真空紫外光谱法
近紫外光区	200 nm～400 nm	价电子能级	氢、氙、氘灯	紫外光谱法
可见光区	400 nm～750 nm	价电子能级	钨灯	可见光谱法
近红外光区	0.75 μm～2.5 μm	分子振动能级	碳化硅热棒	近红外光谱法
中红外光区	2.5 μm～50 μm	分子振动能级	碳化硅热棒	中红外光谱法
远红外光区	50 μm～1 000 μm	分子振动能级	碳化硅热棒	远红外光谱法
微波区	0.1 cm～100 cm	分子转动能级	电磁波发射器	微波光谱法
无线电波区	1 m～1 000 m	电子和核自旋		核磁共振光谱法
注　由于远紫外光为空气所吸收，也称真空紫外区； 　　1m = 10^6μm，1m = 10^9nm，1m=10^{12}pm				

5

2.1.2 光与物质的作用

物质是由原子或分子组成的，在正常状态下，组成物质的原子或分子处于最低能量状态，即基态（稳定状态）。如果原子或分子获得能量（光能或热能等）就会从基态跃迁到较高的能级上，此时原子或分子就处于激发态，激发态十分不稳定，大约经过10^{-8}s～10^{-9}s就又回到基态，这部分能量以光的形式（或其他能量形式）释放出。

$$M(\text{基态}) + h\nu \rightleftharpoons M^*(\text{激发态})$$

原子或分子的激发态能级很多，各个能级是不连续的，具有量子化的特征。原子或分子要产生能级跃迁，所吸收的能量必须正好等于跃迁所需的能量，即原子或分子吸收光能具有选择性。如用E_0表示基态能级的能量，各激发态能级的能量用E_j（j=1,2,…）表示，则跃迁能与吸收波长的关系为

$$E_j - E_0 = \Delta E_j = \frac{hc}{\lambda_j} \qquad (2-3)$$

或

$$\lambda_j = \frac{hc}{\Delta E_j} \qquad (2-4)$$

原子跃迁比较简单，是指原子中电子的跃迁。分子跃迁比原子跃迁复杂得多，因为分子内部，即有价电子的运动，又有分子内原子相对于平衡位置的振动和分子绕其重心的转动，因此分子跃迁有电子跃迁、振动跃迁和转动跃迁3种形式。

（1）电子跃迁所需的能量较大，一般在1 eV～20 eV之间（1eV=1.60×10^{-19}J），如跃迁能量ΔE是5eV，则由式（2-4）可计算出相应的波长

$$\lambda = \frac{hc}{\Delta E} = \frac{6.63 \times 10^{-34} \text{J·s} \times 3.0 \times 10^{10} \text{cm·s}^{-1}}{5 \times 1.60 \times 10^{-19} \text{J}} = 2.5 \times 10^{-5} \text{cm} = 250 \text{nm}$$

可见，由于电子能级跃迁而产生的光谱吸收位于紫外光区或可见光区（一般在200nm～750nm之间）。

（2）分子振动能级差一般在0.025eV～1eV之间，比电子能级差小10倍左右，如果ΔE为0.1 eV，代入式（2-4），则得λ=12.4μm，一般在红外光区（780nm～25μm之间），如用红外线照射分子，不足以引起电子能级跃迁，只能引起振动能级跃迁。

（3）转动能级级差更小，一般在0.003eV～0.025eV之间，相当于光的波长为50μm～300μm，处于远红外区。

图2-1所示是双原子分子的能级示意图，图中E_A和E_B表示不同能量的电子能级，在每个电子能级中因振动能量不同而分为若干个$\nu = 0$、1…的振动能级，在同一电子能级和同一振动能级中，还因转动能量不同而分为若干个$J = 0$、1…的振动能级。

应该指出的是，在电子跃迁的同时会产生振动能级和转动能级的跃迁，在振动能级跃迁的同时会产生转动能级的跃迁，振动能级间隔一般为5nm，转动能级间隔一般为0.25nm。因此，在一般分光光度计中，由于分辨率不是太高，观察到的为合并成较宽的带，所以分子光谱是带状光谱，如图2-2所示。而原子能级跃迁是纯电子跃迁，故为线状光谱。

由于各种物质分子内部结构的不同，分子的能级也是千差万别的，各种能级之间的

间隔也互不相同，这样就决定了它们对不同波长光的选择吸收。如果改变通过某一吸收物质的入射光的波长，并记录该物质在每一波长处的吸光度（A），然后以波长为横坐标，以吸光度为纵坐标作图，这样得到的谱图称为该物质的吸收光谱或吸收曲线。某物质的吸收光谱反映了它在不同的光谱区域内吸收能力的分布情况（可以从波形、波峰的强度、位置及数目看出），这为研究物质的内部结构提供了重要的信息。图 2-2 是邻二氮菲的吸收光谱，吸收光谱在光谱定量分析中是选择测定波长的主要依据。

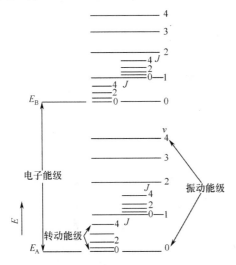

图 2-1　分子中电子能级、振动
能级和转动能级示意图

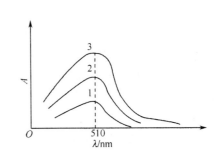

图 2-2　邻二氮菲溶液在 3 种浓度下的吸收光谱

2.1.3　光吸收的基本定律

1. 透射比和吸光度

光的吸收程度与光通过物质前后的光的强度变化有关。当一束强度为 I_0 的平行单色光通过一均匀、非散射和非反射的吸收介质时（如图 2-3 所示），一部分光被介质吸收，一部分光通过介质。设透过的光强度为 I_t，则 I_t 与 I_0 之比定义为透射比，用 T 表示为

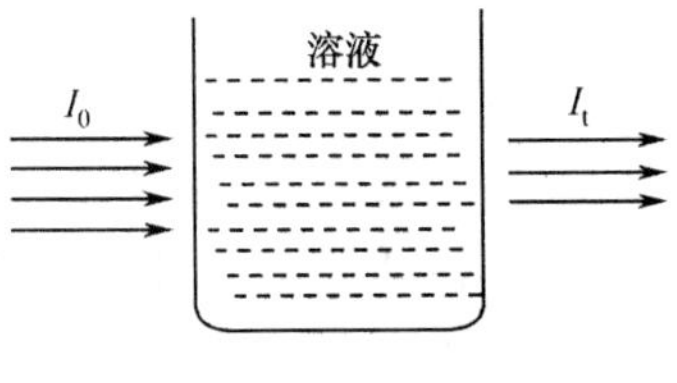

$$T = \frac{I_t}{I_0} \qquad (2-5)$$

图 2-3　溶液吸光示意图

T 越大，表示介质对光的吸收越小；反之 T 越小，表示介质对光的吸收越大。透射比常以百分率表示，其取值范围为 0%～100%。

物质对光的吸收程度一般常用吸光度 A 表示，吸光度与光强度、透射比之间的关系为

$$A = -\lg T = \lg \frac{I_0}{I_t} \qquad (2-6)$$

A 的取值范围为 0～∞，A 越大，表示物质对光的吸收越大，反之 A 越小，表示物质对光的吸收越少。

2. 朗伯−比尔定律

朗伯−比尔定律是描述溶液浓度、液层厚度与吸光度之间关系的定律，它是吸收光

谱分析的依据和基础。

当一束平行单色光照射一固定浓度的溶液时，其吸光度 A 与光通过的液层厚度 b 成正比。此即朗伯定律，数学表达式为

$$A = k'b \qquad (2-7)$$

式中：k' 为比例系数。

当一束平行单色光照射厚度一定的均匀溶液时，吸光度 A 与溶液浓度 C 成正比，此即比尔定律，数学表达式为

$$A = k''b \qquad (2-8)$$

式中：k'' 为比例系数。

当溶液的浓度 C 和液层厚度 b 均改变时，合并式（2-7）和式（2-8），得到朗伯-比尔定律，其数学表达式为[①]

$$A = kbC \qquad (2-9)$$

该定律表示，当一束平行单色光垂直通过溶液时，溶液对光的吸收程度与溶液的浓度和液层的厚度的乘积成正比。

式（2-9）中：比例系数 k 称为吸光系数，它与溶液的性质以及入射光波长有关。k 的值及单位还与 C 和 b 采用的单位有关，b 的单位通常以 cm 表示：如 C 以 $g \cdot L^{-1}$ 为单位时，k 称为质量吸光系数，以 a 表示，其单位为 $L \cdot g^{-1} \cdot cm^{-1}$；如 C 以 $mol \cdot L^{-1}$ 为单位时，k 称为摩尔吸光系数，以 ε 表示，其单位为 $L \cdot mol^{-1} \cdot cm^{-1}$。$\varepsilon$ 比 a 更常用，它的物理意义是：吸光物质的浓度为 $1mol \cdot L$、液层厚度为 1cm 时溶液的吸光度。ε 反映了某物质对特定波长光的吸收能力，ε 越大，表示物质对光的吸收能力越强，光度测定的灵敏度越高。

应该指出的是，朗伯-比尔定律不仅适用于均匀非散射的液态样品，也适用于微粒分散均匀的固态或气态样品。另外，吸光度具有加和性，即在某一波长下，如果样品中 n 种组分同时能够产生吸收，则样品的总吸光度等于各组分的吸光度之和，即

$$A = A_1 + A_2 + \cdots + A_n = \sum_{i=1}^{n} A_i \qquad (2-10)$$

因此，该定律即可用于单组分分析，也可用于多组分的同时测定。

3. 偏离朗伯-比尔定律的因素

根据朗伯-比尔定律，对于一定厚度的溶液，用吸光度对浓度作图，得到的应该是一条通过原点的直线，即二者之间应呈线性关系。但在实际工作中，吸光度与浓度之间常常偏离线性关系，也就是偏离朗伯-比尔定律，如图 2-4 所示。引起偏离的因素很多，通常可归纳为与样品有关和与仪器有关的 2 类因素。

1）与测定样品溶液有关的因素

推导朗伯-比尔定律时隐含着测定试液中各组分之间没有相互作用的假设，因此仅在稀释溶液中才适用，在高浓度（$C > 0.01 \cdot mol \cdot L^{-1}$）时，由于

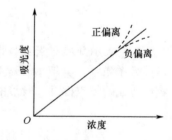

图 2-4　偏移朗伯-比尔定律示意图

---

① 朗伯-比尔定律的推导可参考有关资料。

吸光质点间的平均距离缩小，临近质点彼此的电荷分布会产生相互影响，以致改变它们对特定辐射的吸收能力，即吸光系数发生变化，导致对比尔定律的偏移。

被测溶液体系一般比较复杂，各组分之间的相互作用则是不可避免的。例如，可以发生离解、缔合、光化学反应、互变异构及配合物配位数变化等作用，从而改变了吸光物质的浓度，使吸光度发生变化，造成工作曲线的偏离。典型的例子是 $K_2Cr_2O_7$，存在以下平衡：

$$Cr_2O_7^{2-} (橙) + H_2O = 2H^+ + 2CrO_4^{2-}(黄)$$

由上述平衡可看出，溶液中的主要吸光物质的 $Cr_2O_7^{2-}$ 和 CrO_4^{2-} 的相对浓度比例与溶液的稀释程度和酸度有密切关系，若条件改变，二者的相对比例也随之改变。偏离了比尔定律。

2）与仪器有关的因素

严格讲朗伯–比尔定律只适用于单色光，但在紫外–可见光谱法中从光源发出的光经单色器分光后，为满足实际测定中需有足够光强的需求，狭缝必须有一定的宽度。因此，由出射狭缝投射到被测溶液的光，并不是理论上要求的单色光，而是一小段波长范围的复合光。由于吸光物质对不同波长的光的吸收能力不同，就导致了对比尔定律的负偏离。这种非单色光是所有偏离比尔定律的因素中较为重要的一个。在所使用的波长范围内，吸光物质的吸光系数变化越大，这种偏离就越显著。例如，如图2-5所示的吸收光谱，谱带 I 的吸光系数变化不大，用谱带 I 进行分析，造成的偏离就比较小。而谱带 II 的吸光系数变化较大，用谱带 II 进行分析就会造成较大的偏离。所以通常选择吸光物质的最大吸收波长作为入射光，此处曲线较为平坦，吸光系数变化不大，对比尔定律的偏离程度就比较小。并且由于吸光系数大，测定的灵敏度高。

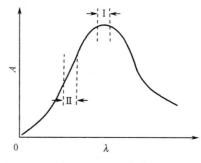

图2-5　不同波长段对偏离的影响示意图

2.2　化合物的紫外–可见吸收光谱

2.2.1　有机化合物的紫外–可见吸收光谱

1. 有机化合物电子跃迁的类型

紫外–可见吸收光谱是由分子中价电子的跃迁而产生的。根据分子轨道理论，在有机化合物分子中有几种不同性质的价电子：形成单键的电子称为 σ 键电子；形成双键的电子称为 π 键电子；含有未成键的孤对电子称为 n 电子（或称 P 电子）。这些价电子具有不同的能量，通常均处在分子轨道的基态，即成键轨道或未成键轨道上。当价电子吸收了一定的能量后就会跃迁到具有较高能量的反键轨道上（激发态）。在紫外光区及可见光区有机化合物常见的跃迁类型有 4 种：σ→σ*、n→σ*、π→π*和 n→π*跃迁，这些跃迁与能量关系如图2-6所示。

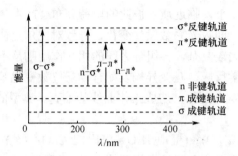

图 2-6　各种价电子跃迁能级示意图

能量大小顺序为：$\sigma \to \sigma^* > n \to \sigma^* \geqslant \pi \to \pi^* > n \to \pi^*$。

（1）$\sigma \to \sigma^*$ 跃迁。这是所有有机化合物都可以发生的跃迁类型，这类跃迁需要较高的能量，因而吸收的辐射波较短，处于小于 200nm 的远紫外光区。C—C 键和 C—H 键属于这类跃迁。

（2）$n \to \sigma^*$ 跃迁。含有杂原子（如 N、S、P 和卤素原子等）的有机化合物都能发生这类跃迁，跃迁需要的能量较 $\sigma \to \sigma^*$ 小，所以吸收的波长会长一些，λ_{max} 在 200nm 附近。

（3）$\pi \to \pi^*$ 跃迁。含有不饱和键的有机化合物都会发生 $\pi \to \pi^*$ 跃迁，跃迁的能量比上 2 种跃迁需要的能量小，吸收峰大都处于近紫外光区，在 200nm 左右。其特征是摩尔吸光系数很大，属于强吸收。

（4）$n \to \pi^*$ 跃迁。含有不饱和杂原子基团如—C=O、—NO_2 等的有机化合物，杂原子上有 n 电子，同时又有 π^* 轨道，可以发生这类跃迁。$n \to \pi^*$ 跃迁所需的能量最低，因此吸收辐射的波长最长，一般在近紫外光区甚至可见光区，这类跃迁的摩尔吸光子数比较小，$\varepsilon < 10^2$，比 $\pi \to \pi^*$ 跃迁小两三个数量级，常以此来区别这 2 类跃迁。

2. 常见有机化合物的紫外-可见吸收光谱

（1）饱和烃及其取代衍生物。饱和烃中只有 σ 键电子，只能产生 $\sigma \to \sigma^*$ 跃迁，吸收波长在远紫外光区。由于空气对远紫外光区光有吸收，一般紫外-可见光度仪还难于在远紫外光区工作，因此饱和烷烃常在紫外光谱分析中作为溶剂使用，如己烷、庚烷、环己烷等。

当饱和烃引入具有未成键 n 电子的杂原子时，就会产生 $n \to \sigma^*$ 跃迁，使吸收波长变大，这种由于在分子中引入其他原子或基团使吸收波长向长波方向移动的现象称为红移或深色移动。例如 CH_4 的 λ_{max} 为 125nm，而 CH_3Cl 的 λ_{max} 为 173nm。λ_{max} 因杂原子的电负性和原子半径不同而不同，一般电负性越大，原子半径越小，电子被束缚得越紧，跃迁所需的能量越大，吸收的波长越短，如 CH_3I、CH_3Br 和 CH_3Cl 的 λ_{max} 分别为 259nm、204nm 和 173nm。

能使吸收峰波长向长波方向移动的杂原子基团称为助色团，常见的有—OR、—OH、—NH_2、—NR、—SR、Cl、Br、I 等，一般为带 n 电子的原子或原子团。

（2）不饱和烃及共轭烯烃。这一类化合物有孤立双键或共轭双键，它们都含有 π 键电子，能产生 $\pi \to \pi^*$ 跃迁。若在饱和烃化合物中引入含有 π 键的不饱和基团，使这一化合物最大吸收峰波长移至紫外光区及可见光区范围内，这种基团称为生色团。常见的生色团有 C=C、C=O、C=N、C=S、N=N、NO、NO_2 等。

　　如果不饱和烃中存在共轭体系，由于共轭效应，生成大 л 键，大 л 键各能级间的距离较近，跃迁所需的能量小，吸收光波长就增长。例如乙烯的 λ_{max} 为 171nm（$\varepsilon=15530 L\cdot mol^{-1}\cdot cm^{-1}$），而丁二烯由于 2 个双键共轭，$\lambda_{max}$ 为 217nm（$\varepsilon=21000 L\cdot mol^{-1}\cdot cm^{-1}$），且共轭体系越大，吸收波长就越长，当分子中有 5 个及以上的共轭双键时吸收波长可达到可见光区，如胡萝卜素，分子中有 11 个双键共轭，λ_{max} 为 494nm。这种由于共轭双键中电子跃迁所产生的吸收带称为 K 吸收带，其特点是摩尔吸光系数大，$\varepsilon>10^4$。图 2-7 是乙酰苯的紫外光吸收光谱（正庚烷溶剂），由于乙酰苯中的羰基与苯环的双键共轭，因此可以看到很强的 K 吸收带。另外，图中还出现一称为 R 的吸收带，是分子中—C=O 中 $n\to\pi^*$ 跃迁所产生的，R 吸收带强度较弱（$\varepsilon<100 L\cdot mol^{-1}\cdot cm^{-1}$）。

　　（3）苯及其取代衍生物。如图 2-8 所示是苯的紫外光吸收光谱，由图可见，苯分别在 180nm 及 204nm 处产生 2 个强吸收带，是由苯环结构中 3 个 л 键环状共轭系统的跃迁产生的，这是芳香烃类化合物的特征吸收带。当苯环与生色团相连时，E_2 带红移，与 K 带合并称为 K 带，如图 2-7 所示。

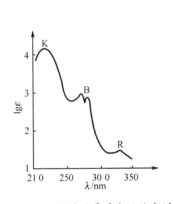

图 2-7　乙酰苯的紫外光吸收光谱

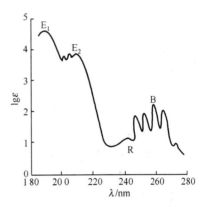

图 2-8　苯的紫外光吸收光谱（乙醇中）

　　此外，在 230nm～270nm 处出现称为 B 的吸收带，B 带具有精细结构，见图 2-8，这是由 $\pi\to\pi^*$ 跃迁和苯环振动的重叠引起的，当苯环上有取代基时 B 带简化，即精细结构消失，同时强度增加，见图 2-7。

3. 溶剂对紫外吸收光谱的影响

　　有机化合物的紫外–可见吸收光谱一般是在溶剂中测定的，由于溶剂的极性不同，同一种物质得到的光谱可能不一样，这种现象在吸收光谱中称为溶剂效应。表 2-2 列出了异丙叉丙酮在不同极性溶剂中的最大吸收波长，由表中数据可看出，随着溶剂极性增加，$\pi\to\pi^*$ 跃迁的吸收波长变大，$n\to\pi^*$ 跃迁的吸收波长变小。

表 2-2　溶剂对异丙叉丙酮吸收光谱的影响

溶　剂	异辛烷	氯　仿	甲　醇	水
$\pi\to\pi^*$ λ_{max}/nm	235	238	237	243
$n\to\pi^*$ λ_{max}/nm	321	315	309	305

　　造成这种影响的原因解释为：在 $\pi\to\pi^*$ 跃迁中，激发态的极性比基态强，极性溶剂使

激发态的能量降低程度较大，故极性溶剂使吸收带产生红移；在 n→π* 跃迁中，共用电子对在基态时与极性溶剂易形成氢键，从而使基态能量降低程度较大，造成吸收带紫移。

溶剂除了对吸收波长有影响外，还影响吸收程度和精细结构。例如 B 吸收带的精细结构在非极性溶剂中较清晰，但在极性溶剂中却较弱，有时会消失，因此在给出物质的紫外-可见吸收光谱时应注明所用的溶剂。另外，溶剂本身有一定的吸收带，表 2-3 所列是紫外吸收光谱分析中常用溶剂的最低波长极限，低于此波长时，将妨碍溶质吸收带的观察。

表 2-3　紫外吸收光谱分析中常用溶剂的最低波长极限

溶　剂	最低波长极限/nm	溶　剂	最低波长极限/nm
乙醚	220	甘油	220
环己烷	210	1，2-二氧乙烷	230
正丁醇	210	二氯甲烷	233
水	210	氯仿	245
异丙醇	210	乙酸正丁酯	260
甲醇	210	乙酸乙酯	260
甲基环己烷	210	甲酸甲酯	260
96%硫酸	210	甲苯	285
乙醇	215	吡啶	305
2，2，4-三甲戊烷	215	丙酮	330
对二氧六环	220	二硫化碳	380
正乙烷	220	苯	280

2.2.2　无机化合物的紫外-可见吸收光谱

1．电荷转移吸收光谱

某些分子同时具有电子给予体部分和电子接受体部分，它们在外来辐射激发下会强烈吸收紫外光或可见光，使电子从给予体外层轨道向接受体跃迁，这样产生的光谱称为电荷转移光谱。许多无机配合物能产生这种光谱。如以 M 和 L 分别表示配合物的中心离子和配位体，当一个电子由配位体的轨道跃迁到中心离子的轨道上时，可用下式表示：

$$M^{n+}—L^{b-} \xrightarrow{h\nu} M^{(n-1)+}—L^{(b-1)-}$$

例如：

$$Fe^{3+}—SCN^- \xrightarrow{h\nu} Fe^{2+}—SCN$$

一般来说，在配合物的电荷转移过程中，金属离子是电子接受体，配位体是电子给予体。此外，一些具有 d^{10} 电子结构的过渡元素形成的卤化物及硫化物，如 $AgBr$、PbI_2、HgS 等也是由于这类电荷转移而产生颜色。

电荷转移吸收光谱谱带的最大特点是摩尔吸光系数大，一般 $\varepsilon_{max} > 10^4 L \cdot mol^{-1} \cdot cm^{-1}$。因此，用这类谱带进行定量分析可获得较高的测定灵敏度。

2．配位体场吸收光谱

这种谱带是指过渡金属离子与配位体（通常是有机化合物）所形成的配合物在外来辐射作用下，吸收紫外光或可见光而得到相应的吸收光谱。元素周期表中第 4 周期、第 5 周期的过渡元素分别含有 3d 和 4d 轨道，镧系和锕系元素分别含有 4f 和 5f 轨道。

这些轨道的能量通常是相等的（简并的），而当配位体按一定的几何方向配位在金属离子的周围时，使得原来简并的 5 个 d 轨道和 7 个 f 轨道分别分裂成几组能量不等的 d 轨道和 f 轨道。如果轨道是未充满的，当它们的离子吸收光能后，低能态的 d 电子或 f 电子可以分别跃迁到高能态的 d 轨道或 f 轨道上去。这 2 类跃迁分别称为 d-d 跃迁和 f-f 跃迁。这 2 类跃迁必须在配位体的配位场作用下才有可能产生，因此又称为配位场跃迁。

图 2-9 所示为在八面体场中 d 轨道的分裂示意图。由于它们基态与激发态之间的能量不大，这类光谱一般位于可见光区。又由于选择规则的限制，配位场跃迁吸收谱带的摩尔吸光系数较小，一般 $\varepsilon_{max} < 10^2 \text{L·mol}^{-1}\text{·cm}^{-1}$。相对来说，配位场吸收光谱较少用于定量分析中，但它可用于研究配合物的结构及无机配合物键合理论等方面。

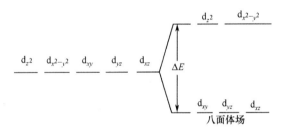

图 2-9　在八面体场中 d 轨道的分裂示意图

2.3　紫外-可见光谱仪

2.3.1　仪器构成

各种型号的紫外-可见分光光度计，就其基本结构来说，都是由 5 个部分组成（如图 2-10 所示），即光源、单色器、吸收池、检测器和信号指示系统。

图 2-10　紫外-可见分光光度计基本结构示意图

1. 光源

对光源的基本要求是在仪器操作所需的光谱区域内能够发射连续辐射，有足够的辐射强度和良好的稳定性，而且辐射能量随波长的变化尽可能小。紫外-可见分光光度计中常用的光源有热辐射光源和气体放电光源 2 类：热辐射光源用于可见光区，如钨丝灯和碘钨灯；气体放电光源用于紫外光区，如氢灯和氘灯。

钨丝灯和碘钨灯可使用的波长范围在 340nm～2500nm。这类光源的辐射能量与施加的外加电压有关，在可见光区，辐射的能量与工作电压的 4 次方成正比，因此必须严格控制工作电压，仪器必须备有稳压装置。

在近紫外光区测定时常用氢灯和氘灯。它们可在 160nm～375nm 范围内产生连续光谱。氘灯的灯管内充有氢的同位素氘，它是紫外光区应用最广泛的一种光源，其光谱分

13

布与氢灯类似，但光强度比相同功率的氢灯要大 3 倍～5 倍。

2．单色器

单色器是能从光源的复合光中分出单色光的光学装置。单色器一般由入射狭缝、准光器（透镜或凹面反射镜使入射光成平行光）、色散元件、聚焦元件和出射狭缝等几部分组成（如图 2-11 所示）。其核心部分是色散元件，起分光的作用，主要有棱镜和光栅 2 种。

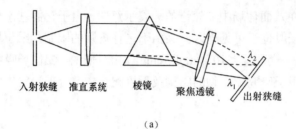

（a）

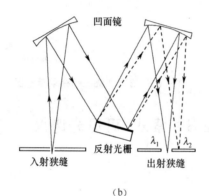

（b）

图 2-11　单色器结构示意图
（a）棱镜型；（b）光栅型。

棱镜有玻璃和石英 2 种材料。它们的色散原理是依据不同波长的光通过棱镜时有不同的折射率而将不同波长的光分开。由于玻璃可吸收紫外光，所以玻璃棱镜只能用于 350nm～3200nm 的波长范围。石英棱镜适用的波长范围较宽，可在 185nm～4000nm 之间，可用于紫外光、可见光、近红外光 3 个光区。光栅是利用光的衍射与干涉作用制成的。它可用于紫外光区、可见光区及近红外光区，而且在整个波长区具有良好的、几乎均匀一致的分辨能力。它具有色散波长范围宽、分辨本领高、成本低、便于保存和易于制备等优点。缺点是各级光谱会重叠而产生干扰。

入射、出射狭缝、透镜及准光镜等光学元件中狭缝在决定单色器性能上起重要作用。狭缝的大小直接影响单色光纯度，过小的狭缝又会减弱光强。

3．吸收池

吸收池用于盛放分析试样，一般有石英和玻璃材料 2 种。石英池用于可见光区及紫外光区，玻璃吸收池只能用于可见光区。为减少光的反射损失，吸收池的光学面必须完全垂直于光束方向。在高精度的分析测定中（紫外光区尤其重要），同一套吸收池的性能要基本一致。因为吸收池材料的本身吸光特征以及吸收池的光程长度等对分析结果都有影响。

4．检测器

检测器的功能是检测光信号、测量单色光透过溶液后光强度变化的一种装置。常用的检测器有光电池、光电管和光电倍增管等。它们通过光电效应将照射到检测器上的光信号转变成电信号。对检测器的要求是：在测定的光谱范围内具有高的灵敏度；对辐射能量的响应时间短，线性关系好；对不同波长的辐射响应均相同，且可靠；噪声水平低、稳定性好等。

硒光电池对光的敏感范围为 300nm～800nm，其中又以 500nm～600nm 最为灵敏。这种光电池的特点是能产生可直接推动微安表或检测器的光电流，但由于容易出现疲劳效应，只能用于低档的分光光度计中。

光电管在紫外-可见分光光度计上应用较为广泛。它的结构是：以一弯成半圆柱形的金属片为阴极，阴极的内表面涂有光敏层；在圆柱形的中心置一金属丝为阳极，接受阴极释放出的电子。两电极密封于玻璃或石英管内并抽成真空。阴极上光敏材料不同，光谱的灵敏区也不同。可分为蓝敏和红敏两种光电管；前者是在镍阴极表面上沉积锑和铯，可用于的波长范围为 210nm～625nm；后者是在阴极表面上沉积了银和氧化铯，可用于的波长范围为 625nm～1000nm。与光电池比较，它有灵敏度高、光敏范围宽、不易疲劳等优点。

光电倍增管是检测微弱光最常用的光电元件，它的灵敏度比一般的光电管要高 200 倍，因此可使用较窄的单色器狭缝，从而对光谱的精细结构有较好的分辨能力。其结构原理详见第 4 章（4.3.4）。

5．信号指示系统

它的作用是放大信号并以适当方式指示或记录下来。常用的信号指示装置有直读检流计、电位调节指零装置以及数字显示或自动记录装置等。很多型号的分光光度计装配有微处理机，一方面可对分光光度计进行操作控制，另一方面可进行数据处理。

2.3.2 紫外-可见分光光度计的类型

紫外-可见分光光度计的类型很多，但可归纳为 3 种类型，即单光束分光光度计、双光束分光光度计和双波长分光光度计。

1．单光束分光光度计

其光路示意图如前面的图 2-10 所示，经单色器分光后的一束平行光，轮流通过参比溶液和样品溶液，以进行吸光度的测定。这种类型的分光光度计结构简单，操作方便，维修容易，适用于常规分析。国产 722 型、751 型、724 型、英国 SP500 型以及 Bacdman DU-8 型等均属于此类光度计。

2．双光束分光光度计

其光路示意如图 2-12 所示。经单色器分光后经反射镜（M_1）分解为强度相等的 2 束光，一束通过参比池，另一束通过样品池。光度计能自动比较 2 束光的强度，此比值即为试样的透射比，经对数变换将它转换成吸光度并作为波长的函数记录下来。双光束分光光度计一般都能自动记录吸收光谱曲线。由于 2 束光同时分别通过参比池和样品池，还能自动消除光源强度变化所引起的误差。这类仪器有国产 710 型、730 型和 740 型等。

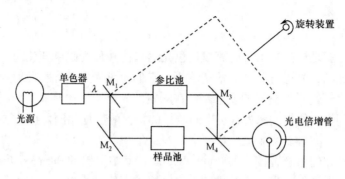

图 2-12　单波长双光束分光光度计原理图

3．双波长分光光度计

其基本光路如图 2-13 所示。由同一光源发出的光被分成 2 束，分别经过 2 个单色器，得到 2 束不同波长（λ_1 和 λ_2）的单色光。利用切光器使 2 束光以一定的频率交替照射同一吸收池，然后经过光电倍增管和电子控制系统，最后由显示器显示出 2 个波长处的吸光度差值 ΔA（$\Delta A = A_{\lambda_1} - A_{\lambda_2}$）。对于多组分混合物、混浊试样（如生物组织液）分析以及存在背景干扰或共存组分吸收干扰的情况下，利用双波长分光光度法，往往能提高方法的灵敏度和选择性。利用双波长分光光度计，能获得导数光谱。通过光学系统转换，使双波长分光光度计能很方便地转化为单波长工作方式。如果能在 λ_1 和 λ_2 处分别记录吸光度随时间变化的曲线，还能进行化学反应动力学研究。

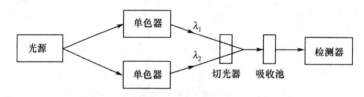

图 2-13　双波长分光光度计光路示意图

2.4　分析条件的选择

为使分析方法有较高的灵敏度和准确度，选择最佳的测定条件是很重要的。这些条件包括仪器测量条件、试样反应条件以及参比溶液的选择等。

2.4.1　仪器测量条件的选择

1．测量波长的选择

在定量分析中，通常选择最强吸收带的最大吸收波长（λ_{max}）为入射光波长，称为最大吸收原则，以得到最大的测量灵敏度和最小的线性偏离。一般可通过制作吸收曲线来选取 λ_{max}，但是如果在该波长有其他物质干扰时，则也可选用灵敏度较低，但能避免干扰的入射光。

2．吸光度范围的选择

任何光度计都有一定的测量误差，这是由于光源不稳定、实验条件的偶然变动、读数不准确等因素造成的。这些因素对于试样的测定结果影响较大，特别是当试样浓度较大或较小时。因此，要选择适宜的吸光度范围，以使测量结果的误差尽量减小。根据朗伯–比尔定律

$$A=-\lg T=\varepsilon bc$$

微分后得

$$\mathrm{d}\lg T = 0.4343\frac{\mathrm{d}T}{T} = -\varepsilon b\mathrm{d}c$$

或

$$0.4343\frac{\Delta T}{T} = -\varepsilon b\Delta c \qquad\qquad (2\text{-}11)$$

将式（2-11）代入朗伯–比尔定律，则测定结果的相对误差为

$$\frac{\Delta c}{c} = \frac{0.4343\Delta T}{T\lg T} \qquad\qquad (2\text{-}12)$$

式（2-12）说明，浓度测量误差不但与仪器的读数误差有关，还与它本身的透射比有关。要使测定结果的相对误差（$\Delta c/c$）最小，对 T 求导数应有一极小值，即

$$\frac{\mathrm{d}}{\mathrm{d}T}\left[\frac{0.4343\Delta T}{T\lg T}\right] = \frac{0.4343\Delta T\left(\lg T + 0.4343\right)}{\left(T\lg T\right)^2} = 0 \quad (2\text{-}13)$$

解得　　　　　$\lg T=-0.434$ 或 $T=36.8\%$

即当吸光度 $A=0.434$ 时，吸光度测量误差最小。上述结果如图 2-14 所示（设 $\Delta T=1\%$），即图中曲线的最低点。如果光度计读数误差为 $\Delta T=1\%$，若要求浓度测量的相对误差小于 5%，则待测溶液的透射比应选在 70%～10% 范围内，吸光度为 0.15～1.00。实际工作中，可通过调节待测溶液的浓度，选用适当厚度的吸收池等方式使透射比 T（或吸光度 A）落在此区间内。

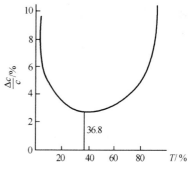

图 2-14　浓度测量的相对误差与溶液透射比（T）的关系

2.4.2　试样反应条件的选择

在无机分析中，很少利用金属离子本身的颜色进行光度分析，因为它们的吸光系数值都比较小。一般都是选用适当的试剂，与待测离子反应生成对紫外光或可见光有较大吸收的物质再行测定。这种反应称为显色反应，所用的试剂称为显色剂。许多有机显色剂与金属离子能形成稳定性好、具有特征颜色的螯合物，其灵敏度和选择性都较高。表 2-4 列举了几种常用的显色剂。

显色反应一般应满足下述要求：

（1）反应的生成物必须在紫外光区、可见光区有较强的吸光能力，即摩尔吸光系数较大；

（2）反应生成物应当组成恒定、稳定性好、显色条件易于控制等，这样才能保证测量结果有良好的重现性；

（3）对照性要好，显色剂与有色络合物的 λ_{max} 的差别要在 60nm 以上。实际上能同时满足上述条件的显色反应不很多，因此在初步选定好显色剂以后，认真细致地研究显

色反应的条件十分重要。下面介绍其主要影响因素。

表 2-4　一些常用的显色剂

	试　剂	结　构　式	离解常数	测　定　离　子
无机显色剂	硫氰酸盐	SCN^-	$pK_a = 0.85$	$Fe^{2+}, Mo(V), W(V)$
	钼酸盐	MoO_4^{2-}	$pK_{a2} = 3.75$	$Si(IV), P(V)$
	过氧化氢	H_2O_2	$pK_a = 11.75$	$Ti(TV)$
有机显色剂	邻二氮菲		$pK_a = 4.96$	Fe^{2+}
	双硫腙		$pK_a = 4.6$	$Pb^{2+}, Hg^{2+}, Zn^{2+}, Bi^{3+}$ 等
	丁二酮肟		$pK_a = 10.54$	Ni^{2+}, Pd^{2+}
	铬天青 S（CAS）		$pK_{a3} = 2.3$ $pK_{a4} = 4.9$ $pK_{a5} = 11.5$	$Be^{2+}, Al^{3+}, Y^{3+}, Ti^{4+}, Zr^{4+}, Hf^{4+}$
	茜素红 S		$pK_{a2} = 5.5$ $pK_{a3} = 11.0$	$Al^{3+}, Ga^{3+}, Zr(IV), Th(IV), F^-, Ti(IV)$
	偶氮胂 III*			$UO_2^{2+}, Hf(IV), Th^{4+}, Zr(IV), RE^{3+}, Y^{3+}, Sc^3, Ca^{2+}$ 等
	4-（2-吡啶偶氮）-间苯二酚（PAR）		$pK_{a1} = 3.1$ $pK_{a2} = 5.6$ $pK_{a3} = 11.9$	$Co^{2+}, Pb^{2+}, Ga^{3+}, Nb(V), Ni^{2+}$
	1-（2-吡啶偶氮）-2-萘酚（PAN）		$pK_{a1} = 2.9$ $pK_{a2} = 11.2$	$Co^{2+}, Ni^{2+}, Zn^{2+}, Pb^{2+}$
	4-（2-噻唑偶氮）-间苯二酚（TAR）			$Co^{2+}, Ni^{2+}, Cu^{2+}, Pb^{2+}$

1．显色剂用量

显色反应可用下式表示：

$$M + nR = MR_n$$

式中：M 代表金属离子；R 为显色剂。为了使反应完全，加入过量的显色剂是必要的，但是过量太多，有时会引起副反应，反而对测定不利。例如：以 SCN^- 作显色剂测定钼时，要求生成红色的 $Mo(SCN)_5$ 配合物进行测定；但当 SCN^- 浓度过高时，由于会生成浅红色的 $Mo(SCN)_6$ 配合物而使吸光度降低。因此在测定中必须严格控制显色剂用量，才能得到准确的结果。显色剂的用量可通过实验确定，作吸光度随显色剂浓度变化曲线，选恒定吸光度值时的显色剂用量。

2. 溶液酸度的影响

多数显色剂都是有机弱酸或弱碱，介质的酸度会直接影响显色剂的离解程度，从而影响显色反应的完全程度。溶液酸度的影响表现在许多方面。

（1）由于 pH 值不同，可形成具有不同配位数、不同颜色的配合物。金属离子与弱酸阴离子在酸性溶液中大多生成低配位数的配合物，可能并没有达到阳离子的最大配位数。当 pH 值增大时，游离的阴离子浓度相应增大，使得可能生成高配位数的化合物。例如，Fe(Ⅲ)可与水杨酸在不同 pH 生成组成配比不同的配合物（如表 2-5 所列）。

表 2-5　Fe(Ⅲ)与水杨酸在不同 pH 下生成的配合物

pH 值范围	配合物组成	颜　　色
<4	$Fe(C_7H_4O_3)^+$（1:1）	紫红色
4~7	$Fe(C_7H_4O_3)_2^-$（1:2）	棕橙色
8~10	$Fe(C_7H_4O_3)_3^{3-}$（1:3）	黄色

（2）pH 值增大会引起某些金属离子水解而形成各种型体的羟基络合物，甚至可能析出沉淀，或者由于生成金属的氢氧化物而破坏了有色配合物，使溶液的颜色完全退去，例如：

$$Fe(SCN)^{2+}+OH^- = Fe(OH)^{2+} + SCN^-$$

实际工作中是通过实验来确定显色反应的最宜酸度的。具体做法是固定溶液中待测组分与显色剂的浓度，改变溶液的酸度（pH 值），测定溶液的吸光度 A 与 pH 的关系曲线，从中找出最宜 pH 范围。

3. 显色的时间

各种显色反应的反应速率往往不同，因此要控制显色反应的时间，尤其对一些反应速率较慢的反应体系，更需要有足够的反应时间。此外，由于配合物的稳定时间不一样，显色后放置及测量时间的影响也不能忽视，需经实验选择合适的放置与测量时间。

4. 反应的温度

吸光度的测量都是在室温下进行的，温度的少许变化，对测量影响不大，但是有的显色反应受温度影响很大，需要进行反应温度的选择和控制。这些都需要通过条件实验来确定。

2.4.3　参比溶液的选择

参比溶液又称空白溶液，测定时要用它调节透射比为 100%（$A=0$），以消除溶液中其他成分以及吸收池和溶剂对光的反射和吸收所带来的误差。根据试样溶液的性质，选择合适的参比溶液是很重要的。

1. 溶剂参比

当试样溶液的组成较为简单、共存的其他组分很少且对测定波长的光几乎没有吸收时，可采用溶剂作为参比溶液，这样可消除溶剂、吸收池等因素的影响。

2．试剂参比

如果显色剂或其他试剂在测定波长有吸收时，可按显色反应相同的条件，在溶剂中加入显色剂或其他试剂，制成参比溶液。这种参比溶液可消除试剂中的组分产生吸收的影响。

3．试样参比

如果试样基体在测定波长有吸收且与显色剂不起显色反应时，可按与显色反应相同的条件处理试样，只是不加显色剂。这种参比溶液适用于试样中有较多的共存组分、加入的显色剂量不大且显色剂在测定波长无吸收的情况。

4．平行操作溶液参比

用不含被测组分的试样，进行与被测试样同样的处理，由此得到平行操作参比溶液。

2.4.4　干扰及消除方法

在光度分析中，体系内存在的干扰物质的影响有以下几种情况：干扰物质本身有颜色或与显色剂形成有色化合物，在测定条件下也有吸收；在显色条件下，干扰物质水解，析出沉淀使溶液混浊，致使吸光度的测定无法进行；与待测离子或显色剂形成更稳定的配合物，使显色反应不能进行完全。

可以采用以下几种方法来消除这些干扰。

1．控制酸度

根据配合物稳定性的不同，可以利用控制酸度的方法提高反应的选择性，以保证主反应进行完全。例如，双硫腙能与 Hg^{2+}、Pb^{2+}、Cu^{2+}、Ni^{2+}、Cd^{2+} 等 10 多种金属离子形成有色配合物，其中与 Hg^{2+} 生成的配合物最稳定，在 $0.5mol \cdot L^{-1} H_2SO_4$ 介质中仍能定量进行，而上述其他离子在此条件下不发生反应。由此，可以消除其他离子对 Hg^{2+} 测定的影响。

2．选择适当的掩蔽剂

使用掩蔽剂消除干扰是常用的有效方法。选取的条件是掩蔽剂不与待测离子作用，掩蔽剂以及它与干扰物质形成的配合物的颜色应不干扰待测离子的测定。

3．利用生成惰性配合物

例如钢铁中微量钴的测定常用钴试剂为显色剂，但钴试剂不仅与 Co^{2+} 有灵敏的反应，而且与 Ni^{2+}、Zn^{2+}、Mn^{2+}、Fe^{2+} 等都有反应。但它与 Co^{2+} 在弱酸性介质中一旦完成反应后，即使再用强酸酸化溶液，该配合物也不会分解。而 Ni^{2+}、Zn^{2+}、Mn^{2+}、Fe^{2+} 等与钴试剂形成的配合物在强酸介质中很快分解，从而消除了上述离子的干扰，提高了反应的选择性。

4．选择适当的测量波长

如在 $K_2Cr_2O_7$ 存在下测定 $KMnO_4$ 时，不是选 λ_{max}（525nm），而是选 $\lambda=545nm$。这样测定 $KMnO_4$ 溶液的吸光度时，$K_2Cr_2O_7$ 就不干扰了。

5．分离

若上述方法不宜采用时，也可以采用预先分离的方法，如沉淀、萃取、离子交换、蒸发和蒸馏以及色谱分离法（包括柱色谱、纸色谱、薄层色谱等）。

此外，还可以利用化学计量学方法实现多组分同时测定，以及利用导数光谱法、双波长法等新技术来消除干扰。

2.5　紫外-可见吸收光谱法的应用

紫外-可见吸收光谱法是一种广泛应用的定量分析方法，也是对物质进行定性分析和结构分析的一种手段。

2.5.1　定性分析

1．化合物的定性鉴定

不同化合物往往在吸收峰的形状、数目、位置和相应的摩尔吸光系数等方面表现出特征性，是定性鉴定的光谱依据。通常在相同的测量条件（溶剂、pH 值等）下，测定未知物与所推断化合物的标准物的吸收光谱，二者进行比较，如果图谱完全一致，则可认为是同一化合物，如果没有标准物，可借助于标准谱图。目前，已有多种以实验结果为基础的各种有机化合物的紫外-可见光谱标准谱图，有的则汇编了有关电子光谱的数据表。常用的标准谱图有以下几种：

（1）"Sadtler Standard Spectra(Utraviolet)"，Heyden,London,1978.萨特勒标准图谱共收集了 46000 种化合物的紫外光谱。

（2）Frieded R A，Orchin M.Ultraviolet Apectra of Aromatic Compounds,：New York Wiley,1951.（本书收集了 597 种芳香化合物的紫外光谱.）

（3）Kenzo Hirayama.Handbood of Ultraviolet and Visible Absorption Spectra of Organic Compounds.New York：Plenum,1967.

（4）"Organic Electronic Spectral Data" ,John Wiley and Sons ,1946～.这是一套由许多作者共同编写的大型手册性丛书,所搜集的文献资料自 1946 年开始,目前还在继续编写。

应该指出，紫外-可见光谱基本上是反映生色团和助色团的吸收特征的，而不是整个分子的特征吸收。有时生色团相同但分子结构不同的 2 个化合物也可产生完全相同的吸收光谱，因此，只靠一个紫外-可见光谱来确定一个未知物是不现实的。所以，本法有时还必须与其他方法，如红外吸收光谱、核磁共振波谱、质谱等方法配合，才能得出正确的结论。但紫外-可见吸收光谱有它独特的优点，紫外-可见光谱仪在有机分析的 4 大仪器中价格最廉因而最普及，测定过程方便快捷，因此能用紫外-可见光谱解决的问题，应尽量利用它。

2．化合物的结构推断

如果某一化合物的紫外-可见光谱在 220nm～800nm 范围内没有吸收带，则可以判断该化合物可能是饱和的直链烃、脂环烃或其他饱和的脂肪族化合物或只含 1 个双键的烯烃等；若化合物只在 250nm～350nm 有弱的吸收带（ε=10L·mol^{-1}·cm^{-1}～100L·mol^{-1}·cm^{-1}），则该化合物往往含有 n→π* 跃迁的基团，如羰基、硝基等；若化合物在 210nm～250nm 范围有强吸收带（$\varepsilon \geqslant 10^4$L·mol^{-1}·cm^{-1}）,这是 K 吸收带的特征，则该化合物可能含有共轭双键，如在 260nm～300nm 范围有强吸收带，表明该化合物有 3 个或 3

个以上共轭双键；若化合物在 250nm～300nm 范围有中等强吸收带（$\varepsilon=10^3 L\cdot mol^{-1}\cdot cm^{-1}$～$10^4 L\cdot mol^{-1}\cdot cm^{-1}$），这是苯环 B 吸收带的特征，则化合物往往含有苯环。

3．化合物的构型判别

（1）顺反异构体判别。一般，某一化合物的反式异构体的 λ_{max} 和 ε_{max} 值比相应的顺式异构体的大。例如 1，2-二苯乙烯的 2 种异构体为

反式
$\lambda_{max}=295.5$ nm
$\varepsilon_{max}=29\,000\ L\cdot mol^{-1}\cdot cm^{-1}$

顺式
$\lambda_{max}=280$ nm
$\varepsilon_{max}=10\,500\ L\cdot mol^{-1}\cdot cm^{-1}$

在反式异构体中，由于苯环和烯键处于同一平面，$\pi\rightarrow\pi^*$ 跃迁共轭作用比较完全，电子的非定域性较大，受的束缚力较小，使实现 $\pi\rightarrow\pi^*$ 跃迁所需要的能量降低，故吸收波较长，ε_{max} 较大；而在顺式异构体中，由于位阻效应而影响平面性，使共轭程度降低，实现 $\pi\rightarrow\pi^*$ 跃迁所需要的能量较高，因而 λ_{max} 和 ε_{max} 变小。

（2）互变异构体判别。某些化合物在溶液中存在互变异构体现象，例如乙酰乙酸乙酯有酮式和烯醇式间的互变异构体为

在酮式中 2 个 C=O 双键未共轭，而烯醇式中 2 个双键（C=O 和 C=C）共轭，因而它们的 $\lambda_{max}(\varepsilon_{max})$ 分别为：204nm（110L·mol^{-1}·cm^{-1}）和 245nm（18000L·mol^{-1}·cm^{-1}）。

4．化合物的纯度检验

如果某化合物在紫外-可见光谱区没有明显的吸收峰，而其中的杂质有较强的吸收峰，就能方便地检出该化合物中是否含有杂质。例如乙醇中含有杂质苯，苯的 λ_{max} 为 256nm，而乙醇在此波长处无吸收，因此可观察 256nm 处有无吸收带来确定乙醇中是否含有苯。

如果某化合物在紫外-可见光谱区有较强的吸收，有时还可用摩尔吸光系数来检验其纯度。例如，菲的氯仿溶液在 296nm 处有强吸收（$lg\varepsilon=4.1$），用某方法精制的菲，测得其 $lg\varepsilon$ 值比菲低 10%，这说明精制的菲含量只有 90%，其余可能是蒽等杂质。

2.5.2 定量分析

紫外-可见吸收光谱定量分析法的依据是朗伯-比尔定律，即在一定波长处被测定物质的吸光度与它的浓度呈线性关系。因此，通过测定溶液对一定波长入射光的吸光度，

即可求出该物质在溶液中的浓度和含量。

1．单组分定量方法

（1）标准曲线法。这是实际工作中用得最多的一种方法。具体做法是：配制一系列不同含量的标准溶液，以不含被测组分的空白溶液为参比，在相同条件下测定标准溶液的吸光度，绘制吸光度–浓度曲线，这种曲线就是标准曲线（又叫工作曲线）。在相同条件下测定未知试样的吸光度，从标准曲线上就可找到与之对应的未知试样的浓度。在建立这一方法时，首先要确定符合朗伯–比尔定律的浓度范围，即线性范围，定量测定一般都在线性范围内进行。

（2）标准对比法。在相同条件下测定未知溶液的吸光度和某一浓度的标准溶液的吸光度 A_x 和 A_s，由标准溶液的浓度 c_s 可计算出未知溶液的浓度 c_x

$$A_S = Kc_S , A_X = Kc_X , c_X = \frac{c_S A_X}{A_S}$$

这种方法比较简便，但是只有在测定的浓度范围内溶液完全遵守朗伯–比尔定律，并且 c_s 和 c_x 很接近时，才能得到较为准确的结果。

2．多组分定量方法

根据吸光度具有加和性的特点，在同一试样中可以测定 2 个以上的组分。假设试样中含有 x、y 2 种组分，分别绘制其吸收曲线，会出现 3 种情况，如图 2-15 所示。

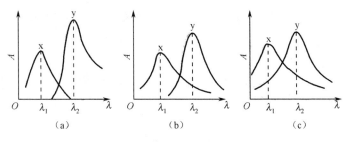

图 2-15　混合组分的吸收光谱

（1）图 2-15（a）的情况是 2 种组分互不干扰，可分别在 λ_1 和 λ_2 处测量溶液的吸光度。

（2）图 2-15（b）的情况是组分 x 对组分 y 的吸光度测定有干扰，但组分 y 对 x 无干扰，这时可以先在 λ_1 处测量溶液的吸光度 A_1 并求得 x 组分的浓度 c_x。然后再在 λ_2 处测量溶液的吸光度 A_2 和纯组分 x 及 y 的 ε_2^x 和 ε_2^y 值，根据吸光度的加和性原则，可列出下式：

$$A_2 = \varepsilon_2^x bc_x + \varepsilon_2^y bc_y \tag{2-14}$$

由式（2-13）即能求得组分 y 的浓度 c_y。

（3）图 2-15（c）表明 2 种组分彼此互相干扰，这时首先在 λ_1 处测定混合物吸光度 A_1 和纯组分 x 及 y 的 ε_1^x 和 ε_1^y 值。然后在 λ_2 处测定混合物吸光度 A_2 和纯组分的 ε_2^x 和 ε_2^y 值。根据吸光度的加和性原则，可列出方程式

$$\begin{cases} A_1 = \varepsilon_1^x bc_x + \varepsilon_1^y bc_y \\ A_2 = \varepsilon_2^x bc_x + \varepsilon_2^y bc_y \end{cases} \tag{2-15}$$

式中：ε_1^x、ε_1^y、ε_2^x 和 ε_2^y 均由已知浓度 c_x 及 c_y 的纯溶液测得。试液的 A_1 和 A_2 由实验测

得，c_x 和 c_y 值便可通过解联立方程求得。对于更复杂的多组分体系，可用计算机处理测定的结果。

3. 双波长法

当吸收光谱相互重叠的 2 种组分共存时，利用双波长法可对单种组分进行测定或同时对 2 种组分进行测定。如图 2-16 所示，当 x、y 2 种组分共存时，如要测定组分 x 的含量，组分 y 的干扰可通过选择具有对组分 y 等吸收的 2 个波长 λ_1 和 λ_2 加以消除。以 λ_1 为参比波长，λ_2 为测定波长，对混合液进行测定，可得到如下方程式：

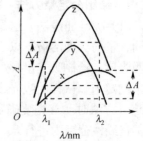

图 2-16 双波长法测定示意图
x、y—分别为组分 x、y 的吸收曲线；
z—2 种组分混合后的吸收曲线。

$$\begin{cases} A_1 = A_1^x + A_1^y + A_{1s} \\ A_2 = A_2^x + A_2^y + A_{2s} \end{cases} \qquad (2-16)$$

式中：A_{1s} 和 A_{2s} 是在波长 λ_1 和 λ_2 下的背景吸收。当 2 个波长相距较近时，可认为背景吸收相等，因此通过试样吸收池的 2 个波长的光的吸光度差值为

$$\Delta A = (A_2^x - A_1^x) + (A_2^y - A_1^y) \qquad (2-17)$$

由于干扰组分 y 在 λ_1 和 λ_2 处具有等吸收，即 $A_2^y = A_1^y$，因此式（2-7）为

$$\Delta A = A_2^x - A_1^x = (\varepsilon_2^x - \varepsilon_1^x)bc_x \qquad (2-18)$$

对于被测组分 x 来说，$(\varepsilon_2^x - \varepsilon_1^x)$ 为一定值，吸收池厚度 b 也是固定的，所以 ΔA 与组分 x 的浓度 c_x 成正比。同样，适当选择组分 x 具有等吸收的 2 个波长，也可以对组分 y 进行定量测定。这种方法称为双波长等吸收点法。

4. 导数分光光度法

对吸收曲线进行 1 阶或高阶求导，即可得到各种导数光谱曲线，根据朗伯-比尔定律 $A_\lambda = \varepsilon_\lambda bc$，对波长进行 n 次求导，由于在式中，只有 A_λ 和 ε_λ 是 λ 的函数，于是可得

$$\frac{d^n A_\lambda}{d\lambda^n} = \frac{d^n \varepsilon_\lambda}{d\lambda^n} bc \qquad (2-19)$$

从式（2-19）可知，经 n 次求导后，吸光度 A 的导数值仍与吸收物质的浓度 c 成正比，即为定量分析的依据。

导数光谱曲线的获得，目前一般采用电子学方法，将信号转换成微分输出，再与计算机联机操作，这样可以对信号实现模拟微分并能获得高阶导数光谱。图 2-17 表示了近似高斯曲线的单一吸收曲线和它的 1 阶至 4 阶导数曲线。由图可见，随着导数阶数的增加，谱带变得尖锐，分辨率提高。

在用导数光谱法进行定量分析时，需要对扫描出的导数光谱进行测量以获得导数值，常用的测量方法有正切法、峰谷法和峰零法 3 种，如图 2-18 所示。导数光谱反映了吸光度值的变化率，其最大的优点是分辨率得到很大提高。因为吸收光谱曲线经过求导之后，其中各种微小变化能更好地显示出来。它能分辨 2 个或 2 个以上完全重叠或以很小波长差相重叠的吸收峰；能够分辨吸光度随波长急剧上升时所掩盖的弱吸收峰；能确认宽阔吸收带的最大吸收波长。因此可在不分离的情况下，同时测定多种组分，大大提高了测定的选择性。导数光谱可消除胶体和悬浮物散射影响和背景吸收，因此它还可以提高检测的灵敏度。

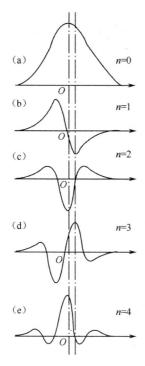

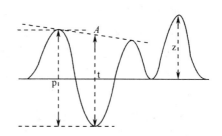

图 2-17　吸收光谱曲线（a）及其 1 阶
至 4 阶（b-e）导数曲线

图 2-18　导数光谱的图解测定法

t—正切法；p—峰谷法；z—峰零法。

5. 示差分光光度法

在一般的分光光度法中，只适于测定微量组分，当待测组分含量高时，吸光度超出
了准确测量的读数范围，相对误差就比较大。若采用示差分光光度法，有时可以弥补这
一缺点。

示差分光光度法是采用浓度与试样含量接近的已知浓度的标准溶液作为参比溶液，
来测量未知试样的吸光度 A 的值，根据测得的吸光度计算试样的含量。如果标准溶液浓
度为 c_s，待测试样浓度为 c_x，而且 $c_x > c_s$，根据比尔定律

$$A_x = \varepsilon b c_x$$

$$A_s = \varepsilon b c_s$$

$$A = \Delta A = A_x - A_s = \varepsilon b(c_x - c_s) = \varepsilon b \Delta c \qquad (2-20)$$

测定时先用比试样浓度稍小的标准溶液，加入各种试剂后作为参比，调节其透射比为
100%，即吸光度为零，然后测量试样溶液的吸光度。这时的吸光度实际上是两者之差 ΔA，
它与两者浓度差 Δc 成正比，且处在正常的读数范围（如图 2-19 所示）。ΔA 与 Δc 作校
准线，根据测得的 ΔA 查得相应的 Δc，则 $c_x = c_s + \Delta c$。

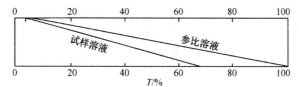

图 2-19　示差分光光度法测定原理示意图

由于用已知浓度的标准溶液作参比，如果该参比溶液的透射比为10%，现调至100%，就意味着将仪器透射比标尺扩展了10倍。如待测试液的透射比原是5%，用示差分光光度法测量时将是50%。另一方面，在示差分光光度法中即使 Δc 很小，如果测量误差为 dc，固然 $dc/\Delta c$ 会相当大，但最后测定结果的相对误差是 $\dfrac{dc}{\Delta c + c_s}$，$c_s$ 是相当大而且非常准确的，所以测定结果的准确度仍然将很高。

思 考 题

1．为什么物质对光会发生选择性吸收？

2．电子跃迁有哪几种类型？这些类型的跃迁各处于什么波长范围？

3．何谓助色团及生色团？试举例说明。

4．摩尔吸收系数的物理意义是什么？其大小和哪些因素有关？

5．分光光度计有哪些主要部件？它们各起什么作用？

6．什么是参比溶液？它有什么作用？如何选择参比溶液？

7．在有机化合物的鉴定及结构推测上，紫外吸收光谱所提供的信息具有什么特点？

8．有机化合物的紫外–可见光谱是如何产生的？为什么说紫外吸收光谱相同的2种有机物不一定是同一物质。

9．举例说明紫外吸收光谱在分析上有哪些应用。

10．什么是导数光度法？为什么导数光谱对2个或2个以上的重叠波有较强的分辨能力？

11．异丙叉丙酮有2种异构体：$CH_3—C(CH_3)=CH—CO—CH_3$ 及 $CH_2=C(CH_3)—CH_2—CO—CH_3$。它们的紫外吸收光谱为：（a）最大吸收波长在 235nm 处，$\varepsilon_{max}=12000 L\cdot mol^{-1}\cdot cm^{-1}$；（b）220nm 以后没有强吸收。如何根据这2个光谱来判别上述异构体？试说明理由。

12．下列2对异构体，能否用紫外光谱加以区别？

（1）

（2）

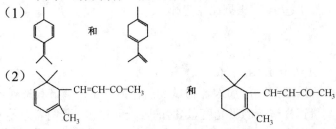

13．试估计下列化合物中，哪一种化合物的 λ_{max} 最大，哪一种化合物的 λ_{max} 最小？为什么？

（a）　　　　　　　　（b）　　　　　　　　（c）

习　题

1. 0.088mg Fe^{3+},用硫氰酸盐显色后，在容量瓶中用水稀释到 50mL,用 1cm 比色皿，在波长 480nm 处测得 $A=0.740$。求吸光系数 a 及 ε。

　　　　　　　　($a=4.2\times10^2 L\cdot g^{-1}\cdot cm^{-1}$,　$\varepsilon=2.35\times10^4 L\cdot mol^{-1}\cdot cm^{-1}$)

2. 将下列百分透射比换成为吸光度，并据所得数据绘制 $T\%-A$ 曲线：0，10，20，30，40，50，60，70，80，90，100。

3. 取钢试样 1.00g，溶解于酸中，将其中锰氧化成高锰酸盐，准确配制成 250mL，测得其吸光度为 $1.00\times10^{-3} mol\cdot L^{-1}$ 溶液的吸光度的 1.5 倍。计算钢中锰的百分含量。

　　　　　　　　　　　　　　　　　　　　　　　　　　　　　(2.06)

4. 某样品含铁 0.05%，用邻菲罗啉法测定，已知其 ε 为 $1.1\times10^4 L\cdot mol^{-1}\cdot cm^{-1}$。今欲配制 100mL 试样溶液，取其 1/10 显色后稀释至 50mL，用 2cm 吸光池测定其吸光度。为使浓度测定相对误差最小，铁样应称取多少克？

　　　　　　　　　　　　　　　　　　　　　　　　　　　　　(1.1g)

5. B 化合物溶液的浓度是 $1.00\times10^{-3} mol\cdot L^{-1}$，以蒸馏水做空白试验时测得的吸光度为 0.69，B 化合物的未知溶液在同样条件下的吸光度为 1.00。今以 $1.00\times10^{-3} mol\cdot L^{-1}$ B 化合物的溶液作参比 ($A=0$)，则未知浓度的 B 化合物的吸光度是多少？

　　　　　　　　　　　　　　　　　　　　　　　　　　　　　(0.31)

6. 用普通光度法测定铜。在相同条件下测得 $1.00\times10^{-2} mol\cdot L^{-1}$ 标准铜溶液和含铜试液的吸光度分别为 0.699 和 1.00。如果光度计透射比读数的相对误差为±0.5%，测试液浓度测定的相对误差为多少？如果采用示差法测定，用铜标准溶液作参比液，测试液的吸光度为多少？浓度测定的相对误差为多少？2 种测定方法中，标准溶液与试液的透射比各差多少？

　　　　　　　　　　　　　　　(2.17%,0.301,0.43%,10%,50%)

7. 某含铁约 0.2%的试样，用邻二氮杂菲亚铁光度法 ($\varepsilon=1.1\times10^4$) 测定。试样溶解后稀释至 100mL,用 1.00cm 比色皿，在 508nm 波长下测定吸光度。(1) 为了使吸光度测量引起的浓度相对误差最小，应当称取试样多少克？(2) 如果所使用的光度计透射比最适宜读数范围为 20%～65%，测定溶液应控制的含铁的浓度范围为多少？

　　　　　　　　　($0.11g,1.7\times10^{-5} mol\cdot L^{-1}\sim6.35\times10^{-5} mol\cdot L^{-1}$)

8. 为测定含 A 与 B 2 种物质溶液中 A 与 B 的浓度，先以纯 A 物质作校正曲线，求得 A 在 λ_1 和 λ_2 时 $\varepsilon_{A1}=4800$ 和 $\varepsilon_{A2}=700$，再以纯 B 物质作校正曲线，求得 $\varepsilon_{B1}=800$ 和 $\varepsilon_{B2}=4200$；对试液进行测定，得 $A_1=0.580$ 与 $A_2=1.10$。求试液中 A 与 B 的浓度，在上述测定时均用 1cmd 吸收池。

　　　　　　　　　　($7.94\times10^{-5} mol\cdot L^{-1}$,　$2.48\times10^{-4} mol\cdot L^{-1}$)

第 3 章　红外吸收光谱分析

3.1　红外吸收光谱分析概述

红外吸收光谱又称为分子振动转动光谱，也是一种分子吸收光谱。当样品受到频率连续变化的红外光照射时，分子吸收了某些频率的辐射，产生分子振动和转动能级从基态到激发态的跃迁，使相应于这些吸收区域的透射光强度减弱。记录红外光的百分透射比与波数或波长关系的曲线，就可以得到红外吸收光谱。红外吸收光谱法不仅能进行定性和定量的分析，而且从分子的特征吸收可以鉴定化合物和分子结构。

3.1.1　红外光区的划分

红外吸收光谱在可见光区和微波光区之间，其波长范围为 0.75μm～1000μm。根据实验技术和应用的不同，通常将红外光区划分成 3 个区：近红外光区（0.75μm～2.5μm），中红外光区（2.5μm～25μm）和远红外光区（25μm～300μm）（见表 3-1）。其中中红外光区是研究最多的区域，本章主要讨论中红外区吸收光谱。

表 3-1　红外光谱的 3 个波区

区　　域	$\lambda/\mu m$	$\bar{\nu}/cm$	能级跃迁类型
近红外光区（泛频区）	0.75～2.5	12820～4000	OH、NH 及 CH 键的倍频吸收
中红外光区（基本振动区）	2.5～25	4000～400	分子振动、伴随转动
远红外光区（转动区）	25～300	400～33	分子转动

红外吸收光谱一般用 T-λ 曲线或 T-$\bar{\nu}$ 曲线来表示。如图 3-1 所示，纵坐标为百分透射比 T（单位为%），因而吸收峰向下，向上则为谷；横坐标是波长 λ（单位为 μm），或波数 $\bar{\nu}$（单位为 cm^{-1}）。λ 与 $\bar{\nu}$ 之间的关系为：$\bar{\nu}/cm^{-1}=10^4(\lambda/\mu m)^{-1}$。因此，中红外光区的波数范围是 4000cm^{-1}～400cm^{-1}。用波数描述吸收谱带较为简单，且便于与 Raman 光谱进行比较。

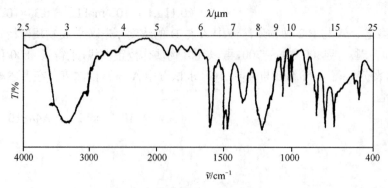

图 3-1　苯酚的红外光吸收光谱

3.1.2　红外吸收光谱法的特点

与紫外-可见吸收光谱不同，产生红外吸收光谱的红外光的波长要长得多。物质分子吸收红外光后，只能引起振动和转动能级跃迁，不会引起电子能级跃迁，所以红外吸收光谱一般称为振动-转动光谱。

紫外-可见吸收光谱常用于研究不饱和有机化合物，特别是具有共轭体系的有机化合物，而红外吸收光谱法主要研究在振动中伴随有偶极矩变化的化合物。因此除了单原子和同核分子，如 Ne、He、O_2 和 H_2 等之外，几乎所有的有机化合物在红外光区均有吸收。红外吸收谱带的波数位置、波峰的数目及其强度，反映了分子结构上的特点，可以用来鉴定未知物的分子结构、进行定量分析和纯度鉴定。

红外吸收光谱分析对气体、液体、固体样品都可测定，具有用量少、分析速度快、不破坏试样等特点，使红外吸收光谱法成为现代分析化学和结构化学不可缺少的工具。但对于复杂化合物的结构测定，还需要使用紫外光谱、质谱和核磁共振波谱等其他方法，才能得到满意的结果。

3.2　红外吸收光谱分析的基本原理

3.2.1　双原子分子的振动

1. 双原子分子的简谐振动

分子中的原子以平衡点为中心，以非常小的振幅（与原子核之间的距离相比）做周期性的振动，可近似地看做简谐振动。这种分子振动的模型，以经典力学的方法可把 2 个质量为 m_1 和 m_2 的原子看做刚体小球，连接 2 个原子的化学键设想成无质量的弹簧，弹簧的长度 r 就是分子化学键的长度，如图 3-2 所示。

2. 振动频率

由经典力学的虎克定律可导出该体系的基本振动频率计算公式为

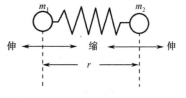

图 3-2　双原子分子振动示意图

$$v = \frac{1}{2\pi}\sqrt{\frac{k}{\mu}} \tag{3-1}$$

或

$$\tilde{v} = \frac{1}{2\pi \cdot c}\sqrt{\frac{k}{\mu}} \tag{3-2}$$

式中：k 为化学键的力常数，其定义为将 2 个原子由平衡位置伸长单位长度时的恢复力（单位为 $N \cdot cm^{-1}$），单键、双键和叁键力常数分别近似为 $5N \cdot cm^{-1}$、$10N \cdot cm^{-1}$ 和 $15\ N \cdot cm^{-1}$；c 为光速，$2.998 \times 10^{10} cm \cdot s^{-1}$；$\mu$ 为折合质量，单位为 g，且

$$\mu = \frac{m_1 \cdot m_2}{m_1 + m_2} \tag{3-3}$$

根据小球的质量和相对原子质量之间的关系，式（3-2）可写为

$$\tilde{v} = \frac{N_A^{1/2}}{2\pi \cdot c}\sqrt{\frac{k}{M}} \approx 1304\sqrt{\frac{k}{M}} \qquad (3-4)$$

式中：N_A 为阿伏加德罗（Avogadro）常数（$6.022\times10^{23}\text{mol}^{-1}$）；$M$ 是折合相对原子质量，如 2 个原子的相对原子质量分别为 M_1 和 M_2，则

$$M = \frac{M_1 \cdot M_2}{M_1 + M_2} \qquad (3-5)$$

式（3-2）或式（3-4）为分子振动方程式。对于双原子分子或多原子分子中其他因素影响较小的化学键，用式（3-4）计算所得的波数 $\tilde{v}$ 与实验值是比较接近的。

从式（3-4）中可见，影响基本振动频率的直接因素是相对原子质量和化学键的力常数。化学键的力常数 k 越大，折合相对原子质量 M 越小，则化学键的振动频率越高，吸收峰将出现在高波数区；反之，则出现在低波数区。

综上所述，可得如下结论：①对于具有相同或相似质量的原子基团来说，振动频率与力常数的平方根成正比，例如，C—C、C＝C、C≡C，这 3 种碳碳键的原子质量相同，而键力常数的顺序是叁键＞双键＞单键，因此在红外光谱中，C≡C 键的吸收峰出现在约 2222cm^{-1}，而 C＝C 约在 $1667~\text{cm}^{-1}$，C—C 约在 $1429~\text{cm}^{-1}$；②对于相同化学键的基团，振动频率与相对原子质量平方根成反比，例如，C—C 键、C—O 键、C—N 键的力常数相近，但相对原子折合质量不同，其大小顺序为 C—C＜C—N＜C—O，因而这 3 种键的基频振动峰分别出现在 1430cm^{-1}、1330cm^{-1} 和 1280cm^{-1} 附近。

需要指出的是，上述用经典方法来处理分子的振动是宏观处理方法，或是近似处理方法。事实上，一个真实分子的振动能量变化是量子化的。另外，分子中基团与基团之间、基团中的化学键之间都相互有影响，除了化学键两端的原子质量、化学键的力常数影响基本振动频率外，还与内部因素（结构因素）和外部因素（化学环境）有关。

3.2.2 多原子分子的振动

上述双原子的振动是简单的，它的振动只能发生在连接 2 个原子的直线方向上，并且只有 1 种振动形式，即 2 个原子的相对伸缩振动。多原子分子由于组成原子数目增多，组成分子的键或基团和空间结构的不同，其振动光谱比双原子分子要复杂得多。但可以把它们的振动分解成许多简单的基本振动，即简正振动。

1. 简正振动

简正振动的振动状态是，分子质心保持不变，整体不转动，每个原子都在其平衡位置附近做简谐振动，其振动频率和位相都相同，即每个原子都在同一瞬间通过其平衡位置，而且同时达到其最大位移值。分子中任何一个复杂振动都可以看成这些简正振动的线性组合。

2. 简正振动的基本形式

一般将振动形式分成 2 类：伸缩振动和变形振动。

（1）伸缩振动。原子沿键轴方向伸缩，键长发生变化而键角不变的振动称为伸缩振动，用符号 v 表示。它又可以分为对称伸缩振动（符号 v_s）和不对称伸缩振动（符号 v_{as}）。对同一基团，不对称伸缩振动的频率要稍高于对称伸缩振动。

（2）变形振动（又称弯曲振动或变角振动）。基团键角发生周期变化而键长不变的振动称为变形振动。变形振动又分为面内变形振动和面外变形振动。面内变形振动又分为剪式振动（以 δ 表示）和平面摇摆振动（ρ）。面外变形振动又分为非平面摇摆振动（ω）和扭曲振动（τ）。

甲基、亚甲基的各种振动形式如图 3-3 所示。

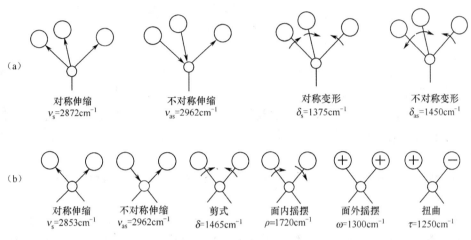

图 3-3　甲基（a）与亚甲基（b）的简正振动形式

3. 基本振动的理论数

简正振动的数目称为振动自由度，每个振动自由度相应于红外吸收光谱图上的一个基频吸收带。因此，多原子分子在红外吸收光谱图上可以出现 1 个以上的基频吸收峰。理论上，基频吸收峰的数目等于分子的振动自由度。

设分子由 n 个原子组成，每个原子在空间都有 3 个自由度，原子在空间的位置可以用直角坐标系中的 3 个坐标 x、y、z 表示，因此 n 个原子组成的分子总共应有 $3n$ 个自由度，亦即 $3n$ 种运动状态。但在这 $3n$ 种运动状态中，包括 3 个整个分子的质心沿 x、y、z 方向平移运动和 3 个整个分子绕 x、y、z 轴的转动运动。这 6 种运动都不是分子的振动，因此振动形式应有（$3n-6$）种。但对于直线型分子，若贯穿所有原子的轴是在 x 方向，则整个分子只能绕 y、z 转动，因此直线型分子的振动形式为（$3n-5$）种。例如水分子是非线型分子，其振动自由度＝$3 \times 3 - 6 = 3$，简正振动形式如图 3-4 所示。

图 3-4　水分子的简正振动形式

CO_2 分子是直线型分子，振动自由度＝$3 \times 3 - 5 = 4$，其简正振动形式如图 3-5 所示。

每种简正振动都有其特定的振动频率，似乎都应有相应的红外吸收谱带。有机化合物一般由多原子组成，因此红外吸收光谱的谱峰一般较多。但实际上，红外光谱中吸收谱带的数目并不与公式计算的结果相同。基频谱带的数目有时会增多或减少，增减的原

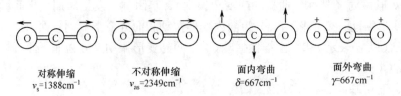

对称伸缩　　　　　不对称伸缩　　　　面内弯曲　　　　面外弯曲
$\nu_s=1388cm^{-1}$　　$\nu_{as}=2349cm^{-1}$　　$\delta=667cm^{-1}$　　$\gamma=667cm^{-1}$

图 3-5　CO_2 分子的简正振动形式

注：+、-分别表示垂直于纸面向里和向外运动。

因如下：

（1）分子的振动能否在红外光谱中出现及其强度与偶极矩的变化有关。通常对称性强的分子不出现红外光谱。如 CO_2 分子的对称伸缩振动为 $1388cm^{-1}$，该振动 $\Delta\mu=0$，没有偶极矩变化，所以没有红外吸收，CO_2 的红外吸收光谱中没有波数为 $1388cm^{-1}$ 的吸收谱带。

（2）简并。有的振动形式虽不同，但它们的振动频率相等，如 CO_2 分子的面内与面外弯曲振动。

（3）仪器分辨率不高或灵敏度不够，对一些频率很接近的吸收峰分不开，或对一些弱峰不能检出。

（4）在中红外吸收光谱中，除了基团由基态向第一振动能级跃迁所产生的基频峰外，还有由基态跃迁到第二激发态、第三激发态等所产生的吸收峰，称之为倍频峰。倍频峰因跃迁概率很小，一般都很弱。由于振动能级间隔不是等距离的，所以倍频不是基频的整数倍。除倍频峰外，还有合频峰 $\nu_1+\nu_2$，$2\nu_1+\nu_2$，…，差频峰 $\nu_1-\nu_2$，$2\nu_1-\nu_2$，…。倍频峰、合频峰和差频峰统称为泛频峰谱带。泛频峰带一般较弱，且多数出现在近红外区。但它们的存在增加了红外吸收光谱鉴别分子结构的特征性。

（5）由于振动偶合及费米共振，使相应吸收峰裂分为 2 个峰。

3.2.3　红外吸收光谱产生的条件

并非所有分子和所有振动都能产生红外吸收光谱，产生红外吸收光谱必须满足 2 个条件。

1．辐射光子具有的能量与发生振动跃迁所需的跃迁能量相等

以双原子分子的纯振动光谱为例，双原子分子可近似看做谐振子。根据量子力学，其振动能量 E_ν 是量子化的，即

$$E_\nu = (u + 1/2)h\nu \qquad (3-6)$$

式中：ν 为分子振动频率；h 为普朗克常量；u 为振动量子数，$u=0$，1，2，…。

分子中不同振动能级的能量差 $\Delta E_\nu = \Delta u h\nu$。吸收光子的能量 $h\nu_a$ 必须恰等于该能量，因此

$$\nu_a = \Delta u \nu \qquad (3-7)$$

在常温下绝大多数分子处于基态（$u=0$），由基态跃迁到第一振动激发态（$u=1$）所产生的吸收谱带称为基频谱带。因为 $\Delta u=1$，因此

$$\nu_a = \nu \qquad (3-8)$$

也就是说，基频谱带的频率与分子振动频率相等。

2．辐射与物质之间有耦合作用

为满足这个条件，分子振动必须伴随偶极矩的变化。

红外跃迁是偶极矩诱导的，即能量转移的机制是通过振动过程所导致的偶极矩的变化和交变的电磁场（这里是红外光）相互作用而发生的。分子由于构成它的各原子的电负性的不同，也显示不同的极性，称为偶极子。通常用分子的偶极矩（μ）来描述分子极性的大小。当偶极子处在电磁辐射的电场中时，该电场做周期性反转，偶极子将经受交替的作用力而使偶极矩增加和减少。由于偶极子有一定的原有振动频率，只有当辐射频率与偶极子频率相匹配时，分子才与辐射相互作用（振动耦合）而增加它的振动能，使振幅增大，即分子由原来的基态振动跃迁到较高的振动能级。因此，并非所有的振动都会产生红外吸收，只有发生偶极矩变化（$\Delta\mu \neq 0$）的振动才能引起可观测的红外吸收光谱，该分子称为红外活性的。$\Delta\mu = 0$ 的分子振动不能产生红外振动吸收，称为非红外活性的。

由上述可见：当一定频率的红外光照射分子时，如果分子某个基团的振动频率和它一致，二者就会产生共振，此时光的能量通过分子偶极矩的变化而传递给分子，这个基团就吸收一定频率的红外光，产生振动跃迁；如果红外光的振动频率和分子中各基团的振动频率不匹配，该部分的红外光就不会被吸收。因此，若用连续改变频率的红外光照射某试样，由于该试样对不同频率的红外光的吸收的程度不同，使通过试样后的红外光在一些波长范围内变弱（被吸收），在另一些波长范围内则较强（不吸收）。将分子吸收红外光的情况用仪器记录，就得到该试样的红外吸收光谱图，如图3-1 所示。

3.3 基团频率和特征吸收峰

3.3.1 基团频率

不管分子结构怎么复杂，都是由许多原子基团组成，这些原子基团在分子受激发后都会产生特征的振动。大多数有机化合物都是由 C、H、O、N、S、P、卤素等元素组成，而其中最主要的是 C、H、O、N 4 种元素。因此，可以说大部分有机化合物的红外吸收光谱基本上是由这 4 种元素所形成的化学键的振动贡献的。

组成分子的各种基团如 C—H、O—H、N—H、C≡C 等，都有自己特定的红外吸收区域，分子的其他部分对其吸收带位置的影响较小。通常把这种能代表基团存在，并有较高强度的吸收谱带称为基团频率，其所在位置一般称为特征吸收峰。例如，CH_3 基团的特征频率在 $2800cm^{-1} \sim 3000cm^{-1}$ 附近，CN 的吸收峰在 $2250cm^{-1}$ 附近，OH 伸缩振动的强吸收谱带在 $3200cm^{-1} \sim 3700cm^{-1}$ 等。

基团频率和特征吸收峰对于利用红外光谱进行分子结构鉴定具有重要意义。

3.3.2 红外光谱区域的划分

红外光谱（中红外）的工作范围一般是 $4000cm^{-1} \sim 400cm^{-1}$，常见基团都在这个区域内产生吸收带。最有分析价值的基团频率在 $4000cm^{-1} \sim 1300cm^{-1}$ 之间，这一区域称为基团频率区。区内的峰是由伸缩振动产生的吸收带，比较稀疏，易于辨认，常用于鉴定官能团。

在 1300cm^{-1}～600cm^{-1} 区域中，除单键的伸缩振动外，还有因变形振动产生的谱带。这些振动与整个分子的结构有关。当分子结构稍有不同时，该区的吸收就有细微的差异，并显示出分子的特征。这种情况就像每个人有不同的指纹一样，因此称为指纹区。指纹区对于指认结构类似的化合物很有帮助，而且可以作为化合物存在某种基团的旁证。

因此按照红外吸收光谱与分子结构的关系可将整个红外光谱区分为基团频率区和指纹区 2 个区域。

1. 基团频率区（4000cm^{-1}～1300cm^{-1}）

基团频率区又可以分为 3 个区域：

（1）X—H 伸缩振动区（4000cm^{-1}～2500cm^{-1}）。X 可以是 O、N、C 或 S 原子。

O—H 基的伸缩振动出现在 3650cm^{-1}～3200cm^{-1} 范围内，它可以作为判断有无醇类、酚类和有机酸类的重要依据。当醇和酚溶于非极性溶剂（如 CCl_4）、浓度小于 0.01mol·dm^{-3} 时，在 3650cm^{-1}～3580cm^{-1} 处出现游离 O—H 基的伸缩振动吸收，峰形尖锐，且没有其他吸收峰干扰，易于识别。当试样浓度增加时，羟基化合物产生缔合现象，O—H 基伸缩振动吸收峰向低波数方向位移，在 3400cm^{-1}～3200cm^{-1} 出现一个宽而强的吸收峰。有机酸中的羟基形成氢键的能力更强，常形成两缔合体。需注意的是水分子在 3300 cm^{-1} 附近有吸收，在制备样品时需要除去水分。

胺和酰胺的 N—H 伸缩振动出现在 3500cm^{-1}～3100cm^{-1}，因此可能会对 O—H 伸缩振动有干扰。

C—H 的伸缩振动可分为饱和碳氢和不饱和碳氢 2 种。饱和碳氢伸缩振动出现在 3000cm^{-1} 以下，为 3000cm^{-1}～2800cm^{-1}，属于强吸收，取代基对它们的影响也很小。如 CH_3 基的伸缩吸收出现在 2960cm^{-1}（ν_{as}）和 2870cm^{-1}（ν_s）附近；CH_2 基的吸收在 2930cm^{-1}（ν_{as}）和 2850cm^{-1}（ν_s）附近。不饱和碳氢伸缩振动出现在 3000cm^{-1} 以上，以此来区别化合物中是否含有不饱和的 C—H 键。苯环的碳氢伸缩振动出现在 3030cm^{-1} 附近，它的特征是强度比饱和的 C—H 键稍弱，但谱带比较尖锐。不饱和的双键═CH—的吸收出现在 3010cm^{-1}～3040cm^{-1} 范围内，末端═CH_2 的吸收出现在 3085cm^{-1} 附近，而叁键≡CH 上的碳氢伸缩振动出现在更高的区域（3300cm^{-1}）附近。

（2）叁键和累积双键伸缩振动区（2500cm^{-1}～1900cm^{-1}）。这个区域主要包括 C≡C、C≡N 等叁键的伸缩振动频率区，以及 C═C═C、C═C═O 等累积双键的不对称伸缩振动频率区。

对于炔类化合物，可以分成 R—C≡CH 和 R′—C≡C—R 2 种类型，前者的伸缩振动出现在 2140cm^{-1}～2100cm^{-1} 附近，后者出现在 2260cm^{-1}～2190cm^{-1} 附近。如果 R′═R，因为分子是对称的，所以不会产生吸收峰。

C≡N 键的伸缩振动在非共轭的情况下出现在 2260cm^{-1}～2240cm^{-1} 附近。当与不饱和键或芳香核共轭时，该峰位移到 2230cm^{-1}～2220cm^{-1} 附近。若分子中含有 C、H、N 原子，—C≡N 基吸收比较强而尖锐。若分子中含有 O 原子，且 O 原子离—C≡N 基越近，—C≡N 基的吸收越弱，甚至观察不到。

（3）双键伸缩振动区（1900cm^{-1}～1300cm^{-1}）。该区域是红外吸收光谱中很重要的区域，主要包括 3 种伸缩振动：

① C＝O 伸缩振动。出现在 $1900cm^{-1}$～$1650cm^{-1}$，是红外吸收光谱很特征的且往往是最强的吸收，以此很容易判断酮类、醛类、酸类、酯类以及酸酐等有机化合物，酸酐的羰基吸收谱带由于振动耦合而呈现双峰。

② C＝C 伸缩振动。烯烃的 C＝C 伸缩振动出现在 $1680cm^{-1}$～$1620cm^{-1}$ 区，一般较弱。单核芳烃的 C＝C 伸缩振动出现在 $1600cm^{-1}$ 和 $1500cm^{-1}$ 附近，有 2 个～4 个峰，这是芳环的骨架振动，用于确认有无芳核的存在。

③ 苯的衍生物的泛频谱带，出现在 $2000cm^{-1}$～$1650cm^{-1}$ 范围，是 C—H 面外和 C＝C 面内变形振动的泛频吸收，虽然强度很弱，但它们的吸收面貌在表征芳核取代类型上是很有用的（见图 3-6）。

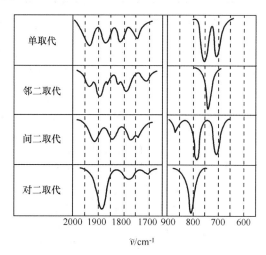

图 3-6　苯的衍生物在 $2000cm^{-1}$～$1667\ cm^{-1}$ 和 $900\ cm^{-1}$～$650\ cm^{-1}$ 的红外吸收谱

2. 指纹区（可以分为 2 个区域）

（1）$1300cm^{-1}$～$900cm^{-1}$ 区域。这个区域主要是 C—C、C—O、C—N、C—P、C—S、P—O、Si—O、C—X（卤素）等单键的伸缩振动和 C＝S、S＝O、P＝O 等双键的伸缩振动以及一些变形振动吸收频率区。其中:约等于 $1375\ cm^{-1}$ 的谱带为甲基的 $\delta_{C—H}$ 对称弯曲振动，对判断甲基十分有用；C—O 的伸缩振动在 $1300cm^{-1}$～$1000cm^{-1}$，是该区域最强的峰，也较易识别。

（2）$900cm^{-1}$～$400cm^{-1}$ 区域。这个区域内的某些吸收峰可用来确认化合物的顺反构型。利用芳烃的 C—H 面外弯曲振动吸收峰来确认苯环的取代类型（图 3-6）。例如烯烃的＝C—H 面外变形振动出现的位置，很大程度上决定于双键取代情况。其在反式构型中，出现在 $990cm^{-1}$～$970cm^{-1}$，而在顺式构型中，则出现在 $690cm^{-1}$ 附近。

多数情况下，一个官能团有数种振动形式，因而有若干相互依存而又相互佐证的吸收谱带，称为相关吸收峰，简称相关峰。例如醇烃基（如图 3-7 所示），除了 O—H 键伸缩振动（如

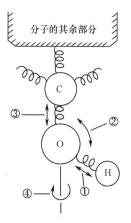

图 3-7　醇烃基的振动

图 3-7①，3700cm^{-1}～3200 cm^{-1}）强吸收谱带外，还有面外弯曲（如图 3-7②，1410cm^{-1}～1260 cm^{-1}）、C—O 伸缩振动（如图 3-7③，1250cm^{-1}～1000 cm^{-1}）和面外弯曲（如图 3-7④，750cm^{-1}～650cm^{-1}）等谱带。用一组相关峰确认基团的存在，是红外吸收光谱分析的一条重要原则。

3.3.3 常见官能团的特征吸收频率

官能团的吸收频率对判断有机化合物的类型和分析其分子结构有重要的参考价值。表 3-2 列出了常见官能团的特征频率数据。

表 3-2 典型有机化合物的重要基团频率（$\tilde{\nu}/cm^{-1}$）

区域	基 团	吸收频率/cm^{-1}	振动形式	吸收强度	说 明
第一区域	—OH（游离）	3650～3580	伸缩	m, sh	判断有无醇类、酚类、有机酸的重要依据
	—OH（缔合）	3400～3200	伸缩	m, b	判断有无醇类、酚类、有机酸的重要依据
	—NH$_2$，—NH（游离）	3500～3300	伸缩	m	
	—NH$_2$，—NH（缔合）	3400～3100	伸缩	s,b	
	—SH	2600～2500	伸缩		
	C—H 伸缩振动				
	不饱和 C—H				不饱和 C—H 伸缩振动出现在 3000 cm^{-1} 以上
	≡C—H（叁键）	3300附近	伸缩	s	
	=C—H（双键）	3010～3040	伸缩	s	末端=C—H$_2$ 出现在 3085 cm^{-1} 附近
	苯环中 C—H	3030附近	伸缩	s	强度比饱和 C—H 稍弱，但谱带较尖锐
	饱和 C—H				饱和 C—H 伸缩振动出现在 3000 cm^{-1} 以上（3000cm^{-1}～2800 cm^{-1}）取代基影响小
	—CH$_3$	2960±5	反对称伸缩	s	
	—CH$_3$	2870±10	对称伸缩	s	
	—CH$_2$	2930±5	反对称伸缩	s	三元环—CH$_2$ 中的出现在 3050 cm^{-1}
	—CH$_2$	2850±10	对称伸缩	s	- C -出现在 2890 cm^{-1}，很弱
第二区域	—C≡N	2260～2200	伸缩	S 针状	干扰少
	—N≡N	2310～2135	伸缩	m	
	—C≡C—	2260～2100	伸缩	v	R—C≡C—H,2140cm^{-1}～2100cm^{-1}；R′—C≡C—R，2260～2190 cm^{-1}，若 R′=R，对称分子，无红外谱带
	—C=C=C—	1950附近	伸缩	v	
第三区域	—C=C—	1680～1620	伸缩	m,w	
	苯环中—C=C—	1600, 1580	伸缩	v	苯环的骨架振动
		1500, 1450	伸缩	s	其他吸收带干扰少，是判断羰基（酮、酸、酯、酸酐等）的特征频率，位置变动大
	—C=O	1850～1600	伸缩	s	
	—NO$_2$	1600～1500	反对称伸缩	s	
	—NO$_2$	1300～1250	对称伸缩	s	
	S=O	1220～1040	伸缩	s	

（续）

区域	基团	吸收频率/cm⁻¹	振动形式	吸收强度	说明
指纹区域	C—O	1300～1000	伸缩	s	C—O 键（酯、醚、醇类）极性很强,常成为谱图中最强的吸收
	C—O—C	900～1150	伸缩	s	酯类中 C—O—C 的 $\sigma_{as} = 1100 cm^{-1} \pm 50 cm^{-1}$ 是最强的吸收。C—O—C 对称伸缩在 $1000 cm^{-1}$～$900 cm^{-1}$，较弱
	—CH₃, —CH₂	1460±10	CH₃ 反对称变形,CH₂ 变形	m	有机化合物大都有 CH₃，CH₂ 基，故此峰经常出现
	—CH₃	1370～1380	对称变形	s	很少受取代基的影响,且干扰少,是 CH₃ 的特征吸收
	—NH₂	1650～1560	变形	m～s	
	C—F	1400～1000	伸缩	s	
	C—Cl	800～600	伸缩	s	
	C—Br	600～500	伸缩	s	
	C—I	500～200	伸缩	s	
	＝CH₂	910～890	面外摇摆	s	
	—(CH₂)ₙ—, n>4	720	面内摇摆	v	

注：s 强吸收；b 宽吸收带；m 中等强度吸收；w 弱吸收；sh 尖锐吸收峰；v 吸收强度可变

3.3.4　影响基团频率的因素

基团频率主要是由基团中原子的质量及原子间的化学键力常数决定。然而分子的内部结构和外部环境的改变对它都有影响，因而同样的基团在不同的分子和不同的外界环境中，基团频率可能会有一个较大范围。因此了解影响基团频率的因素，对解析红外吸收光谱和推断分子结构是十分有用的。

影响基团频率位移的因素大致可分为内部因素和外部因素。

1. 内部因素

（1）电子效应。包括诱导效应、共轭效应和中介效应，它们都是由于化学键的电子分布不均匀而引起的。

① 诱导效应。由于取代基具有不同的电负性，通过静电诱导作用，引起分子中电子分布的变化，从而改变了键力常数，使基团的特征频率发生位移，这种效应通常称为诱导效应。例如，一般电负性大的基团（或原子）吸收电子能力强，与烷基酮羰基上的碳原子相连时，由于诱导效应就会发生电子云由氧原子转向双键的中间，增加了 C＝O 键的化学键力常数，使 C＝O 的振动频率升高，吸收峰向高波数移动。随着取代原子电负性的增大或取代数目的增加，诱导效应越强，吸收峰向高波数移动的程度越显著。

② 共轭效应。共轭效应使共轭体系中的电子云密度平均化，结果使原来的双键略有伸长（即电子云密度降低）、化学键力常数减小，使其吸收频率往往向低波数方向移动。例如酮的 C＝O，因与苯环共轭而使 C＝O 的化学键力常数减小，振动频率降低。

③ 中介效应。当含有孤对电子的原子（O、N、S 等）与具有多重键的原子相连时，也可起类似的共轭作用，称为中介效应。例如，酰胺中的 C＝O 因氮原子的共轭作用，

使 C＝O 上的电子云移向 C—N 单键，C＝O 双键的电子云密度平均化，造成 C＝O 键的化学键力常数下降，使吸收频率向低波数位移（1650 cm^{-1} 左右）。

（2）氢键的影响。氢键的形成使电子云密度平均化，从而使伸缩振动频率降低。例如：羧酸中的羰基和羟基之间容易形成氢键，使羰基的频率降低。游离羧酸的 C＝O 键频率出现在 1760cm^{-1} 左右；而在液态或固态时，由于羧酸形成二聚体形式，C＝O 键频率出现在 1700cm^{-1}。

分子内氢键不受浓度影响，而分子间氢键则受浓度的影响较大。例如：以 CCl$_4$ 为溶剂测定乙醇的红外光谱，当乙醇浓度小于 0.01mol·dm^{-3} 时，分子间不形成氢键，只显示游离的—OH 的吸收（3640cm^{-1}）；但随着溶液中乙醇浓度的增加，游离烃基的吸收减弱，而二聚体（3515cm^{-1}）和多聚体（3350cm^{-1}）的吸收相继出现，并显著增加。当乙醇浓度为 1.0mol·dm^{-3} 时，主要是以缔合形式存在（如图 3-8 所示）。

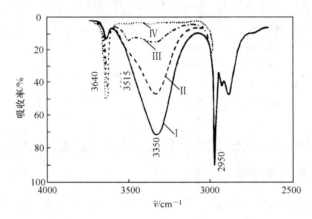

图 3-8　不同浓度的乙醇 CCl$_4$ 溶液的红外光谱片段

I—1.0 mol·dm^{-3}；II—0.25mol·dm^{-3}；III—0.1 mol·dm^{-3}；IV—0.01 mol·dm^{-3}。

（3）振动耦合。当 2 个振动频率相同或相近的基团通过一个共原子相连时，由于一个键的振动通过公共原子使另一个键的长度发生改变，产生一个"微扰"，从而形成了强烈的振动相互作用。其结果是使振动频率发生变化，一个向高频移动，一个向低频移动，谱带分裂。振动耦合常出现在一些二羰基化合物中。例如羧酸酐中，2 个羰基的振动耦合，使—C＝O 吸收峰分裂成 2 个峰，波数分别为 1820cm^{-1} 和 1760cm^{-1}。

（4）费米（Fermi）共振。当一振动的倍频与另一振动的基频接近时，由于发生相互作用而产生很强的吸收峰或发生裂分，这种现象叫 Fermi 共振。例如，〈　〉—COCl 中〈　〉—CO 间的 C—C 变形振动（880cm^{-1}～860cm^{-1}）的倍频与羰基的基频（1774cm^{-1}）发生 Fermi 共振，结果是在 1773cm^{-1} 和 1736cm^{-1} 出现 2 个 C＝O 吸收峰。

其他的基团因素还有空间效应、环的张力等，可参阅有关专著。

2．外部因素

试样状态、测定条件的不同及溶剂极性的影响等外部因素都会引起频率位移。

（1）测量物质的物理状态。一般在气态下测得的谱带波数最高，并能观察到伴随振动光谱的转动精细结构；在液态或固态下测定的谱带波数相对较低。例如，丙酮在气态时的羰基的吸收频率为 1742cm^{-1}，而在液态时为 1718cm^{-1}。

（2）溶剂效应。通常在极性溶剂中，溶质分子的极性基团的伸缩振动频率随溶剂极性的增加而向低波数方向移动，并且强度增大。因此在红外光谱测定中，应尽量采用非极性溶剂，并在查阅标准谱图时应注意试样的状态和制样方法。

3.4　红外光谱仪

目前主要有 2 类红外光谱仪：色散型红外光谱仪和傅里叶（Fourier）变换红外光谱仪。

3.4.1　色散型红外光谱仪

色散型红外光谱仪的组成部件与紫外–可见分光光度计相似，也是由光源、吸收池、单色器、检测器和记录系统等部分所组成。但由于红外光谱仪与紫外–可见分光光度计工作的波段范围不同，因此，光源、透光材料及检测器等都有很大的差异。此外，它们的排列顺序也略有不同：红外光谱仪的样品是放在光源和单色器之间；而紫外分光光度计是放在单色器之后。

图 3-9 是色散型红外光谱仪原理的示意图。

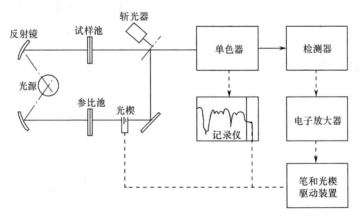

图 3–9　双光束红外光谱仪原理示意图

1．光源

红外光谱仪中所用的光源通常是一种惰性固体，用电加热使之发射高强度的连续红外辐射。常用的是能斯特灯或硅碳棒。

（1）能斯特灯。能斯特灯是用氧化锆、氧化钇和氧化钍烧结而成的中空棒或实心棒，两端绕有铂丝作为导线。工作温度为 1200℃～2200℃，在此高温下导电并发射红外线。但它在室温下是非导体，因此在工作之前要预热。它的优点是发光强度高，使用寿命长，稳定性较好。缺点是价格比硅碳棒贵，机械强度差，操作不如硅碳棒方便。

（2）硅碳棒。硅碳棒是由碳化硅烧结而成的两端粗中间细的实心棒，中间为发光部分。它在室温下是导体，工作温度在 1200℃～1500℃，不需预热。由于它在低波数区域发光较强，因此使用波数范围宽，可以低至 200cm^{-1}。此外，其优点是坚固，发光面积大，寿命长。

2．吸收池

因为玻璃、石英等材料不能透过红外光，所以红外吸收池要用可透过红外光的 NaCl、

KBr、CsI、KRS-5（TlI58%,TlBr42%）等材料制成窗片。用 NaCl、KBr、CsI 等材料制成的窗片需注意防潮。固体试样常与 KBr 混匀压片，然后直接进行测定。

3. 单色器

单色器由色散元件、准直镜和狭缝构成。闪耀光栅是最常用的色散元件，它的分辨本领高，易于维护。红外光谱仪常用几块光栅常数不同的光栅自动更换，使测定的波数范围更为扩展且能得到更高的分辨率。

狭缝的宽度可控制单色光的纯度和强度。然而光源发出的红外光在整个波数范围内不是恒定的，在扫描过程中狭缝将随光源的发射特性曲线自动调节狭缝宽度，既要使到达检测器上的光的强度近似不变，又要达到尽可能高的分辨能力。

4. 检测器

紫外-可见分光光度计中所用的光电管或光电倍增管不适用于红外区，因为红外光谱区的光子能量较弱，不足以引发光电子发射。现今常用的红外检测器是真空热电偶、热释电检测器和汞镉碲检测器。

（1）真空热电偶。真空热电偶是利用不同导体构成回路时的温差现象，将温差转变为电位差。它以一小片涂黑的金箔作为红外辐射的接受面，在金箔的另一面焊有 2 种不同的金属、合金或半导体作为热接点，而在冷接点端（通常为室温）连有金属导线。为了提高灵敏度和减少热传导的损失，将热电偶封于真空度约为 7×10^{-7} Pa 的腔体内。在腔体上对着涂黑的金箔开一小窗，窗口用红外透光材料，如 KBr（至 25μm）、CsI（至 50μm）、KRS-5（45μm）等制成。当红外辐射通过此窗口射到涂黑的金箔上时，热接点温度上升，产生温差电势，回路中就有电流通过。而电流的大小则随照射的红外光的强弱而变化。

（2）热释电检测器。热释电检测器是用硫酸三苷肽（NH$_2$CH$_2$COOH）$_3$H$_2$SO$_4$（简称 TGS）的单晶薄片作为检测元件。TGS 的极化强度与温度有关，温度升高，极化强度降低。将 TGS 薄片正面真空镀铬（半透明），背面镀金，形成两电极。当红外辐射光照到薄片上时，引起温度升高，TGS 极化度改变，表面电荷减少，相当于因热而"释放"了部分电荷（热释电），经放大转变成电压或电流的方式进行测量。其特点是响应速度快，噪声影响小，能实现高速扫描，故被用于傅里叶变换红外光谱仪中。

（3）汞镉碲检测器（MCT 检测器）。是由宽频带的半导体碲化镉和半金属化合物碲化汞混合成的，改变混合物组成可得测量波段不同灵敏度各异的各种 MCT 检测器。它的灵敏度高，响应速度快，适于快速扫描测量和 GC/FTIR 联机检测。MCT 检测器都需在液氮温度下工作，其灵敏度高于 TGS 约 10 倍。

5. 记录系统

红外光谱仪一般都有记录仪自动记录谱图。新型的仪器还配有微处理机，以控制仪器的操作、谱图中各种参数、谱图的检索等。

红外光谱仪一般均采用双光束，如图 3-9 所示。将光源发射的红外光分成 2 束，一束通过试样，另一束通过参比。利用半圆扇形镜使试样光束和参比光束交替通过单色器，然后被检测器检测。在光学零位法中：当试样光束与参比光束强度相等时，检测器不产生交流信号；当试样有吸收，两光束强度不等时，检测器产生与光强差成正比的交流信号，通过机械装置推动锥齿形的光楔，使参比光束减弱，直至与试样光束强度相等。此时，与光楔连动的记录笔就在图纸上记下了吸收峰。

3.4.2 傅里叶（Fourier）变换红外光谱仪

前面我们介绍的以光栅作为色散元件的红外光谱仪在许多方面已不能完全满足需要：由于采用了狭缝，能量受到限制，尤其在远红外区能量很弱；它的扫描速度太慢，使得一些动态的研究以及和其他仪器（如色谱）的联用发生困难；对一些吸收红外辐射很强的或者信号很弱的样品的测定及痕量组分的分析等，也受到一定的限制。

随着光学、电子学尤其是计算机技术的迅速发展，20 世纪 70 年代出现了新一代的红外光谱测量技术和仪器，这就是基于干涉调频分光的傅里叶变换红外光谱仪（简称 FTIR）。这种仪器不用狭缝，因而消除了狭缝对于通过它的光能的限制，可以同时获得光谱所有频率的全部信息。它具有许多优点：扫描速度快，测量时间短，可在 1s 内获得红外光谱，适于对快速反应过程的追踪，也便于和色谱法联用；灵敏度高，检出限可达 10^{-9}g～10^{-12}g；分辨本领高，波数精度可达 0.01cm^{-1}；光谱范围广，可研究整个红外区（10000cm^{-1}～10cm^{-1}）的光谱；测定精度高，重复性可达 0.1%。

傅里叶变换红外光谱仪没有色散元件，主要由光源（硅碳棒、高压汞灯）、迈克尔逊（Michelson）干涉仪、检测器、计算机和记录仪等组成（如图 3-10 所示）。其工作原理与色散型仪器有很大不同，其核心部分是迈克尔逊干涉仪，它将光源来的信号以干涉图的形式送往计算机进行傅里叶变换的数学处理，最后将干涉图还原成红外光谱图。

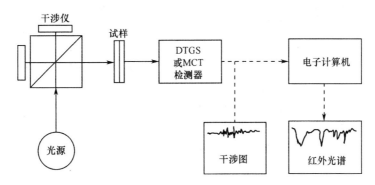

图 3-10 傅里叶变换红外光谱仪工作原理示意图

3.5 红外光谱法的应用

红外光谱法广泛用于有机化合物的定性分析、结构分析和定量分析。

3.5.1 定性分析

1. 已知物的鉴定

将试样的谱图与标样的谱图进行对照，或者与文献上的标准谱图进行对照。如果 2 张谱图各吸收峰的位置和形状完全相同，峰的相对强度一样，就可以认为样品是该种标准物。如果 2 张谱图不一样，或峰位不对，则说明二者不为同一物，或样品中有杂质。

如用计算机谱图检索，则采用相似度来判别。使用文献上的图谱应当注意试样的物态、结晶状态、溶剂、测定条件以及所用仪器类型均应与标准谱图相同。

2. 未知物结构的测定

测定未知物的结构是红外光谱法定性分析的一个重要用途。在分析过程中，除了获得清晰可靠的图谱外，最重要的就是对谱图做出正确的解析。所谓图谱解析就是根据实验所测绘的红外光谱图的吸收峰位置、强度和形状，利用基团振动频率和分子结构的关系，确定吸收带的归属，确认分子中所含的基团或化学键，进而推定分子的结构。图谱解析往往需要以下过程：

（1）准备工作。在进行未知物光谱解析之前，应收集样品的有关资料和数据。诸如了解试样的来源、形态、颜色、气味等，以估计其可能是哪类化合物；测定试样的物理常数，如熔点、沸点、溶解度、折光率、旋光率等，作为定性分析的旁证。

（2）确定未知物的不饱和度。根据元素分析及相对摩尔质量的测定，求出化学式并计算化合物的不饱和度

$$\Omega = 1 + n_4 + \frac{n_3 - n_1}{2} \tag{3-9}$$

式中：n_1、n_3、n_4 分别为分子中所含的 1 价元素（通常为氢及卤素）、3 价元素（通常为氮）和 4 价元素（通常为碳）原子的数目。2 价元素原子（如氧、硫等）不参加计算。

当 $\Omega = 0$ 时，表示分子饱和的，应为链状烃及其不含双键的衍生物；

当 $\Omega = 1$ 时，可能有 1 个双键或 1 个脂环；

当 $\Omega = 2$ 时，可能有 2 个双键或脂环，也可能有 1 个叁键；

当 $\Omega = 4$ 时，可能有 1 个苯环等。

（3）图谱解析。

图谱解析一般先从基团频率区的最强谱带入手，推测未知物可能含有的基团，判断不可能含有的基团。再从指纹区的谱带来进一步验证，找出可能含有基团的相关峰，用一组相关峰来确认一个基团的存在。对于简单化合物，确认几个基团之后，便可初步确定分子结构，然后查对标准谱图核实。

例如有一无色液体，其化学式为 C_8H_8O，红外光谱如图 3-11 所示，试推测其结构。

由图 3-11 可见：于 $3000 cm^{-1}$ 附近有 4 个弱吸收峰，这是苯环及 CH_3 的 C—H 伸缩振动；$1600 cm^{-1} \sim 1500 cm^{-1}$ 处有两三个峰，是苯环的骨架振动；指纹区 $760 cm^{-1}$、$692 cm^{-1}$ 处有 2 个峰，说明为单取代苯环。

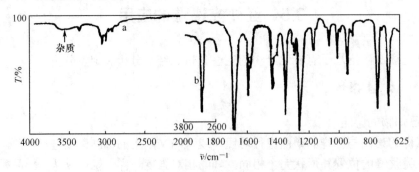

图 3-11 某化合物的红外光谱图

1681 cm^{-1} 处强吸收峰为 C=O 的伸缩振动，因分子式中只含 1 个氧原子，不可能是酸或酯，而且从图上看有苯环，很可能是芳香酮。1363 cm^{-1} 及 1430 cm^{-1} 处的吸收峰则分别为 CH$_3$ 的 C—H 对称及反对称变形振动。

根据上述解析，未知物的结构式可能是

由分子式计算不饱和度 Ω 为

$$\Omega = 1 + 8 - 8/2 = 5$$

该化合物含苯环及双键，故上述推测是合理的。进一步查标准光谱核对，也完全一致。因此所推测的结构式是正确的。

3.5.2　定量分析

红外光谱定量分析是依据物质组分的吸收峰强度来进行的，它的理论基础是朗伯-比尔定律。用红外光谱做定量分析的优点是：有许多谱带可供选择，有利于排除干扰；对于物理和化学性质相近，而用气相色谱法进行定量分析又存在困难的试样（如沸点高，或气化时要分解的试样）往往可采用红外光谱法定量；而且气体、液体和固态物质均可用红外光谱法测定。

红外光谱定量时吸光度的测定常用基线法，如图 3-12 所示。假定背景的吸收在试样吸收峰两侧不变（即透射比呈线性变化），可用画出的基线来表示该吸收峰不存在时的背景吸收线，图中 I 与 I_0 之比就是透射比（T）。一般用校准曲线法或者标准比较法来定量。测量时由于试样池的窗片对辐射的反射和吸收，以及试样的散射会引起辐射损失，因此必须对这种损失进行补偿或校正。此外，试样的处理方法和制备的均匀性都必须严格控制，以使其一致。

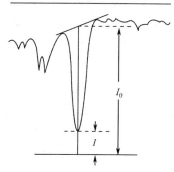

图 3-12　基线的画法

3.6　试样的处理和制备

能否获得一张满意的红外光谱图，除了仪器性能的因素外，试样的处理和制备也十分重要。

3.6.1　红外光谱法对试样的要求

红外光谱的试样可以是气体、液体或固体，一般应符合以下要求：

（1）试样应该是单一组分的纯物质，纯度应大于 98% 或符合商业规格，这样才便于与纯化合物的标准光谱进行对照。多组分试样应在测定前尽量预先用分馏、萃取、重结晶、区域熔融或色谱法进行分离提纯，否则各组分光谱相互重叠，难予解析（GC—FTIR

法例外）。

（2）试样中不应含有游离水。水本身有红外吸收，会严重干扰样品谱图，而且会侵蚀吸收池的盐窗。

（3）试样的浓度和测试厚度应选择适当，以使光谱图中的大多数吸收峰的透射比处于10%～80%范围内。

3.6.2　制样方法

1．气态试样

气态试样可在玻璃气槽内进行测定，它的两端粘有红外透光的 NaCl 或 KBr 窗片。先将气槽抽真空，再将试样注入。

2．液体和溶液试样

常用的方法有：

（1）液体池法。沸点较低、挥发性较大的试样，可注入封闭液体池中，液层厚度一般为 0.01mm～1mm。

（2）液膜法。沸点较高的试样，直接滴在 2 块盐片之间，形成液膜。

对于一些吸收很强的液体，当用调整厚度的方法仍然得不到满意的谱图时，可用适当的溶剂配成稀溶液来测定。一些固体也可以用溶液的形式来进行测定。常用的红外光谱溶剂应在所测光谱区内本身没有强烈吸收，不侵蚀盐窗，对试样没有强烈的溶剂化效应等。例如，CS_2 是 $1350cm^{-1}$～$600cm^{-1}$ 区域常用的溶剂，CCl_4 用于 $4000cm^{-1}$～$1350cm^{-1}$ 区。

3．固体试样

常用的方法有：

（1）压片法。将 1mg～2mg 试样与 200mg 纯 KBr 研细混匀，置于模具中，用 $5×10^7Pa$～$10×10^7Pa$ 的压力在油压机上压成透明薄片，即可用于测定。试样 KBr 都应经干燥处理，研磨到粒度小于 $2\mu m$，以免散射光影响，KBr 在 $4000cm^{-1}$～$400cm^{-1}$ 光区不产生吸收，因此测绘全波段光谱图。

（2）石蜡糊法。将干燥处理后的试样研细，与液体石蜡或全氟代烃混合，调成糊状，夹在盐片中测定。液体石蜡油自身的吸收带简单，但此法不能用来研究饱和烷烃的吸收情况。

（3）薄膜法。主要用于高分子化合物的测定。可将它们直接加热熔融后涂制或压制成膜。也可将试样溶解在低沸点的易挥发溶剂中，涂在盐片上，待溶剂挥发后成膜来测定。当样品量特别少或样品面积特别小时，必须采用光束聚光器，并配有微量液体池、微量固体池和微量气体池，采用全反射系统或用带有卤化碱透镜的反射系统进行测量。

思　考　题

1. 产生红外吸收的条件是什么？是否所有的分子振动都会产生红外吸收光谱？为什么？

2. 以亚甲基为例说明分子的基本振动形式。

3．何谓基团频率？它有什么重要性及用途？

4．红外光谱定性分析的基本依据是什么？简要叙述红外定性分析的过程。

5．影响基团频率的因素有哪些？

6．何谓"指纹区"？它有什么特点和用途？

7．将 800nm 换算为：（1）波数；（2）μm 单位。

8．根据下述力常数 k 数据，计算各化学键的振动频率（波数）：

（1）乙烷的 C—H 键，k=5.1N·cm^{-1}；

（2）乙炔的 C—H 键，k=5.9 N·cm^{-1}；

（3）乙烷的 C—C 键，k=4.5N·cm^{-1}；

（4）苯的 C—C 键，k=7.6N·cm^{-1}；

（5）CH_3CN 的 C≡N 键，k=17.5N·cm^{-1}；

（6）甲醛的 C—O 键，k=12.3N·cm^{-1}；

由所得计算值，你认为可以说明一些什么问题？

9．氯仿（$CHCl_3$）的红外光谱表明其 C—H 伸缩振动频率为 3100cm^{-1}，对于氘代氯仿（C^2HCl_3），其 C—^{2}H 伸缩振动频率是否会改变？如果变动的话，是向高波数还是向低波数方向位移？为什么？

10．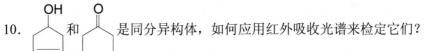 是同分异构体，如何应用红外吸收光谱来检定它们？

11．某化合物在 3640cm^{-1}～1740cm^{-1} 区间的红外光谱如图 3-13 所示。该化合物应是六氯苯（Ⅰ）、苯（Ⅱ）或 4-叔丁基甲苯（Ⅲ）中的哪一个？说明理由。

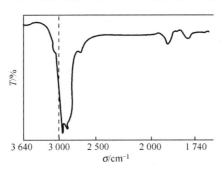

图 3-13　未知物的红外光谱图

第4章 原子吸收光谱分析

4.1 原子吸收光谱分析概述

原子吸收光谱分析又称原子吸收分光光度分析，是基于被测元素基态原子在蒸气状态时对其原子共振辐射吸收进行元素定量分析的方法。

原子吸收现象早在 1802 年就被人们在对太阳连续光谱中的暗线进行观察和研究时发现，但是，原子吸收光谱作为一种实用的分析方法是在 1955 年以后才开始的。这一年澳大利亚物理学家 Walsh A.（瓦尔西）等人先后发表著名论文，建议将原子吸收光谱法作为分析方法，奠定了原子吸收光谱法的理论基础。随着原子吸收光谱商品仪器的出现，到了 20 世纪 60 年代中期，原子吸收光谱法才得到迅速发展。

如图 4-1 所示，如果要测定溶液中镁离子含量，先将试液喷射成雾状进入燃烧的火焰中，含镁盐的雾滴在火焰温度下，挥发并离解成镁原子蒸气。再用镁空心阴极灯作光源，它辐射出具有波长为 285.2nm 的镁的特征谱线的光，当通过一定厚度的镁原子蒸气时，部分光被蒸气中基态镁原子吸收而减弱。通过单色器和检测器测得镁特征谱线光被减弱的程度，即可求得试样中镁的含量。由此可见，原子吸收光谱分析利用的是原子吸收现象。

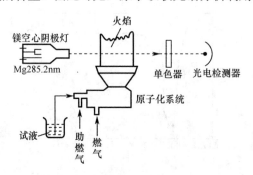

图 4-1 原子吸收分析示意图

原子吸收光谱法有许多优点：①检出限低，火焰原子吸收法可达 ng·cm^{-3} 级，石墨炉原子吸收法可达到 10^{-10}g～10^{-14}g；②准确度高，火焰原子吸收法的相对误差小于 1%，石墨炉原子吸收法的相对误差为 3%～5%；③选择性好，大多数情况下共存元素对被测元素不产生干扰；④分析速度快，应用范围广，能够测定的元素多达 70 多个；⑤仪器比较简单，价格较低廉，一般实验室都可配备。

原子吸收法的局限性为：测定难熔元素，如 W、Nb、Ta、Zr、Hf、稀土等及非金属元素，不能令人满意；不能同时进行多元素分析。

总之，原子吸收光谱分析法是一种十分重要的定量分析方法。在冶金、地质、化工、生物、医药、环境等领域具有广泛的应用。

4.2　原子吸收光谱分析基本原理

4.2.1　原子吸收光谱的产生及共振线

在一般情况下，原子处于能量最低状态的基态（$E_0=0$）。当原子吸收外界能量跃迁到较高的激发态。当原子从激发态返回到基态，此时，原子以电磁波的形式把能量释放出来，产生发射光谱：

$$\Delta E = E_n - E_0 = h\nu \tag{4-1}$$

（1）共振发射线。电子从基态跃迁到能量最低的激发态时要吸收一定频率的光，它再跃迁回基态时，则发射出同样频率的光（谱线），这种谱线称为共振发射线。

（2）共振吸收线。电子从基态跃迁至第一激发态所产生的吸收谱线称为共振吸收线。

（3）共振线。共振发射线和共振吸收线都简称为共振线。

各种元素的原子结构和外层电子的排布不同，不同元素的原子从基态激发至第一激发态（或由第一激发态跃迁返回基态）时，吸收（或发射）的能量不同，因而各种元素的共振线不同且各有其特征性，所以这种共振线是元素的特征谱线。对大多数元素来说，共振线也是元素最灵敏的谱线。

4.2.2　原子吸收光谱的轮廓

原子吸收光谱线并不是严格的几何意义上的线（几何线无宽度），而是有相当窄的频率或波长范围，即有一定的宽度。一束不同频率、强度为 I_0 的平行光通过厚度为 L 的原子蒸气，一部分光被吸收，透过光的强度 I_ν 服从吸收定律

$$I_\nu = I_0 \cdot \exp(-k_\nu L) \tag{4-2}$$

式中：k_ν 是基态原子对频率为 ν 的光的吸收系数。不同元素原子吸收不同频率的光，透过光强度对吸收光频率作图，如图 4-2 所示。由图可见，在频率 ν_0 处透过光强度最小，亦即吸收最大。若将吸收系数 k_ν 对频率 ν 作图，所得曲线为吸收线轮廓，如图 4-3 所示。原子吸收线的轮廓以原子吸收谱线的中心频率（或中心波长）和半宽度来表征。中心频率由原子能级决定。半宽度是中心频率位置（吸收系数极大值一半处）谱线轮廓上 2 点之间频率或波长的距离（$\Delta\nu$ 或 $\Delta\lambda$）。图 4-3 中：k_ν 为吸收系数；K_0 为吸收系数极大值，即峰值吸收系数；ν_0 为中心频率。

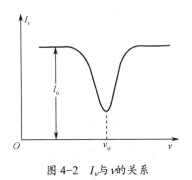

图 4-2　I_ν 与 ν 的关系

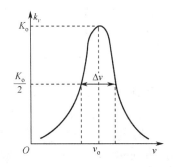

图 4-3　原子吸收光谱轮廓图

半宽度受到很多因素的影响，下面讨论几种主要变宽因素。

1. 自然宽度

在没有外界条件影响的情况下，谱线仍有一定的宽度，这种宽度称为自然宽度。它与激发态原子的平均寿命有关，平均寿命越长，谱线宽度越窄。不同谱线有不同的自然宽度，多数情况下约为 10^{-5}nm 数量级。

2. 多普勒（Doppler）变宽

这是由于原子在空间做无规则热运动所导致的，故又称为热变宽。从物理学中已知：从一个运动着的原子发出的光，如果运动方向离开观测者，则在观测者看来，其频率较静止原子所发的光的频率低；反之，如原子向着观测者运动，则其频率较静止原子发出的光的频率高，这就是多普勒效应。原子吸收光谱法中，气态原子是处于无规则的热运动中，对检测器具有不同的运动速度分量，使检测器接受到很多频率稍有不同的吸收，于是谱线变宽。当处于热力学平衡状态时，谱线的多普勒宽度Δv_{D}可用下式

$$\Delta v_{\mathrm{D}} = \frac{2v_0}{c}\sqrt{\frac{2(\ln 2)\mathrm{R}T}{A_{\mathrm{r}}}} \tag{4-3}$$

式中：v_0为谱线的中心频率；c为光速；R为摩尔气体常数；T为热力学温度；A_{r}为相对原子质量。将有关常数代入，得到

$$\Delta v_{\mathrm{D}} = 7.16\times10^{-7}v_0\sqrt{\frac{T}{A_{\mathrm{r}}}} \tag{4-4}$$

由式（4-4）可见，多普勒宽度随温度升高和相对原子质量减小而变宽。多普勒变宽可达 10^{-3}nm 数量级。

3. 压力变宽

当原子吸收区气体压力变大时，相互碰撞引起的变宽是不可忽略的。原子之间相互碰撞，激发态原子平均寿命缩短，引起谱线变宽。根据与其碰撞的原子不同，又可分为 2 种：劳伦茨变宽和赫鲁兹马克变宽。劳伦茨变宽是指被测元素原子和其他种粒子碰撞引起的变宽，它随原子区内气体压力增大、温度升高而增大；赫鲁兹马克变宽是指和同种原子碰撞而引起变宽，也称为共振变宽，只有在被测元素浓度高时才起作用，在原子吸收法中可忽略不计。劳伦茨变宽与多普勒变宽有相同的数量级，也可达 10^{-3}nm。

4. 自吸变宽

由自吸现象而引起的谱线变宽称为自吸变宽。光源空心阴极灯发射的共振线被灯内同种基态原子所吸收产生自吸现象，从而使谱线变宽。灯电流越大，自吸变宽越严重。

此外，由于外界电场或带电粒子、离子形成的电场及磁场的作用，使谱线变宽称为场致变宽。这种现象影响不大。

4.2.3 原子吸收光谱的测量

1. 积分吸收

对原子吸收光谱，若以连续光源（氘灯或钨灯）来进行吸收测量将非常困难。连续光源经单色器及狭缝后，分离所得到的入射光的谱带宽度约为 0.2nm。而原子吸收线的宽度约为 10^{-3}nm。可见由待测原子吸收线引起的吸收值仅相当于总入射光线的 0.5%，即原子吸收只占其中很小的部分，测定灵敏度极差。

在吸收线轮廓内，将吸收系数对频率进行积分，称为积分吸收，它表示吸收的全部能量。从理论上可以看出，积分吸收与原子蒸气中吸收辐射的原子数成正比。数学表达式为

$$\int k_v \mathrm{d}v = \frac{\pi \cdot e^2}{m \cdot c} N_0 f \qquad (4-5)$$

式中：e 为电子电荷；m 为电子质量；c 为光速；N_0 为单位体积内基态原子数；f 为振子强度，即能被入射辐射激发的每个原子的平均电子数，在一定条件下对一定元素，f 可视为一定值。式（4-5）是原子吸收光谱法的重要理论依据。

若能测定积分吸收，则可求出原子浓度。但是，测定谱线宽度仅为 10^{-3}nm 的积分吸收，需要分辨率高达 50 万的单色器，在目前的技术情况下尚无法实现。

2．峰值吸收

1955 年 Walsh A.提出，在温度不太高的稳定火焰条件下，峰值吸收系数与火焰中被测元素的原子浓度也成正比。吸收线中心波长处的吸收系数 K_0 为峰值吸收系数，简称峰值吸收。前面指出，在通常原子吸收测定条件下，原子吸收线轮廓取决于多普勒宽度，吸收系数为

$$k_v = K_0 \cdot \exp\left\{ -\left[\frac{2(v - v_0)\sqrt{\ln 2}}{\Delta v_\mathrm{D}} \right]^2 \right\} \qquad (4-6)$$

积分式（4-6），得

$$\int_0^\infty k_v \mathrm{d}v = \frac{1}{2}\sqrt{\frac{\pi}{\ln 2}} K_0 \Delta v_\mathrm{D} \qquad (4-7)$$

将式（4-5）代入，得

$$K_0 = \frac{2}{\Delta v_\mathrm{D}}\sqrt{\frac{\ln 2}{\pi}} \frac{\pi \cdot e^2}{mc} N_0 f \qquad (4-8)$$

可以看出，峰值吸收系数与原子浓度成正比，只要能测出 K_0 就可得到 N_0。

3．锐线光源

由上所述，峰值吸收的测定是至关重要的。在分子光谱中光源都是使用连续光谱，连续光谱的光源很难测准峰值吸收。Walsh A.提出用锐线光源测量峰值吸收，从而解决了原子吸收的实用测量问题。

锐线光源是发射线半宽度远小于吸收线半宽度的光源，如空心阴极灯。在使用锐线光源时，光源发射线半宽度很小，并且发射线与吸收线的中心频率一致。这时发射线的轮廓可看做一个很窄的矩形，即峰值吸收系数 K_0 在此轮廓内不随频率而改变，吸收只限于发射线轮廓内，如图 4-4 所示。此时，式（4-2）可写为

$$I_v = I_0 \cdot \exp(-K_0 L)$$

从此式可得

$$A = \lg\frac{I_0}{I_v} = 0.43 K_0 L$$

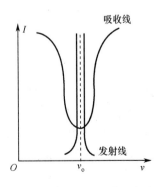

图 4-4　峰值吸收测量示意图

将式（4-8）代入上式得

$$A=0.43\frac{2}{\Delta v_D}\sqrt{\frac{\ln 2}{\pi}}\frac{\pi \cdot e^2}{mc}N_o f\,L$$

或

$$A=k\,L\,N_o \tag{4-9}$$

式中：$k=0.43\dfrac{2}{\Delta v_D}\sqrt{\dfrac{\ln 2}{\pi}}\dfrac{\pi \cdot e^2}{mc}$；$f$ 为常数。

4.2.4 基态原子数与原子吸收定量基础

在通常的原子吸收测定条件下，原子蒸气中基态原子数近似地等于总原子量。在原子蒸气中（包括被测元素原子），可能会有激发态存在。根据热力学原理，在一定温度下达到热平衡时，基态与激发态的原子数的比例遵循玻耳兹曼（Boltzmann）分布定律

$$\frac{N_i}{N_o}=\frac{g_i}{g_o}\cdot\exp(-\frac{E_i}{KT}) \tag{4-10}$$

式中：N_i 与 N_o 分别为激发态与基态数；g_i 与 g_o 为激发态与基态能级的统计权重，它表示能级的简并度；K 为 Boltzmann 常数，其值为 $1.38\times10^{-23}\mathrm{J\cdot K^{-1}}$；$T$ 为热力学温度；E_i 为激发能。在原子光谱中，一定波长的谱线，g_i/g_o、E_i 是已知值，因此可以计算一定温度下的 N_i/N_o 值。如表 4-1 所列是几种元素在不同温度下的 N_i/N_o 值。

表 4-1　某些元素共振线的 N_i/N_o 值

λ共振线/nm	g_i/g_o	激发能/eV	N_i/N_o	
			$T=2000\mathrm{K}$	$T=3000\mathrm{K}$
Na 589.0	2	2.104	0.99×10^{-5}	5.83×10^{-4}
Sr 460.7	3	2.690	4.99×10^{-7}	9.07×10^{-6}
Ca 42207	3	2.932	1.22×10^{-7}	3.55×10^{-5}
Fe 372.0	3	3.332	2.29×10^{-9}	1.31×10^{-6}
Ag 328.1	2	3.778	6.03×10^{-10}	8.99×10^{-7}
Cu 324.8	2	3.817	4.82×10^{-10}	6.65×10^{-7}
Mg 285.2	3	4.346	3.35×10^{-11}	1.50×10^{-7}
Pb 283.3	3	4.375	2.83×10^{-11}	1.34×10^{-7}
Zn 213.9	3	5.795	7.45×10^{-15}	5.50×10^{-10}

从式（4-10）与表（4-1）可以看出：温度越高，N_i/N_o 值越大，即激发态原子数值随温度升高而增加，而且按指数关系变化；在相同温度下，激发能（电子跃迁能级之差）越小，吸收线波长越长，N_i/N_o 值越大。尽管有如此变化，但是在原子吸收光谱法中，原子化温度一般小于 3000K，大多数元素的最强共振线都低于 600nm，N_i/N_o 值绝大部分在 10^{-3} 以下，激发态和基态原子数之比小于千分之一，激发态原子可以忽略。因此，可以认为，基态原子数近似地等于总原子数。

实际分析要求测定的是试样中待测元素的浓度，而此浓度是与待测元素吸收辐射的原子总数成正比的。因此在一定浓度范围和一定火焰宽度的情况下，式（4-9）可表示为

$$A=Kc \tag{4-11}$$

式中：c 为待测元素的浓度；K 在一定实验条件下是一个常数。此式称为朗伯-比尔定律，它指出在一定实验条件下，吸光度与浓度成正比的关系。所以通过测定吸光度就可以求出待测元素的含量。这就是原子吸收分光光度分析的定量基础。

4.3　原子吸收分光光度计

原子吸收分光光度计由光源、原子化系统、单色器和检测器 4 个主要部分组成，如图 4–5 所示。

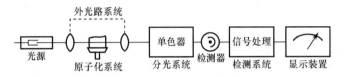

图 4–5　原子吸收分光光度计示意图

4.3.1　光源

1．光源的作用及要求

光源的作用是辐射待测元素的特征光谱。如前所述，为了测出待测元素的峰值吸收，必须使用锐线光源。为了获得较高的灵敏度和准确度，所使用的光源应满足下述要求：

（1）能辐射锐线，即发射线的半宽度比吸收线的半宽度窄得多，否则测出的不是峰值吸收。

（2）能辐射待测元素的共振线，并且具有足够的强度，以保证有足够的信噪比。

（3）辐射的光强度必须稳定且背景小，而光强度的稳定性又与供电系统的稳定性有关。

蒸气放电灯、无极放电灯和空心阴极灯都能符合上述要求。这里着重介绍应用最广泛的空心阴极灯。

2．空心阴极灯的构造

普通空心阴极灯是一种气体放电管，其结构如图 4-6 所示。它包括一个阳极（钨棒）和一个空心圆筒阴极（由用以发射所需谱线的金属或合金，或铜、铁、镍等金属制成阴极衬套，空穴内再衬入或熔入所需金属）。2 个电极密封于充有低压惰性气体的带有石英窗（或玻璃窗）的玻璃壳中。

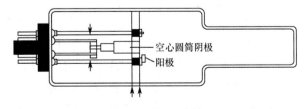

图 4-6　空心阴极灯

3．工作原理

当正、负电极间施加适当电压（通常是 300V～500V）时，便开始辉光放电。这时电子将从空心阴极内壁射向阳极，在电子通路上与惰性气体原子碰撞而使之电离。带正电荷的惰性气体离子在电场作用下，就向阴极内壁猛烈轰击，使阴极表面的金属原子溅射出来。溅射出来的金属原子再与电子、惰性气体原子及离子发生碰撞而被激发。于是阴极内的辉光中便出现了阴极物质和内充惰性气体的光谱。

空心阴极灯发射的光谱主要是阴极元素的光谱（其中也含有内充气体及阴极中杂质的光谱）。因此用不同的待测元素作为阴极材料，可制成各相应待测元素的空心阴极灯。若阴极物质只含 1 种元素，可制成单元素灯；阴极物质含多种元素，则可制成多元素灯。为了避免发生光谱干扰，在制灯时，必须用纯度较高的阴极材料和选择适当的内充气体（亦称载气，常用高纯惰性气体氖或氩），以使阴极元素的共振线附近没有内充气体或杂质元素的强谱线。

4．空心阴极灯与灯电流的关系

空心阴极灯的光强度与灯的工作电流有关。增大灯的工作电流，可以增加发射强度。但工作电流过大，会导致一些不良现象，如：使阴极溅射增强，产生密度较大的电子云，灯本身会发生自蚀现象；加快内充气体的"消耗"而缩短寿命；阴极温度过高，使阴极物质熔化；放电不正常，使灯光强度不稳定等。但如果工作电流过低，又会使灯光强度减弱，导致稳定性、信噪比下降。因此使用空心阴极灯时必须选择适当的灯电流。最适宜的灯电流随阴极元素和灯的设计而改变。

空心阴极灯在使用前应经过一段预热时间，使灯的发射强度达到稳定，预热时间的长短视灯的类型和元素的不同而变化，一般在 5min～20min 范围内。

空心阴极灯具有的优点有：只有 1 个操作参数（即电流）；发射的谱线稳定性好；强度高而宽度窄并且容易更换。

4.3.2 原子化系统

1．原子化系统的作用、要求及类型

原子化系统的作用是将试样中的待测元素转变成气态的基态原子（原子蒸气）。原子化是原子吸收分光光度法的关键。

对原子化系统的要求有以下几个方面：

（1）原子化效率要高。对火焰原子化系统来说，原子化效率是指通过火焰观测高度截面上以自由原子形式存在的分析物量与进入原子化系统的总分析量的比值。原子化效率越高，分析的灵敏度也越高。

（2）稳定性要好。雾化后的液滴要均匀、粒细。

（3）较低的干扰水平。背景小，噪声低。

（4）安全、耐用，操作方便。

使试样原子化的方法有火焰原子化法和无火焰原子化法 2 种。火焰原子化法具有简单、快速、对大多数元素有较高的灵敏度和较低的检出限等优点，因而至今使用仍最广泛。无火焰原子化技术具有较高的原子化效率、灵敏度和更低的检出限，因而发展很快。

2．火焰原子化装置

火焰原子化装置包括雾化器和燃烧器 2 部分。燃烧器有 2 种类型，即全消耗型和预

混合型。全消耗型燃烧器是将试液直接喷入火焰中。预混合型燃烧器是用雾化器将试液雾化，在雾化室内将较大的雾滴除去，使试液的雾滴均匀化，然后再喷入火焰。二者各有优缺点，预混合型燃烧器应用较为普遍。

（1）雾化器。雾化器的作用是将试液雾化，其性能对测定精密度和化学干扰等产生显著影响。因此要求喷雾稳定，雾滴微小而均匀和雾化效率高。目前普遍采用的是气动同轴型雾化器，其雾化效率可达 10%以上。如图 4-7 所示为一种雾化器的示意图。根据伯努利原理，在毛细管外壁与喷嘴口构成的环形间隙中，由于高压助燃气（空气、氧、氧化亚氮等）以高速通过，造成负压区，从而将试液沿毛细管吸入，并被高速气流分散成溶胶（即成雾滴）。

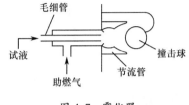

图 4-7　雾化器

为了减小雾滴的粒度，在雾化器前几毫米处放置一撞击球，喷出的雾滴经节流管碰在撞击球上，进一步分散成细雾。

形成雾滴的速率，除取决于溶液的物理性质（表面张力及黏度等）外，还取决于助燃气的压力、气体导管与毛细管孔径的相对大小和位置。增加助燃气流速，可使雾滴变小。气压增加过大，提高了单位时间试样溶液的用量，反而使雾化效率降低。故应根据仪器条件和试样溶液的具体情况来确定助燃气条件。

（2）燃烧器。图 4-8 为预混合型燃烧器的示意图。试液雾化后进入预混合室（也叫雾化室），与燃气（如乙炔、丙烷、氢等）在室内充分混合，其中较大的雾滴凝结在壁上，经预混合室下方废液管排出，而最细的雾滴则进入火焰中。对预混合室的要求是能使雾滴与燃气充分混合，"记忆"效应（前测组分对后测组分测定的影响）小、噪声低且废液排出快。预混合型燃烧器的主要优点是产生的原子蒸气多、吸样和气流的稍许变动影响较小、火焰稳定性好、背景噪声较低而且比较安全。缺点是试样利用率低，通常约为 10%。

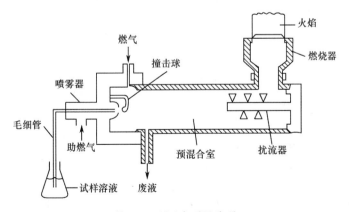

图 4-8　预混合型燃烧器

燃烧器所用的喷灯有"孔型"和"长缝型"2 种。在预混合型燃烧器中，一般采用吸收光程较长的长缝型喷灯。这种喷灯头金属边缘宽，散热较快，不需要水冷。为了适应不同组成的火焰，一般仪器配有 2 种以上不同规格的单缝式喷灯：一种是缝长 10cm～

11cm，缝宽 0.5mm～0.6mm，适用于空气–乙炔火焰；另一种是缝长 5cm，缝宽 0.46mm，适用于氧化亚氮–乙炔火焰。此外，还有三缝燃烧器，多用于空气–乙炔火焰中。与单缝式比较，由于增加了火焰宽度，避免了光源光束没有全部通过火焰而引起工作曲线弯曲的现象，降低了火焰噪声，提高了一些元素的灵敏度，减少了缝口堵塞等，但气体耗量较大，装置也较复杂。

（3）火焰的基本特征。

① 燃烧速度。是指火焰由着火点向可燃混合气其他点传播的速度。它影响火焰的安全操作和燃烧的稳定性。要使火焰稳定，可燃混合气体供气速度应大于燃烧速度。但供气速度过大，会使火焰离开燃烧器，变得不稳定，甚至吹灭火焰。供气速度过小，将会引起回火。

② 火焰温度。不同类型的火焰，其温度是不同的，如表 4–2 所列。

表 4–2　几种常用火焰的燃烧特性

燃　气	助　燃　气	最高燃烧速度/（cm·s^{-1}）	最高火焰温度/℃
乙炔	空气	160	2500
乙炔	氧气	1140	3160
乙炔	氧化亚氮	160	2990
氢气	空气	310	2318
氢气	氧气	1400	2933
氢气	氧化亚氮	390	2880
丙烷	空气	82	2198

③ 火焰的燃气与助燃气比例。按二者比例的不同，可将火焰分为 3 类：化学计量火焰、富燃火焰和贫燃火焰。

化学计量火焰。由于燃气与助燃气之比与化学反应计量关系相近，又称为中性火焰。这类火焰温度高、稳定、干扰小、背景低，适合于许多元素的测定。

富燃火焰。指燃气量大于化学计算量的火焰。其特点是燃烧不完全，温度略低于化学计量火焰，具有还原性，适合于易形成难解离氧化物的元素测定，但是它的干扰较多，背景高。

贫燃火焰。指助燃气量大于化学计算量的火焰。它的温度较低，有较强的氧化性，有利于测定易解离、易电离的元素，如碱金属。

火焰原子化装置操作简单、火焰稳定、重现性好、精密度高、应用范围广。但它的原子化效率低，通常只可以流体进样。

3．无火焰原子化装置

前述应用火焰进行原子化的方法，由于重现性好，易于操作，已成为原子吸收分析的标准方法。但它的主要缺点是仅有约 10%的试液被原子化，而约 90%的试液由废液管排出。这样低的原子化效率成为提高灵敏度的主要障碍。无火焰原子化装置可以提高原子化效率，使灵敏度增加 10 倍～200 倍，因而得到较多的应用。

无火焰原子化装置有电热高温石墨管、石墨坩埚、石墨棒、钽舟、镍杯、高频感应加热炉、空心阴极溅射、等离子喷焰、激光等。下面对电热高温石墨炉原子化器作简要介绍。

（1）电热高温石墨炉原子化器的结构。如图 4-9 所示，石墨炉由电源、保护气系统、石墨管炉 3 部分组成。电源电压为 10V～25V，大电流可达 500A。石墨管长约 28mm，内径约 8mm，管中央有一小孔用以加入试样。光源发出的光由石墨管中通过，管内外都有惰性气体氩气通过，保护石墨管不被氧化、烧蚀。管内氩气由两端流向管中心，由中心小孔流出，它可以除去测定过程中产生的基体蒸气，同时保护已经原子化了的原子不再被氧化。石墨炉炉体四周通有冷却水，以保护炉体。

（2）电热高温石墨炉原子化器的升温程序。石墨炉电热原子化法升温过程分为 4 个阶段，即干燥、灰化、原子化和净化。如图 4-10 所示。

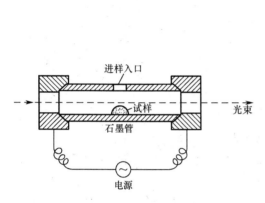

图 4-9　电热高温石墨炉原子化器

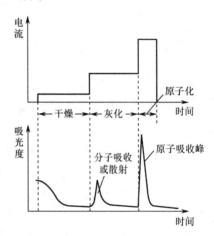

图 4-10　无火焰原子化装置的程序升温过程示意图

① 干燥。干燥温度一般稍高于溶剂沸点，其主要目的是去除溶剂，以免溶剂存在导致灰化和原子化过程飞溅。

② 灰化。灰化是为了尽可能除掉易挥发的基体和有机物。干燥与灰化时间为 20s～60s。

③ 原子化。原子化温度随元素而异，时间为 3s～10s。原子化过程应通过实验选择出最佳温度与时间，温度可达 2500℃～3000℃之间。在原子化过程中，应停止氩气通过，可延长原子在石墨炉中的停留时间。

④ 净化。净化为一个样品测定结束后，用比原子化阶段稍高的温度加热，以除去样品残渣，净化石墨炉。

石墨炉的升温程序是微机处理控制的，进样后原子化过程按程序自动进行。

（3）电热高温石墨炉原子化器的特点。石墨炉原子化法的优点：绝对灵敏度高；试样原子化是在惰性气体中和强还原性介质内进行的，有利于难熔氧化物的原子化；自由原子在石墨炉吸收区内停留时间长，约可达火焰法的 10^3 倍，原子化效率高；其绝对检出限可达到 10^{-12}g～10^{-14}g；取样少，液体试样量仅需 1μL～50μL，固体试样为 0.1mg～10mg；液体、固体均可直接进样。缺点是：基体效应、化学干扰较多；有较强的背景；测量的重现性比火焰法差。

表 4-3 是火焰原子化法和无火焰原子化法综合比较。

表 4-3　火焰原子化法和无火焰原子化法的比较

	火焰原子化法	无火焰原子化法
原子化原理	火焰热	电热
最高温度	2955℃（对乙炔-氧化亚氮火焰）	约 3000℃（石墨管的温度，管内气体温度要低些）
原子化效率	约 10%	90%以上
试样体积	约 1mL	5μL～100μL
信号形状	平面形	峰形
灵敏度	低	高
检出极限	对 Cd 0.5ng·g-1	对 Cd 0.002 ng·g-1
	对 Al 20 ng·g-1	对 Al 0.1 ng·g-1
最佳条件下的重现性	变异系数 0.5%～1.0%	变异系数 1.5%～5%
基体效应	小	大

4．其他原子化方法

对于砷、硒、汞以及其他一些特殊元素，可以利用化学反应来使它们原子化。

（1）氢化物原子化装置。氢化物原子化法是低温原子化法的一种。主要用来测定 As、Sb、Bi、Sn、Ge、Se、Pb 和 Te 等元素。这些元素在酸性介质中与强还原剂硼氢化钠（或钾）反应生成氢化物。例如对于砷，其反应为

$$AsCl_3+4NaBH_4+HCl+8H_2O=AsH_3+4NaCl+4HBO_2+13H_2$$

然后将此氢化物送入原子化系统进行测定。因此，其装置分为氢化物发生器和原子化装置 2 部分。

氢化物原子化法由于还原转化为氢化物时的效率高，生成的氢化物可在较低的温度（一般为 700℃～900℃）原子化，且氢化物生成的过程本身是个分离过程，因而此法具有高灵敏度（分析砷、硒时灵敏度可达 10^{-9}g）、较少的基体干扰和化学干扰等优点。

（2）冷原子化装置。将试液中汞离子用 $SnCl_2$ 或盐酸羟胺还原为金属汞，然后用空气流将汞蒸气带入具有石英窗的气体吸收管中进行原子吸收测量。本法的灵敏度和准确度都较高（可检出 0.01μg 的汞），是测定痕量汞的好方法。

4.3.3　单色器

原子吸收分光光度计中的光学系统可分为 2 部分，外光路系统（或称照明系统）和分光系统（单色器）。外光路系统的基本作用是会聚收集光源所发射的光线，引导光线准确地通过原子化区，然后将它导入单色器中。单色器的作用是从光源和原子化器发射的谱线中分出分析线进入检测器。单色器由入射狭缝和出射狭缝、反射镜和色散元件组成。色散元件一般用的都是光栅。单色器置于原子化器后边，防止原子化器内发射辐射干扰进入检测器，也可避免光电倍增管疲劳。锐线光源的谱线比较简单，对单色器分辨率的要求不高，能分开 Mn 279.5nm 和 Mn279.8nm 即可。

4.3.4　检测器

检测器主要由光电转换元件、信号放大器、指示或显示仪表等组成。

原子吸收仪器中光电转换元件常使用光电倍增管，其结构如图 4-11 所示。

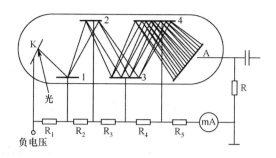

图 4-11　光电倍增管原理和线路示意图

光电倍增管中有 1 个光敏阴极 K，若干个倍增极（也是光敏阴极，如图 4-11 中的 1～4，图 4-11 中只画出 4 个，而实际有 9 个～12 个）和 1 个阳极 A。外加负高压到阴极 K，经过一系列电阻（R_1～R_5）使电压依次均匀分布在各倍增极上，这样就能发生光电倍增作用。分光后的光照射到 K 上，使其释放出光电子，K 释放的一次光电子碰撞到第 1 个倍增极上，就可以放出增加了若干倍的二次光电子，二次光电子再碰撞到第 2 个倍增极上，又可以放出比二次光电子增加了若干倍的光电子，如此继续碰撞下去，在最后一个倍增极上放出的光电子可以比最初阴极放出的电子多达 10^6 倍以上。最后，倍增了的光电子射向阴极而形成电流（最大电流可达 $10\mu A$）。光电流通过光电倍增管负载电阻 R 而转换成电压信号送入放大器。

光电倍增管的工作电源应有较高的稳定性。如工作电压过高、照射的光过强或光照射时间过长，都会引起疲劳效应。

放大器的作用是将光电倍增管输出的电压信号放大。由光源发出的光经原子蒸气、单色器后已经很弱，由光电倍增管放大其发出信号还不够强，故电压信号在进入显示装置前还必须被放大。

测量的吸光度值可用读数装置显示或用记录仪记录，也可将测量数据用微机处理。现代原子吸收分光光度计中采用原子吸收计算机工作站，设有自动调零、自动校准、积分读数、曲线校正等装置，应用微处理机绘制、校准工作曲线以及高速处理大量测定数据等。操作者可设定仪器的参数，向微处理系统送入校正标准和样品信息即可自动进行分析。若配以自动进样器，整个测定过程便会自动地进行、大大简化了操作，提高了测量精度。

4.4　原子吸收光谱分析干扰及其消除方法

原子吸收光谱法总的来说干扰是比较小的，但在实际工作中还是不能忽视的。干扰主要有物理干扰、化学干扰、电离干扰、光谱干扰和背景干扰。

4.4.1　物理干扰

物理干扰是指试液与标准溶液物理性质有差别而产生的干扰。如黏度、表面张力或溶液密度等的变化，这些因素会影响试液的喷入速度、雾化效率、雾滴大小等，因而会引起原子吸收强度的变化。

消除的方法为：配制与被测试样组成相近的标准溶液或采用标准加入法。若试样溶液浓度高，还可采用稀释法。

4.4.2　化学干扰

化学干扰是由于被测元素原子与共存组分发生化学反应生成稳定的化合物，影响被测元素原子化。消除化学干扰的方法有以下几种：

（1）选择合适的原子化方法。提高原子化温度，化学干扰会减小。使用高温火焰或提高石墨炉原子化温度，可使难解离的化合物分解。如在高温火焰中磷酸根不干扰钙的测定。采用还原性强的火焰或石墨炉原子化法，可使难解离的氧化物还原、分解。

（2）加入释放剂。释放剂的作用是它可与干扰物质生成比被测元素更稳定的化合物，使被测元素释放出来。磷酸根干扰钙的测定，可在试液中加入镧或锶盐，它们与磷酸根生成更稳定的磷酸盐，把钙释放出来。释放剂的应用比较广泛。

（3）加入保护剂。保护剂的作用是它可与被测元素生成易分解的或更稳定的配合物，防止被测元素与干扰组分生成难解离的化合物。保护剂一般是有机配合剂，用得最多的是 EDTA 与 8-羟基喹啉。例如，磷酸根干扰钙的测定，当加入 EDTA 后，EDTA-Ca 更稳定而又易原子化。铝干扰镁的测定，8-羟基喹啉可作保护剂。

（4）加入基体改进剂。石墨炉原子化法中往试样中加入基体改进剂，使其在干燥或灰化阶段与试样发生化学变化，其结果可能增加基体的挥发性或改变被测元素的挥发性，以消除干扰。例如测定海水中的镉，为了使镉在背景信号出现前原子化，可加入 EDTA 来降低原子化温度，消除干扰。

当以上方法都不能消除化学干扰时，只好采用化学分离的方法，如采用溶剂萃取、离子交换、沉淀分离等方法，用得较多的是溶剂萃取的方法。

4.4.3　电离干扰

在高温条件下，原子会发生电离，使基态原子数减少，吸光度值下降，这种干扰称为电离干扰。

消除电离干扰最有效的方法是加入过量的消电离剂。消电离剂是比被测元素电离能低的元素，相同条件下消电离剂首先电离，产生大量的电子，抑制被测元素电离。例如，测钙时有电离干扰，可加入过量的 KCl 溶液来消除干扰。钙的电离能为 6.1eV，钾的电离能为 4.3eV。由于 K 电离产生大量电子，使 Ca^{2+} 得到电子而生成原子。

$$K \rightarrow K^+ + e$$
$$Ca^{2+} + 2e \rightarrow Ca$$

4.4.4　光谱干扰

光谱干扰有以下几种。

（1）吸收线重叠。共存元素吸收线与被测元素分析线波长很接近时，两谱线重叠或部分重叠，会使分析结果偏高。幸运的是这种谱线重叠不是太多，另选分析线即可克服。

（2）光谱通带内存在的非吸收线。这些非吸收线可能是被测元素的其他共振线与非共振线，也可能是光源中杂质的谱线等干扰。这时可以减小狭缝宽度与灯电流或另选谱线。

4.4.5 背景干扰

背景干扰也是一种光谱干扰。分子吸收与光散射是形成光谱背景的主要因素。

1. 分子吸收与光散射

分子吸收是指在原子化过程中生成的分子对辐射的吸收。分子吸收是带状光谱，会在一定波长范围内形成干扰。例如，碱金属卤化物在紫外区有吸收。不同的无机酸会产生不同的影响，在波长小于 250nm 时，H_2SO_4 和 H_3PO_4 有很强的吸收带，而 HNO_3 和 HCl 的吸收很小，因此，原子吸收光谱分析中多用 HNO_3 与 HCl 来配制溶液。

光散射是指原子化过程中产生的微小的固体颗粒使光产生散射，造成透过光减小，吸收值增加。

背景干扰使吸收值增加，产生正误差。石墨炉原子化法背景吸收的干扰比火焰原子化法严重，有时不扣除背景就不能进行测定。

2. 背景校正方法

背景校正主要有邻近非共振线校正法、连续光源背景校正法和 Zeeman（塞曼）效应校正法等。

（1）邻近非共振线校正法。背景吸收是宽带吸收。分析线测量的是原子吸收与背景吸收的总吸光度 A_T。A_T 在分析线邻近选一条共振线，非共振线不会产生共振吸收，此时测出的吸收为背景吸收 A_B。2 次测量吸光度值相减，所得吸光度值即为扣除背景后的原子吸收吸光度值 A。

$$A_T = A + A_B$$
$$A = A_T - A_B = kc \tag{4-12}$$

例如，测含 Ca、Mg 较多的饲料中的 Pb，使用共振线 Pb 283.3nm 为分析线，在此波段内 Ca 的分子有吸收带，此时测得吸光度值为 Pb 的原子吸收与 Ca 分子吸收两者之和。然后在 Pb 283.3nm 邻近选一条非共振线 Pb 280.2nm，此时 Pb 基态原子没有吸收，Ca 分子是宽带吸收，此处也有同 283.3nm 处相同的吸收值。这时所测 280.2nm 处的吸光度即为背景吸收值，二者相减即为 Pb 扣除背景后的吸光度值。

本方法适用于分析线附近、背景吸收变化不大的情况，否则准确度较差。

（2）连续光源背景校正法。目前原子吸收分光光度计上一般都配有连续光源自动扣除背景装置。连续光源在紫外光区用氘灯，在可见光区用碘钨灯、氙灯扣除背景。装置如图4-12所示，氘灯大多数仪器都配置。

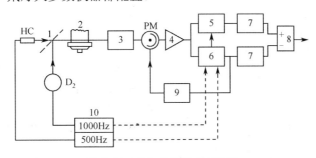

图 4-12 氘灯背景校正示意图

HC—空心阴极灯；D_2—氘灯；PM—检测器；1—栅形镜；2—燃烧器；3—单色器；4—前置放大器；5—500Hz 同步检波器；6—1000Hz 同步检波器；7—对数变换器；8—减法器；9—负高压电源；10—灯电源。

图 4-12 表示了应用氘灯背景校正器于单光束型原子吸收分光光度计的背景自动校正工作原理。使空心阴极灯及氘灯所发射的光束位于同一光轴而通过原子蒸气的相同部位。由于空心阴极灯及氘灯分别以 500Hz 及 1000Hz 脉冲电源供电，因此，检测器的输出是 2 种不同频率信号的和。此输出信号的 2 种成分经前置放大器放大后，用 2 个同步检波器进行分离。其中一个仅对 500Hz 信号成分（由空心阴极灯提供的欲测元素共振线吸收及背景吸收的和）进行工作，另一个则对 1000Hz 信号成分（由氘灯测得的背景吸收）有响应。最后经对数变换器进行对数变换，由减法器得到此 2 信号的差。

采用氘灯校正背景，由于使用 2 种性质不同的光源，它们的光斑几何形状有异，试样光束的光轴与参比光束的光轴较难一致，可应用的波长范围较狭，一般为 190nm～360nm，不能用于可见光，背景校正能力较弱（通常可校正至吸光度值为 1～1.2 的背景吸收）。然而大部分测定是在可校正的波长范围内进行的，故仍能解决许多实际问题，且装置简单，操作方便，因而得到广泛应用。

4.5　原子吸收光谱定量分析方法

4.5.1　测量条件的选择

原子吸收光谱法中，测量条件的选择对测定的准确度、灵敏度等都会有较大影响。因此必须选择合适的测量条件，才能得到满意的分析结果。

1.分析线

通常选择元素的共振线作分析线。在分析被测元素浓度较高试样时，可选用灵敏度较低的非共振线作分析线。As、Se 等元素共振吸收线在 200nm 以下，火焰组分也有明显的吸收，可选择非共振线作分析线或选择其他火焰进行测定。

表 4-4 列出了常用的各元素分析线。

表 4-4　原子吸收光谱中常用的分析线

元　素	λ/nm	元　素	λ/nm	元　素	λ/nm
Ag	328.07，338.29	Hg	253.65	Ru	349.89，372.80
Al	309.27，308.22	Ho	410.38，405.39	Sb	217.58，206.83
As	193.64，197.20	In	303.94，325.61	Sc	391.18，402.04
Au	242.80，267.60	Ir	209.26，208.88	Se	196.09，703.99
B	249.68，249.77	K	766.49，769.90	Si	251.61，250.69
Ba	553.55，455.40	La	550.13，418.73	Sm	429.67，520.06
Be	234.86	Li	670.78，323.26	Sn	224061，286.33
Bi	223.06，222.83	Lu	335.96，328.17	Sr	460.73，407.77
Ca	422.67，239.86	Mg	285.21，279.55	Ta	271.47，277.59
Cd	228.80，326.11	Mn	279.48，403.68	Tb	432.65，431.89
Ce	520.0，369.7	Mo	313.26，317.04	Te	214.28，225.90
Co	240.71，242.49	Na	589.00，330.30	Th	371.9，380.3
Cr	357.87，359.35	Nb	334.37，358.03	Ti	364.27，337.15
Cs	852.11，455.54	Nd	463.42，471.90	Tl	276.79，377.58

（续）

元　素	λ/nm	元　素	λ/nm	元　素	λ/nm
Cu	324.75，327.40	Ni	232.00，341.48	Tm	409.4
Dy	421.17，404.60	Os	290.91，305.87	U	351.46，358.49
Er	400.80，415.11	Pb	216.70，283.31	V	318.40，385.58
Eu	459.40，462.72	Pd	247.64，244.79	W	255.14，294.74
Fe	248.33，352.29	Pr	495.14，513.34	Y	410.24，412.83
Ga	287.42，294.42	Pt	265.95，306.47	Yb	398.80，346.44
Gd	368.41，407.87	Rb	780.02，794.76	Zn	213.86，307.59
Ge	265.16，275.46	Re	346.05，346.47	Zr	360.12，301.18
Hf	307.29，286.64	Rh	343.49，339.69		

2．狭缝宽度

狭缝宽度影响光谱通带宽度与检测器接收辐射的能量。原子吸收分析中，谱线重叠的概率较小，因此可以使用较宽的狭缝，增加光强与降低检出限。狭缝宽度的选择要能使吸收线与邻近线干扰分开。通过实验进行选择，调节不同的狭缝宽度，测定吸光度随狭缝宽度的变化。当有干扰线进入光谱通带内时，吸光度值将立即减小。不引起吸光度减小的最大狭缝宽度为应选择的合适的狭缝宽度。在实验中，也要考虑被测元素谱线复杂程度：碱金属、碱土金属谱线简单，可选用较大的狭缝宽度；过渡元素与稀土等谱线复杂的元素，要选择较小的狭缝宽度。

3．灯电流

空心阴极灯的发射特性取决于工作电流：灯电流过小，放电不稳定，光输出的强度小；灯电流过大，发射谱线变宽，导致灵敏度下降，灯寿命缩短。选择灯电流时，应在保证稳定和有合适的光强输出的情况下，尽量选用较低的工作电流。一般商品空心阴极灯都标有允许使用的最大电流与可使用的电流范围，通常选用最大电流的1/2～2/3为工作电流。实际工作中，最合适的工作电流应通过实验确定。空心阴极灯一般需要预热10min～30min。

4．原子化条件

（1）火焰原子化法。火焰的选择和调节是影响原子化效率的主要因素。

火焰类型的选择是至关重要的。对于低温、中温火焰，适合的元素可使用乙炔-空气火焰；在火焰中易生成难解离的化合物及难熔氧化物的元素，宜使用乙炔-氧化亚氮高温火焰；分析线在220nm以下的元素，可选用氢气-空气火焰。火焰类型选定以后，须调节燃气与助燃气比例，才可得到所需特点的火焰。易生成难解离氧化物的元素，用富燃火焰；氧化物不稳定的元素，宜用化学计量火焰或贫燃火焰。合适的燃助比应通过实验确定，固定助燃气流量，改变燃气流量，由所测吸光度值与燃气流量之间的关系选择最佳的燃助比。

燃烧器高度是控制光源光束通过火焰区域的。由于在火焰区内，自由原子的空间分布是不均匀的，而且随火焰条件而变化，因此必须调节燃烧器高度，使测量光束从自由原子浓度最大的区域通过，可以得到较高的灵敏度。

（2）石墨炉原子化法。石墨炉原子化法要合适选择干燥、灰化、原子化及净化等阶段的温度与时间。干燥多在 105℃～125℃ 的条件下进行。灰化要选择能除掉试样中基体与其他组分而被测元素不损失的情况下，尽可能高的温度。原子化温度则选择可达到原子吸收最大吸光度值的最低温度。净化又称清除阶段，温度应高于原子化温度，时间仅为 3s～5s，以便消除试样的残留物产生的记忆效应。

5. 进样量

进样量过大或过小都会影响测量过程：过小，信号太弱；过大，在火焰原子化法中，对火焰会产生冷却效应，在石墨炉原子化法中，会使除残产生困难。在实际工作中，通过实验测定吸光度值与进样量的变化，选择合适的进样量。

4.5.2 分析方法

1. 标准曲线法

标准曲线法是最常用的分析方法。它最重要的是绘制一条标准曲线。配制一组含有不同浓度被测元素的标准溶液，在与试样测定完全相同的条件下，依浓度由低到高的顺序测定吸光度。绘制吸光度 A 对浓度 c 的标准曲线。测定试样的吸光度值，在标准曲线上查出对应的浓度值。或由标准样品数据获得线性方程，将测定样品的吸光度值数据代入方程计算浓度。

在实际分析中，有时出现标准曲线弯曲的现象，如在待测元素浓度较高时，曲线向浓度坐标弯曲。这是因为当待测元素的含量较高时，由于热变宽和压力变宽的影响，导致光吸收相应减少，结果标准曲线向浓度坐标弯曲。另外，火焰中各种干扰效应，如光谱干扰、化学干扰、物理干扰等也可导致曲线弯曲。

2. 标准加入法

当样品中被测元素成分很少、基体成分复杂、难于配制与试样组成一致的标准溶液时，可采用标准加入法。

取 2 份等体积的样品，分别置于等体积的容量瓶 A 和容量瓶 B 中，另取一定量的标准溶液加入到 B 中，然后将 2 份溶液稀释到刻度，在相同条件下测定 A 和 B 中溶液的吸光度。设样品中待测元素（稀释后容量瓶 A 中）的浓度为 c_x，加入标准溶液（稀释后容量瓶 B 中）的浓度为 c_s，A 和 B 溶液的吸光度分别为 A_x、A_s，根据吸收定律，则

$$A_x = kc_x$$
$$A_s = k(c_s + c_x)$$

由上两式得

$$c_x = \frac{A_x}{A_s - A_x} \cdot c_s \tag{4-13}$$

在实际工作中，常采用作图法（或直线外推法）。

取几份相同量的被测试液，分别加入不同量被测元素的标准溶液，其中一份不加入被测元素标准溶液，最后稀释至相同的体积，使加入的标准溶液浓度为 $0, c_0, 2c_0, 3c_0, \cdots$，然后分别测定它们的吸光度值，以加入的标准溶液浓度与吸光度值绘制标准曲线，再将该曲线处推至与浓度轴相交。交点至坐标原点的距离 c_x 即是被测元素经稀释后的浓度。标准加入法作图如图 4-13 所示。

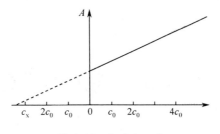

图 4-13　标准加入法

使用标准加入法，被测元素的浓度应在通过原点的标准曲线线性范围内。标准加入法应该进行试剂空白的扣除，也必须用标准加入法进行扣除，不能用标准曲线法求得的试剂空白值来扣除。

标准加入法的特点是消除分析中基体干扰，不能消除背景干扰。使用标准加入法时，一定要考虑消除背景干扰。

思　考　题

1．原子吸收光谱是怎么产生的？

2．原子吸收光谱法有什么特点？

3．何谓锐线光源？在原子吸收光谱分析中为什么要用锐线光源？

4．请解释下列名词：（1）谱线半宽度；（2）积分吸收；（3）峰值吸收。

5．使谱线变宽的主要因素是什么？对原子吸收测量有什么影响？

6．请说明原子吸收光谱法定量分析基本关系式，并说明其应用条件。

7．请简述空心阴极灯的工作原理及特点。

8．请说明化学火焰的特性和影响因素。

9．石墨炉原子化法的工作原理是什么？有什么特点？为什么它比火焰原子化法有更高的绝对灵敏度？

10．原子吸收光谱法有几种干扰？是怎么产生的？该怎么消除干扰？消除干扰的依据是什么？

11．原子吸收光谱的背景是怎么产生的？有几种样正背景的方法？其原理是什么？它们各有什么优缺点？

12．为什么在原子吸收光度计中不采用连续光源（例如钨丝灯或氘灯），而在分光光度计中却需要采用连续光源？

第 5 章　原子发射光谱分析

5.1　原子发射光谱分析的基本原理

5.1.1　原子发射光谱的产生

原子发射光谱分析是根据原子所发射的光谱来测定物质的化学组分的。不同物质由不同元素的原子所组成，而原子都包含着一个结构紧密的原子核，核外围绕着不断运动的电子，每个电子处于一定的能级上，具有一定的能量。当原子受到能量（如热能、电能等）的作用时，由于与高速运动的气态粒子和电子相互碰撞而获得了能量，使原子中外层的电子从基态跃迁到激发态。处于激发态的原子是十分不稳定的，在极短的时间内便跃迁至基态或其他较低的能级上。当原子从较高能级跃迁到基态或其他较低的能级的过程中，将释放出多余的能量，这种能量是以一定波长的电磁波的形式辐射出去的，其辐射的能量可用下式表示：

$$\Delta E = E_2 - E_1 = h\nu = hc/\lambda \tag{5-1}$$

由式（5-1）可见，每一条所发射的谱线的波长，取决于跃迁前、后 2 个能级之差。由于原子的能级很多，原子在被激发后，其外层电子可有不同的跃迁，但这些跃迁应遵循一定的规则。因此对特定元素的原子可产生一系列不同波长的特征光谱线，这些谱线按一定的顺序排列，并保持一定的强度比例。

光谱分析就是从识别这些元素的特征光谱来鉴别元素的存在（定性分析），而这些特征光谱的强度又与试样中该元素的含量有关，因此又可利用这些特征光谱的强度来测定元素的含量（定量分析）。这就是原子发射光谱分析的基本依据。

5.1.2　原子发射光谱分析的过程

（1）试样在能量的作用下转变成气态原子，并使气态原子的外层电子激发至高能态。当从较高的能级跃迁到较低的能级时，原子将释放出多余的能量而发射出特征谱线。

（2）所产生的辐射经过摄谱仪器进行色散分光，按波长顺序记录在感光板上，就可呈现出有规则的谱线条，即光谱图。

（3）根据所得光谱图进行定性鉴定或定量分析。

5.2　原子发射光谱分析仪器

原子发射光谱分析一般都要经过试样蒸发、激发和发射、复合光分光以及谱线记录检测 3 个过程，因此原子发射光谱仪通常是由激发光源、摄谱仪和检测设备 3 部分组成。

5.2.1　激发光源

激发光源的主要作用是提供试样蒸发、离解、原子化和激发所需的能量。

光源的特性在很大程度上影响着光谱分析的准确度、精密度和检出限。为了获得较高灵敏度和准确度，激发光源应满足如下条件：

（1）能够提供足够的能量。

（2）光谱背景小，稳定性好。

（3）结构简单，易于维护。

常用的激发光源有直流电弧、交流电弧、高压火花及电感耦合高频等离子体（ICP）焰炬等。

1. 直流电弧

基本电路如图 5-1 所示。

利用直流电作为激发能源。常用电压为 150V～380V，常用电流为 5A～30A。可变电阻（称作镇流电阻）用以稳定和调节电流的大小，电感（有铁芯）用来减小电流的波动。G 为分析间隙。

利用这种光源激发时，分析间隙一般以 2 个碳电极作为阴、阳电极。试样装在一个电极（下电极）的凹孔内。由于直流不能击穿 2 个电极，故因先行点弧，为此可使分析间隙的 2 个电极接触或用某种导体接触 2 个电极使之通电。这时电

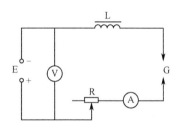

图 5-1　直流电弧发生器
E—直流电源；V—直流电压表；A—直流安培表；
R—镇流电阻；L—电感；G—分析间隙。

极尖端被烧热，点燃电弧，然后使 2 个电极相距 4mm～6mm，就得到了电弧光源。此时从炽热的阴极尖端射出的热电子流，以很大的速率通过分析间隙而奔向阳极，当冲击阳极时产生高热，使试样物质由电极表面蒸发成蒸气，蒸发的原子因与电子碰撞，电离成正离子，并以高速运动冲击阴极。于是电子、原子、离子在分析间隙互相碰撞，发生能量交换，引起试样原子激发，发射出一定波长的光谱线。

这种光源的弧焰温度与电极和试样的性质有关，一般可达 4000K～7000K，可使 70 种以上的元素激发，所产生的谱线主要是原子谱线。其主要优点是分析的绝对灵敏度高、背景小，适宜于进行定性分析及低含量杂质的测定，但因弧光游移不定，再现性差，电极头温度比较高，所以这种光源不宜用于定量分析及低熔点元素的分析。

2. 交流电弧

交流电弧有高压电弧和低压电弧 2 类。高压电弧工作电压达 2000V～4000V，可以利用高电压把弧隙击穿而燃烧，由于装置复杂且操作危险，已经很少使用。低压电弧工作电压一般为 110V～220V，设备简单且操作安全，但必须采用高频引燃装置引燃。交流电弧发生器的典型电路如图 5-2 所示。

由于交流电弧的电弧电流有脉冲性，它的电流密度比在直流电弧中要大、弧温较高（略高于 4000K～7000K），所以在获得的光谱中，出现的离子线要比在直流电弧中稍多些。这种光源的最大优点是稳定性比直流电弧高、操作简便安全，因而广泛应用于光谱定性、定量分析，但它的灵敏度较差。

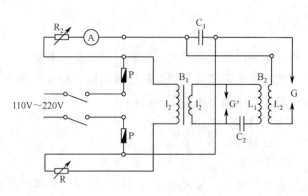

图 5-2　交流电弧发生器

3. 高压火花

高压火花发生器的基本电路如图 5-3 所示。电源电压 E 由调节电阻 R 适当降压后，经变压器 B，产生 10kV～25kV 的高压，然后经过扼流圈 D 向电容 C 充电。当电容 C 上的充电电压达到分析间隙 G 的击穿电压时，就通过电感 L 向分析间隙 G 放电，产生具有振荡特性的火花放电。放电完了以后，又重复充电、放电，反复进行。

这种光源的特点是放电的稳定性好，电弧放电的瞬间温度可高达 10000K 以上，适用于定量分析及难激发元素的测定。由于激发能量大，所

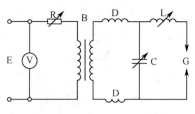

图 5-3　高压火花发生器

产生的谱线主要是离子线，又称为火花线。但电极头温度较低，因而试样的蒸发能力较差，较适合于分析低熔点的试样。缺点是灵敏度较差、背景大，不宜做痕量元素分析。另一方面，由于电火花仅射击在电极的一小点上，若试样不均匀，产生的光谱不能全面代表被分析的试样，故仅适用于金属、合金等组成均匀的试样。

4. 电感耦合高频等离子体（ICP）焰炬

这是当前发射光谱分析中发展迅速、极受重视的一种新型光源。ICP-AES 具有灵敏度高、检测限低（$10^{-9}g\cdot L^{-1}$～$10^{-11}g\cdot L^{-1}$）、精密度好（相对标准偏差一般为 0.5%～2%）、工作曲线线性范围宽等特点，因此同一份试液可用于从宏量至痕量元素的分析，试样中基体和共存元素的干扰小，甚至可以用一条工作曲线测定不同基体的试样同一元素。这就为光电直读式光谱仪提供一个理想的光源。

电感耦合高频等离子体（ICP）焰炬主要由 3 部分组成：高频发生器、等离子体炬管和雾化系统。

（1）高频发生器。作用是产生高频磁场，供给等离子体能量。高频发生器振荡频率一般为 27.12MHz 或 40.68zMH，输出功率为 1kW～4kW。感应线圈通常用铜管绕成 2 匝～5 匝的水冷线圈。

（2）等离子体炬管。炬管是 ICP 的核心部件，其性能对等离子体距管的形成、稳定以及结果的准确度都有明显的影响。等离子体炬管是一个由 3 层同心石英管制成的玻璃管。工作气体通常是氩气，提供 3 部分需要：外层石英管中切向方向引入气体作

为冷却气（也称等离子气），作用是冷却外管壁和维持等离子体炬管的工作气流，此部分气体用量最大；中间管引入气体作为辅助气，作用是点燃等离子体，在进样稳定后，也可关闭该气体；内管气体称为载气，作用是输送试样气溶胶进入等离子体。

当高频发生器产生的振荡电流通过感应线圈时，会在感应线圈周围产生轴向交变磁场，磁场方向为椭圆形。此时通入的氩气还未电离，不导电，还不能将高频发生器提供的能量传给等离子气。这时若用火花"引燃"气体，则气体电离产生电子，这些电子在磁场作用下高速运动，与氩原子碰撞，引起氩原子的电离，产生出 Ar^+ 和电子。Ar^+ 和电子进一步与气体分子碰撞，其结果是产生出更多的离子和电子，形成等离子体。它的外观类似炬焰形状，故称为等离子炬。导电的等离子体在磁场中形成一个与负载线圈同心的环形感应区，感应区与负载线圈组成一个类似变压器的耦合器，于是高频发生器的能量便不断地被耦合给等离子体。该等离子体的温度可达到 6000K～10000K。试样气溶胶在等离子体中蒸发、原子化和激发，产生发射光谱。ICP 形成过程如图 5-4 所示。

（3）雾化系统。作用是将试样溶液雾化成极细的雾珠，形成气溶胶，由载气送入等离子体。常用的雾化装置有气动雾化器、超声雾化器、电热气化装置等。

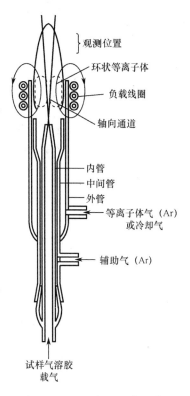

图 5-4　ICP 结构及形成示意图

ICP 光源具有温度高、稳定、灵敏度高、检出限低、精密度好等特点，原子在通道内停留时间长，故原子化完全，有利于难激发元素离解。它的化学干扰小，基体效应低、谱线强度大，工作曲线线性范围宽，因此可同时分析试样中高、中、低含量组分。它是目前最有发展前途的新型光源。不足之处是氩气消耗能量较大，运行费用较高。

5.2.2　摄谱仪

摄谱仪作用是将光源发射的电磁波分解为按一定波长顺序排列的光谱，再用照相方式记录下来的装置。

发射光谱分析根据接收光辐射方式的不同可分为 3 种方法：看谱法、摄谱法和光电法。图 5-5 是这 3 种方法的示意图。

看谱法：用眼睛来观测谱线强度的方法称为看谱法（目视法）。

摄谱法：用照相的方法把光谱记录在感光板上，再经过显影、定影等过程后，制得光谱底片，其上有许多黑度不同的光谱线。然后用影谱仪观察谱线位置及大致强度，进行光谱定性及半定量分析。用测微光度计测量谱线的黑度，进行光谱定量分析。

光电法：用光电倍增管检测谱线强度。

摄谱仪按照使用色散元件的不同可分为棱镜摄谱仪和光栅摄谱仪。

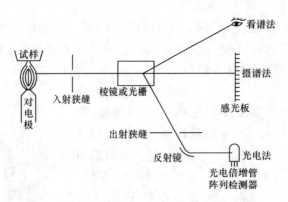

图 5-5　发射光谱分析的看谱法、摄谱法、光电法

1. 棱镜摄谱仪

（1）棱镜摄谱仪的组成。棱镜摄谱仪主要由照明系统、准光系统、色散系统（棱镜）及投影系统（暗箱）4 部分组成，如图 5-6 所示。

（2）棱镜摄谱仪的光学特性

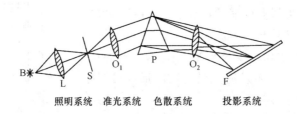

图 5-6　棱镜摄谱仪光路示意图

棱镜摄谱仪的好坏主要取决于它的色散装置。棱镜摄谱仪光学性能指标主要有色散率、分辨率与集光本领，因为发摄光谱是靠每条谱线进行定性、定量分析的，因此，这 3 个指标至关重要。

① 色散率。是把不同波长的光分散开的能力，通常以线色散率的倒数来表示：$d\lambda/dl$，即谱片上每 1mm 的距离内相应波长数（单位为 nm）。

② 分辨率。是指棱镜摄谱仪的光学系统能够正确分辨出紧邻 2 条谱线的能力。用 2 条可以分辨开的光谱波长的平均值 λ 与其波长差 $\Delta\lambda$ 之比值来表示，即 $R=\lambda/\Delta\lambda$。

③ 集光本领。是指棱镜摄谱仪的光学系统传递辐射的能力。

2. 光栅摄谱仪

光栅摄谱仪应用光栅作为色散元件，利用光的衍射现象进行分光。光栅摄谱仪比棱镜摄谱仪有更高的分辨率，且色散率基本上与波长无关，它更适用于一些含复杂谱线的元素如稀土元素、铀、钍等试样的分析。

图 5-7 是 WSP-1 型平面光栅摄谱仪的光路示意图。试样在光源激发后发射的光，经过三透镜照明系统由狭缝 1 经平面反射镜 2 折向球面反射镜下方的准直镜 3，经准直镜 3 反射以平行光束射到光栅 4 上，由光栅 4 分光后的光束，经球面反射镜上方的成像物镜 5，最后按波长排列聚焦于感光板 6 上。旋转光栅转台 8 改变光栅的入射角，便可改变所需的波段范围和光谱级次，通过二次衍射反射镜 7，衍射（由光栅 4）到它的表面上的光线被射回到光栅 4，被光栅再分光 1 次，然后再到成像物镜 5，最后聚焦成像在一次衍射

光谱下面 5mm 处。这样经过 2 次衍射的光谱，其色散率和分辨率比 1 次衍射的大 1 倍。为了避免一次衍射光谱与二次衍射光谱相互干扰，在暗盒前设有光栏，可将一次衍射光谱挡掉。在不用二次衍射时，可在仪器面板上转动一手轮，使挡板将二次衍射反射镜 7 挡住。

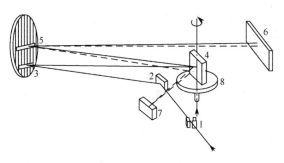

图 5-7　WSP-1 型平面光栅摄谱仪的光路示意图

1—狭缝；2—平面反射镜；3—准直镜；4—光栅；5—成像物镜；6—感光板；7—二次衍射反射镜；8—光栅转台。

5.2.3　检测设备

常用检测设备有映谱仪、测微光度计和光电直读光谱仪。

1．映谱仪

又称为光谱投影仪，用来放大光谱图，便于观察辨认谱线，进行定性和半定量分析。通常放大倍数为 20。

2．测微光度计

又称为黑度计，用于测量谱线底片上记录的谱线黑度，进行定量分析。试样中待测组分含量越高，谱线线条越黑，故可用黑度来表示谱线的强弱。不过应注意，谱线黑度除与光谱强度有关外，还与底片曝光时间、感光板的乳剂性质、显影液成分显影条件等因素有关，因此测量时应控制好这些影响条件。

3．光电直读光谱仪

用光栅作分光元件，光电倍增管作检测器，直接测出谱线强度，这种光谱仪称为光电直读光谱仪。它是在摄谱仪的焦面上安装了若干个出射狭缝，并用光电倍增管代替感光板接受谱线辐射。因此采用这种检测设备不需用摄谱仪先拍出光谱底片，可直接测出谱线强度并直接显示读数和含量。与摄谱仪相比，光电直读光谱仪具有准确度高、工作波长范围宽和分析速度快等优点。不足之处是设备费用较贵。

5.3　原子发射光谱定性分析

通过检查谱片上有无特征谱线的出现来确定该元素是否存在，称为光谱定性分析。在分析一种元素时，一般只要检测到该元素的少数几条灵敏线或"最后线"，就可确定该元素存在。所谓"灵敏线"是指各种元素谱线中最容易激发或激发电位较低的谱线。灵敏线又可称为"最后线"。由激发态直接跃迁至基态时所辐射的谱线称为共振线。由较低能级的激发态（第一激发态）直接跃迁至基态时所辐射的谱线称为第一共振线，一般也是元素的最灵敏线。在实际定性分析中。是根据灵敏线或最后线来检测元素的，因此，这些谱线又可称为分析线。

5.3.1 原子发射光谱定性分析的方法

原子发射光谱定性分析可分为2类，一是指定元素分析，二是未知元素全分析。

1. 指定元素分析

如果需检测指定的几种元素，可采用与标准试样光谱图比较的方法，即将待测元素的标准试样与未知试样并列摄谱，然后在映谱仪上观察二者特征谱线重叠情况。一般地，如果待测元素有 2 条或 3 条特征谱线与标准样品特征谱线重合，可认为试样中存在该元素。

2. 未知元素全分析

通常采用与铁谱比较的方法。纯铁谱线很多，在 210nm～660nm 范围内有 4000 多条谱线，且每条谱线波长均已经过精确测定，这样就使铁光谱成为一个天然的波长标尺。将各元素特征波长标在相应的位置，并注明元素的名称和谱线强度，就构成了元素的标准光谱图，如图5-8 所示。

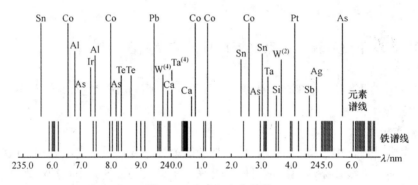

图 5-8 元素标准光谱图

定性分析时将被测试样和纯铁并列摄谱，然后在映谱仪上放大。将试样谱图上的铁光谱与元素标准光谱图上的铁光谱重合，进行观察比较。若待测元素有2条或3条特征谱线与标准谱图中某元素的特征谱线重合，便可确定该元素存在。

5.3.2 原子发射光谱定性分析的操作过程

1. 试样处理

视其性质不同，摄谱前需做不同处理。若试样是无机物，可按下述方法进行：

（1）金属或合金。最好用试样本身作为电极。如试样量少，不能直接加工成电极，则可将试样粉碎后放在电极小孔中激发。

（2）矿石。磨碎成均匀粉末，然后放在电极小孔中激发。

（3）溶液。先蒸发浓缩至结晶析出，然后滴入电极孔中加热蒸干后再进行激发。或将原液全部蒸干，磨成均匀的粉末，放入电极孔中，也可使用平头电极，将溶液滴在电极头上烘干后进行激发。

（4）若分析微量成分，从原试样中不能直接检出，则需预先进行适当的处理，使大量主要组分分离，微量组分浓缩。

对于有机物，一般先低温干燥，在坩埚中灰化（应避免在灰化中使易挥发元素损失），然后将灰化后的残渣放在电极上进行激发。

将少量粉状试样装入电极小孔中，用电弧光源使试样蒸发到弧焰中去而激发光谱，是一种应用得较多的方法。在这种方法中通常使用光谱纯的碳或石墨作电极材料。使用碳或石墨电极时，在点弧过程中，碳与空气中的氮结合而产生氰（CN）的带状分子光谱（氰带）。这个光谱带的范围在 358.39nm~421.60nm 之间，这对光谱分析是不利的。为了利用氰带区的其他元素的灵敏线（如 Ga　417.2nm，T1　377.5nm，Pb　405.7nm，Mo 386.4nm，379.8nm 等），可以改用铜电极等，但由于铜的电离电位比碳低，用它燃起的电弧温度较低，因而灵敏度较低。

2．摄谱

采用什么仪器和实验条件要根据欲测元素和试样的性质而定。常见元素的灵敏线多处于近紫外光区，因此多采用中型石英摄谱仪。若试样属多谱线，光谱复杂，如稀土元素等，则选用色散率较大的大型摄谱仪。

在光源方面，直流电弧的灵敏度高，故在定性分析中常用它来作为光源。为了减少谱线的重叠干扰和提高分辨率，摄谱时狭缝应小一些，其宽度为 5μm～7μm，并选用灵敏度较高的感光板。

在激发时，必须将试样全部挥发完。通常可以从电弧的声音和颜色来判断挥发是否完全。试样挥发完后，电弧发出噪声，并呈现紫色。

由于分析元素数目不同，摄谱方法也不同。如果要进行全分析，检查所有元素，可按下列顺序摄谱：

碳电极（空白）—铁谱—A 试样（1）—A 试样（2）—A 试样（3）—铁谱—B 试样（1）—B 试样（2）—B 试样（3）。

即一份试样开始时用小电流（5A）摄谱一段时间（直流电弧），摄得（1）组谱线；然后移动感光板，再将电流升高（10A）摄谱一定时间，摄得（2）组谱线；如试样尚未烧完，又移动感光板，再曝光摄谱，直至烧完为止，摄得试样（3）组谱线，这样将一份试样摄成 3 条光谱，使易挥发元素和难挥发元素谱线较好地分开。至于拍摄碳电极谱线，是因为碳电极中常含有 Si、Fe、Al 等杂质，需要检查。

实际上，为了使摄取光谱时避免感光板移动机构带来的机械误差，而造成分析时摄取的铁谱与试样光谱的波长位置不一致，在摄取每组互相比较的光谱时，通常可逐条移动哈特曼光阑（Hartmann diaphragm）来得到光谱。哈特曼光阑由金属片制成，置于狭缝前的导槽内。当此光阑在导槽间移动位置时，光阑上的不同缺口（方孔）截取狭缝的不同部位，因而能使摄得的光谱落在感光板的不同位置上。由于狭缝的位置不变，只是光阑对其以不同高度的截取，所以所得的该组光谱的谱线位置固定不变，便于相互比较，定性查找。

3．检查谱线

摄谱后，在暗室中进行显影、定影、冲洗，最后将干燥好的谱片放在映谱仪上进行谱线检查。

如前所述，通常用比较法来判断试样中存在的元素。这时可使用欲测元素的纯物质或标准试样的谱线图以及元素标准光谱图与试样光谱进行比较查对。在摄取的光谱中逐条检查灵敏线是光谱定性分析工作的基本方法。对于试样中某些含量较高的元素，不一定依靠灵敏线（最后线）做判断，而可以用一些特征线组，如 249.6nm～249.7nm 硼双重线，330.2nm 钠双重线，310.0nm 铁三重线，279.5nm～280.2nm 镁双重线等。

应该注意的是，对于成分复杂的试样，应考虑谱线相互重叠干扰的影响。因此当观察到有某元素的一条谱线时，尚不能完全确信该元素的存在，而还必须继续查找该元素的其他灵敏线和特征谱线是否出现，一般有 2 条以上的灵敏线出现，才能确认该元素的存在。

当分析元素灵敏线被其他元素谱线重叠干扰，但又找不到其他灵敏线做判断时，则可在该线附近再找出一条干扰元素的谱线（与原干扰线黑度相同或稍强一些）进行比较，如果该分析元素灵敏线的黑度大于或等于找出的干扰元素谱线的黑度，则可判定分析元素存在。例如试样中铁含量较高时，Zr 343.823nm 被 Fe 343.831nm 所重叠，可与 Fe 343.795nm 的黑度相比较，来确定锆的存在与否。如果 Zr 343.823nm 的黑度大于或等于 Fe 343.795nm 时，可确信锆是存在的。

为了避免干扰谱线，也可以考虑用大色散率的摄谱仪来进行摄谱，这样可使波长差别很小的互相干扰的谱线有可能被分辨。有时则利用试样中元素的挥发性能不同，采用不同电流时的分段曝光法，使易挥发元素和难挥发元素的谱线重叠干扰得以减免。

为了提高灵敏度和消除干扰，有时需要将被分析的杂质从分析试样的主要成分中分离出来，然后用分离所得的富集物进行光谱分析。分离富集一般可采用物理方法（蒸发法、真空升华法）和化学方法（沉淀法、溶剂萃取法等）。

5.4　原子发射光谱定量分析

5.4.1　原子发射光谱半定量分析

原子发射光谱半定量分析就是对试样中元素含量做粗略估计，给出大致含量。若分析任务对准确度要求不高，多采用原子发射光谱半定量分析。例如钢材与合金的分类、矿产品味的大致估计等，特别是分析大批样品时，采用原子发射光谱半定量分析，尤为简单而快速。

原子发射光谱半定量分析常用方法是谱线黑度比较法。这个方法须配置一个基体与试样组成近似的被测元素的标准系列。在相同条件下，将试样与已知不同含量的标样系列在同一感光板上并列摄谱，然后在映谱仪上用看谱法直接比较试样与标准系列中被测元素分析线的黑度。若试样中某元素的谱线黑度与某个标样的谱线黑度相近，则该元素含量近似等于该标样中元素的含量。

5.4.2　原子发射光谱定量分析

1. 原子发射光谱定量分析的关系式

发射光谱定量分析是根据被测元素谱线强度来确定元素含量的。当温度一定时，谱线强度 I 与被测元素浓度 c 成正比，即

$$I = ac \qquad\qquad (5-2)$$

当考虑到谱线自吸时，二者的关系可用罗马金-赛伯经验公式表达：

$$I=ac^b \tag{5-3}$$

或

$$\lg I = b\lg c + \lg a \tag{5-4}$$

式中：I 是谱线强度；c 是被测元素浓度；a、b 是常数，其中 a 与试样蒸发、激发和组成有关，称为发射系数，b 与谱线自吸有关，称为自吸系数。式（5-4）为光谱定量分析的基本关系式。此式表明，以 $\lg I$ 对 $\lg c$ 作图，所得曲线在一定浓度范围内为一直线，如图 5-9 所示。

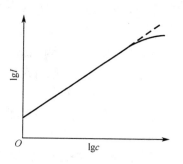

图 5-9 光谱定量分析的工作曲线

由于常数 a、b 受工作条件（如激发温度、试样组成等）影响较大，且这种影响往往难于控制，因此采用测量谱线绝对强度的方法来进行定量分析有困难。1925 年盖拉赫（Gelach）提出内标法解决了此项困难，该方法通过测定谱线相对强度来进行定量分析。因此，在实际工作中通常用内标法。

2. 内标法

内标法是光谱定量分析发展的一个重要成就。采用内标法可以减小试样的组成与实验条件对谱线强度的影响，提高光谱定量分析的准确度。

1）基本公式

内标法是相对强度法，在待测元素中选 1 条谱线作为分析线，再在基体元素（或定量加入的其他元素）谱线中选 1 条谱线作为内标线，这 2 条谱线组成分析线对。所选内标线的元素为内标元素，内标元素可以是试样的基体元素，也可以是原来试样中不存在的元素。它们的绝对强度之比 R 称为谱线的相对强度。显然，工作条件的变化对分析线和内标线的影响是一致的，因此 R 可以保持一致。

设待测元素含量为 c_0，对应分析线强度为 I_1，由式（5-3）可得

$$I_1 = a_1 c^b \tag{5-5}$$

同样，设内标元素含量为 c_0，对应内标线强度为 I_0，则

$$I_0 = a_o c_o^{\,b_o} \tag{5-6}$$

相对强度 R 为

$$R = I_1 / I_0 = a_1 c^b / a_o c_o^{\,b_o} \tag{5-7}$$

当内标元素含量 c_o 和工作条件一定时，$a_1 / a_o c_o^{\,b_o}$ 为常数，用 a 表示，则式（5-7）可表示为

$$R = ac^b \tag{5-8}$$

或

$$\lg R = b\lg c + \lg a \tag{5-9}$$

上式即为内标法的基本公式，它表明谱线相对强度的对数与待测组分含量对数成正比。

2）内标元素与分析线对的选择

对内标元素和分析线对的选择是很重要的，选择时应考虑以下几点：

（1）原来试样内应不含或仅含有极少量所加内标元素。

（2）要选择激发电位相同或接近的分析线对。

（3）2 条谱线的波长应尽可能接近。

（4）所选线对的强度不应相差过大。

（5）所选用的谱线应不受其他元素谱线的干扰，也应不是自吸收严重的谱线。

（6）内标元素与分析元素的挥发率应相近。

3. 乳剂特性曲线及内标法基本关系式

摄谱法中测量谱线强度的方法是使谱线在感光板上感光，经显影、定影后显示出黑色的谱线像。其变黑的程度（黑度）与辐射强度、浓度、曝光时间、感光板的乳剂性质及显影条件等有关。如果其他条件固定不变，则感光板上谱线的黑度仅与照射在感光板上的辐射强度有关。因此测量黑度（使用测微光度计）就可以比较辐射强度。

谱线的黑度 S 与照射在感光板上的曝光量 H 有关。它们的关系是很复杂的，不能用一个单一的数学式表示，常常只能用图解的方法来表示，这种图解曲线称为乳剂特性曲线。

乳剂特性曲线通常以黑度值 S 为纵坐标，曝光量的对数 $\lg H$ 为横坐标作图（如图 5-10 所示）。由图可见，此曲线可分为 3 部分：AB 部分为曝光不足部分，它的斜率是逐渐增大的；CD 部分为曝光过度部分，它的斜率是逐渐减小的；BC 部分为曝光正常部分。

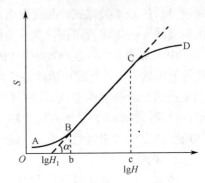

图 5-10　乳剂特性曲线

原子发射光谱定量分析一般在曝光正常部分内工作，因此部分斜率是恒定的，黑度与曝光量的对数之间可以用简单的数学式来表示。令此直线段斜率为 γ，则

$$\gamma = \tan\alpha \tag{5-10}$$

γ 称为感光板的反衬度，它是感光板的重要特性之一。表示当曝光量改变时，黑度变化的快慢。BC 部分延长线在横轴上的截距为 $\lg H_i$，H_i 称为乳剂的惰延量。感光板的灵敏度取决于 H_i 的大小，H_i 越大，越不灵敏。BC 部分在横轴上的投影（即 bc 线段）称为乳剂的展度，表示特性曲线直线部分的曝光量对数的范围。

对于正常曝光部分，S 与 $\lg H$ 之间的关系最简单，可用直线方程表示为

$$S = \tan\alpha(\lg H - \lg H_i) = \gamma(\lg H - \lg H_i) \tag{5-11}$$

对一定的乳剂，$\gamma \lg H_i$ 为一定值并以 i 表示，则

$$S = \gamma \lg H - i \tag{5-12}$$

曝光量等于照度 E 乘以曝光时间 t，而 $E \propto I$，故

$$S = \gamma \lg(It) - i \tag{5-13}$$

在光谱定量分析中，感兴趣的是分析线对的相对强度的测量。设 S_1、S_2 分别为分析线及内标线的黑度，则

$$S_1 = \gamma_1 \lg (I_1 t_1) - i_1 \tag{5-14}$$

$$S_2 = \gamma_2 \lg (I_2 t_2) - i_2 \tag{5-15}$$

因为在同一感光板上，曝光时间相等，即 $t_1 = t_2$，$\gamma_1 = \gamma_2 = \gamma$，$i_1 = i_2 = i$，则分析线对的黑度差 ΔS 为

$$\Delta S = S_1 - S_2 = \gamma \lg R \tag{5-16}$$

将式（5-9）代入上式得

$$\Delta S = \gamma \lg R = \gamma b_1 \lg c + \gamma \lg a \tag{5-17}$$

式（5-17）即为用内标法原理进行摄谱定量分析的基本关系式。由此式可见，在一定条

件下，分析线对的黑度差与试样中该组分的含量 c 的对数呈线性关系。

4．光谱定量分析方法——三标准试样法

现以三标准试样法为例来说明光谱定量分析的方法。它是一种最基本的定量方法，也是使用较广泛的一种方法。

由式（5-17）可见，ΔS 与 $\lg c$ 呈线性关系。实际工作中并不需要求出 $\lg a$、γ、b_1 的值。而是将 3 个或 3 个以上的标准试样与待测试样在相同条件下并列摄谱，根据标样数据绘制 ΔS-$\lg c$ 工作曲线，再由待测试样 $\Delta S x$ 值，从曲线上查得被测组分含量 c_x。该方法也称为三标准试样法，如图 5-11 所示。

若用光电直读光谱仪，定量分析可采用标准曲线法，其原理和方法与原子吸收光谱分析类似，在此不再重述。

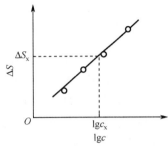

图 5-11　摄谱法定量分析原理

5.5　原子发射光谱分析的特点和应用

如前所述，可以应用原子发射光谱分析来进行定性分析和定量分析。在合适的实验条件下，利用元素的特征谱线可以无误地确定哪种元素的存在，所以原子发射光谱定性分析是很可靠的方法，既灵敏快速，又简便。周期表上 70 多种元素，可以用光谱方法较容易地定性鉴定，这是原子发射光谱分析的突出应用。

光谱定量分析的优点是：在很多情况下，分析前不必把待分析的元素从基体元素中分离出来；其次是，一次分析可以在一个试样中同时测得多种元素的含量；另外，分析时所消耗试样量可以很少，并具有很高的分析灵敏度。原子发射光谱定量分析可测的质量分数范围为 0.0001% 到百分之几十，但在质量分析超过 10% 时，应用传统的摄谱方法要使分析结果具有足够准确度是有困难的，所以原子发射光谱分析适宜于做低含量及痕量元素的分析。

原子发射光谱分析法不能用以分析有机物及大部分非金属元素。在进行摄谱法定量分析时，对标准试样、感光板、显影条件等都有很严格的要求，否则会影响分析的准确度，特别是对标准试样的要求很高，分析时要配一套标准试样，因此摄谱法光谱定量分析不宜用来分析个别试样，而适用于经常的大量的试样分析。原子发射光谱分析法在地质、冶金及机械等部门得到广泛的应用。对于地质普查、找矿，可以用原子发射光谱半定量分析方法或原子发射光谱定量分析方法通过大量试样的分析，提供可靠的资料。对于冶金工厂，原子发射光谱分析不仅可以做成品分析，还可以做控制冶炼的炉前快速分析，例如特殊钢的炉前分析，当金属还处在熔炼过程中，可以根据分析结果来纠正钢液的成分。

随着科学技术的发展，原子发射光谱分析将更广泛地应用于痕量元素及稀有元素的分析。值得注意的是，如上所述，应用原子发射光谱以交流电弧光源或电火花光源和摄谱法进行定量分析，存在许多不理想之处。因此随着原子吸收光谱法的出现并趋于成熟，

许多定量测定工作就被原子吸收光谱法所代替。但是 20 世纪 80 年代迅速发展起来的等离子体发射光谱，特别是直读式仪器的发展，由于具有许多突出的优点，已使原子发射光谱分析进入一个崭新的时期，并成为无机化合物有力的分析手段。

思 考 题

1. 摄谱仪由哪几个部分组成？各组成部分的主要作用是什么？
2. 阐述 ICP 光源的形成原理及其特点。
3. 何谓元素的共振线、灵敏度、最后线、分析线？它们之间有何联系？
4. 光谱定性分析的基本原理是什么？进行光谱定性分析时可以有哪几种方法？说明各个方法的基本原理及适用场合。
5. 光谱定性分析摄谱时，为什么要使用哈特曼光阑？为什么要同时摄取铁光谱？
6. 原子发射光谱分析中元素标准光谱图起什么作用？
7. 光谱定量分析的依据是什么？为什么采用内标？简述内标法的原理。内标元素和分析线对应具备哪些条件？为什么？
8. 何谓三标准试样法？
9. 试述原子发射光谱半定量分析的基本原理，适用于何种场合。

第6章 电位分析

6.1 概　述

电位分析法是电化学分析法的一个重要组成部分，它包括电位测定法和电位滴定法2种：电位测定法是通过测量含有待测溶液的化学电池的电动势来确定待测离子活度（浓度）的分析方法；电位滴定法是通过测量滴定过程中电池电动势的变化来确定滴定终点的分析方法。

例如将某金属片插入该金属离子 M^{n+} 的溶液中，在金属和溶液界面之间就建立了一个电位差，称为电极电位，其大小可用能斯特方程式表示为

$$\varphi_{M^{n+}/M} = \varphi^{\ominus}_{M^{n+}/M} + \frac{RT}{nF} \ln a_{M^{n+}} \tag{6-1}$$

由式（6-1）可知，只要测量出电极电位 $\varphi_{M^{n+}/M}$ 就可确定溶液中 M^{n+} 的活度 $a_{M^{n+}}$。因单个电极的电位是无法直接测量的，所以需再插入一支电极电位恒定的电极（参比电极）与该金属组成工作电池，设电池为

$$参比电极 \parallel M^{n+} \mid M$$

一般习惯把电极电位较正的电极写在电池的右边，较负的写在左边。在计算电池电动势时用右边的减去左边的。于是上述电池的电动势 E 为

$$E = \varphi_{M^{n+}/M} - \varphi_{参比} = \varphi^{\ominus}_{M^{n+}/M} - \varphi_{参比} + \frac{RT}{nF} \ln a_{M^{n+}} \tag{6-2}$$

由于 $\varphi_{参比}$、$\varphi^{\ominus}_{M^{n+}/M}$ 在一定的温度下都是常数，因此测得了电池电动势 E，即可求得 $a_{M^{n+}}$，这就是电位测定法。若 M^{n+} 是待滴定的离子，则在滴定过程中 $\varphi_{M^{n+}/M}$ 随 $a_{M^{n+}}$ 的变化而变化，E 也随之而改变，从测量滴定过程中 E 的变化可以求得滴定终点，这就是电位滴定法。

在电位分析中，电极电位与被测离子活度符合能斯特方程的电极称为指示电极（如金属片等）。电极电位不随被测离子活度变化具有恒定值的电极称为参比电极。指示电极与参比电极和待测试液组成化学电池。电池电动势是电位分析的测定量。

6.2 参 比 电 极

电位分析中对参比电极的要求是，电极装置简单，电极电位恒定且再现性好。最精确的参比电极是标准氢电极，它是参比电极的一极标准，电极电位为0V。但标准氢电极制作麻烦，使用很不方便，因此实际工作中常用的参比电极是甘汞电极和银-氯化银电极。

6.2.1 甘汞电极

甘汞电极由金属汞 Hg 和 Hg_2Cl_2 及 KCl 溶液组成，它的结构如图 6-1 所示。内电极的玻璃管中封一根铂丝，铂丝插入纯汞中，下置一层甘汞（Hg_2Cl_2）和汞（Hg）的糊状物，外玻璃管中装入 KCl 溶液。电极下端与待测溶液接触部分是熔结陶瓷芯或玻璃砂芯等多孔物质，构成溶液互相连接的通路。

甘汞电极半电池为

$$Hg，Hg_2Cl_2（固）|KCl$$

电极反应为

$$Hg_2Cl_2+2e \Longrightarrow 2Hg+2Cl^-$$

或电子转移反应为 $Hg_2^{2+}+2e \Longrightarrow 2Hg$

25℃时，电极电位为

$$\varphi = \varphi_{Hg_2^{2+}/Hg}^{\ominus} + \frac{0.059}{2}\lg a_{Hg_2^{2+}}$$

而

$$a_{Hg_2^{2+}} = \frac{K_{SP(Hg_2Cl_2)}}{a_{Cl^-}^2}$$

故

$$\varphi = \varphi_{Hg_2Cl_2/Hg}^{\ominus} - 0.059\lg a_{Cl^-} \qquad (6-3)$$

上式中

$$\varphi_{Hg_2Cl_2/Hg}^{\ominus} = \varphi_{Hg_2^{2+}/Hg}^{\ominus} + \frac{0.059}{2}\lg K_{SP(Hg_2Cl_2)}$$

由式（6-3）可知，在一定的温度下，甘汞电极的电位只取决于电极内的 Cl^- 离子活度，与被测溶液无关。不同活度 KCl 溶液的甘汞电极具有不同的电位值，见表 6-1。温度改变电位值也改变，对饱和甘汞电极，t℃时的电位值可用下式校正

$$\varphi_{SCE} = 0.2438 - 7.6 \times 10^{-4}(t-25) （V）$$

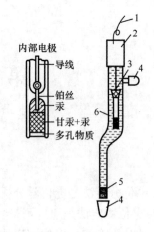

图 6-1 甘汞电极

1—导线；2—绝缘体；3—内部电极；4—橡皮帽；5—多孔物质；6—KCl 溶液。

表 6-1 甘汞电极的电极电位（25℃）

名　　称	KCl 溶液的浓度	电极电位 φ /V
$0.1mol \cdot L^{-1}$ 甘汞电极	$0.1mol \cdot L^{-1}$	+0.336 5
标准甘汞电极（NCE）	$1.0mol \cdot L^{-1}$	+0.282 8
饱和甘汞电极（SCE）	饱和溶液	+0.243 8

6.2.2 银–氯化银电极

银丝上镀一层 AgCl，浸在一定浓度的 KCl 溶液中，即构成 Ag-AgCl 电极（如图 6-2 所示）。其半电池组成为

$$Ag，AgCl（固）|KCl$$

电极反应为

$$AgCl + e \rightleftharpoons Ag + Cl^-$$

或电子转移反应为

$$Ag^+ + e \rightleftharpoons Ag$$

25℃时电极电位为

$$\varphi = \varphi_{Ag^+/Ag}^{\ominus} + 0.059 \lg a_{Ag^+}$$

而

$$a_{Ag^+} = \frac{K_{SP(AgCl)}}{a_{Cl^-}}$$

故

$$\varphi = \varphi_{AgCl/Ag}^{\ominus} - 0.059 \lg a_{Cl^-} \qquad (6\text{-}4)$$

上式中

图 6-2　银-氯化银电极

$$\varphi_{AgCl/Ag}^{\ominus} = \varphi_{Ag^+/Ag}^{\ominus} + 0.059 \lg K_{SP(AgCl)}$$

当温度与 KCl 的活度一定后，Ag-AgCl 电极的电位为一恒定值。25℃时 Ag-AgCl 电极的电位数据列于表 6-2。标准 Ag-AgCl 电极在 t℃时的电极电位为

$$\varphi = 0.2223 - 6 \times 10^{-4}(t - 25) \quad (V)$$

表 6-2　Ag-AgCl 电极的电极电位（25℃）

名　　称	KCl 溶液的浓度（mol·L^{-1}）	电极电位 φ /V
0.1mol·L^{-1}Ag-AgCl 电极	0.1	+0.288 0
标准 Ag-AgCl 电极	1.0	+0.222 3
饱和 Ag-AgCl 电极	饱和溶液	+0.200 0

Ag-AgCl 电极的结构简单，体积小，因此它更常用作其他电极的内参比电极使用。

6.3　指示电极

指示电极种类很多，最普遍应用的是离子选择性电极，现分别介绍如下。

6.3.1　金属–金属离子电极

金属–金属离子电极是将金属浸入含有该金属离子的溶液中构成，称第一类电极。例如将银浸入 $AgNO_3$ 溶液中构成的电极，其电极反应为

$$Ag^+ + e \rightleftharpoons Ag$$

25℃时的电极电位为

$$\varphi_{Ag^+/Ag} = \varphi_{Ag^+/Ag}^{\ominus} + 0.059 \lg a_{Ag^+} \qquad (6\text{-}5)$$

电极电位仅与银离子的活度有关，因此该电极可用于测定银离子活度或指示银离子活度变化的电位滴定中。铜、汞、铅等金属都可以构成这类电极，但某些较活泼金属，如铁、镍、钴等由于表面结构因素和表面氧化膜的影响，电位重现性差，不能用作指示电极。

6.3.2 金属–金属难溶盐电极

金属–金属难溶盐电极是由金属表面带有该金属难溶盐的涂层，浸在与其难溶盐有相同阴离子的溶液中组成的，也称为第二类电极。如前述的甘汞电极、Ag–AgCl 电极属于此类电极。这类电极的电位随难溶盐的阴离子活度变化而变化，因此可用于测定难溶盐阴离子活度，如 Ag–AgCl 电极可作为测定 Cl⁻ 活度的指标电极。这类电极电位值稳定，重现性好，常用作参比电极。在实际电位分析中，作为指示电极使用已不多见。

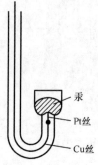

图 6-3　汞电极

6.3.3 汞电极

汞电极是由金属汞浸入含少量 Hg–EDTA 配合物（约 $1 \times 10^{-6} \mathrm{mol \cdot L^{-1}}$）及被测金属离子的溶液中所组成，也称为第三类电极，结构如图 6-3 所示，常用于 EDTA 滴定中。

当用 EDTA 溶液滴定 M^{n+} 时，溶液中同时存在下列 2 个配位平衡：

$$Hg^{2+} + H_2Y^{2-} = HgY^{2-} + 2H^+, \quad K_{HgY} = \frac{\left[HgY^{2-}\right]\left[H^+\right]^2}{\left[Hg^{2+}\right]\left[H_2Y^{2-}\right]} \tag{6-6}$$

$$M^{n+} + H_2Y^{2-} = MY^{(n-4)} + 2H^+, \quad K_{MY} = \frac{\left[MY^{(n-4)}\right]\left[H^+\right]^2}{\left[M^{n+}\right]\left[H_2Y^{2-}\right]} \tag{6-7}$$

从式（6-6）、式（6-7）可得

$$\left[Hg^{2+}\right] = \frac{K_{MY}\left[HgY^{2-}\right]\left[M^{n+}\right]}{K_{HgY}\left[MY^{(n-4)}\right]} \tag{6-8}$$

汞电极的电子转移反应为

$$Hg^{2+} + 2e \rightleftharpoons Hg$$

25℃时电极电位为

$$\varphi_{Hg^{2+}/Hg} = \varphi^{\ominus}_{Hg^{2+}/Hg} + \frac{0.059}{2}lg\left[Hg^{2+}\right] \tag{6-9}$$

把式（6-8）代入式（6-9）得

$$\varphi_{Hg^{2+}/Hg} = \varphi^{\ominus}_{Hg^{2+}/Hg} + \frac{0.059}{2}lg\frac{K_{MY}\left[HgY^{2-}\right]\left[M^{n+}\right]}{K_{HgY}\left[MY^{(n-4)}\right]} \tag{6-10}$$

式中：K_{HgY} 和 K_{MY} 是常数。又因 HgY^{2-} 很稳定（$K_{HgY} \gg K_{MY}$ 时），在滴定过程中浓度几乎不变，式（6-10）可写为

$$\varphi_{Hg^{2+}/Hg} = K + \frac{0.059}{2}lg\frac{[M^{n+}]}{[MY^{(n-4)}]} \tag{6-11}$$

由式（6-11）可看出，汞电极电位随 $[M^{n+}]/[MY^{(n-4)}]$ 而变化，所以这种电极可以作为 EDTA 滴定 M^{n+} 的指示电极。

汞电极适用的 pH 范围是 2～11，正是配位滴定通用的适宜酸度范围。pH<2，HgY^{2-}

不稳定；pH＞11，有 HgO 沉淀生成。已发现汞电极能用于约 30 种金属离子的电位滴定。

6.3.4　惰性金属电极

惰性金属电极亦称零电极，该电极是将惰性金属铂（Pt）插入含有可溶性氧化态和还原态离子的溶液中所构成。金属铂并不参加电极反应，在这里仅起传导电子的作用。如将铂片插入 Fe^{3+} 和 Fe^{2+} 的溶液中，其电极反应是

$$Fe^{3+}+e \Longrightarrow Fe^{2+}$$

25℃时电极电位为

$$\varphi_{Fe^{3+}/Fe^{2+}} = \varphi_{Fe^{3+}/Fe^{2+}}^{\ominus} + 0.059 \lg \frac{a_{Fe^{3+}}}{a_{Fe^{2+}}} \qquad (6-12)$$

惰性金属电极除铂外，还可采用金或石墨碳，这类电极一般也应用于电位滴定中。

6.3.5　离子选择性电极

离子选择性电极是近 50 年发展起来的一类新兴指示电极，它对给定的离子具有能斯特响应，但这类电极的电位不是由氧化或还原反应所形成的，故与上述几类指示电极在原理上有本质的区别。无论哪种离子选择性电极都具有一个传感膜（敏感膜），所以又称为膜电极。通常把这类由敏感膜构成的有选择性的对某一离子可产生能斯特响应的电极称为离子选择性电极，常用符号 ISE 表示。

离子选择电极是电位分析中应用最多的一类指示电极，此类电极发展很快，出现了许多类型，因此专门作为一节来进行讨论。

6.4　离子选择性电极

6.4.1　离子选择性电极的结构和分类

各种离子选择电极的构造随敏感膜不同而略有区别，但一般都由敏感膜及其支持体、内参比溶液（含有与待测离子相同的离子）、内参比电极（Ag-AgCl 电极）等组成。图 6-4 就是具有代表性的氟离子选择电极的构造图。

按国际纯粹与应用化学联合会（IUPAC）建议，离子选择电极可作下列分类：

原电极 { 晶体膜电极 { 均相膜电极 / 非均相膜电极 } / 非晶体膜电极 { 刚性基质电极 / 流动载体电极 } }

敏化电极 { 气敏电极 / 电化学生物传感器（主要是酶电极） }

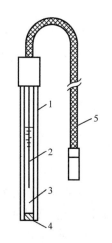

图 6-4　氟离子选择性电极

1—塑料管；2—参比电极；3—内参比溶液（NaF-NaCl）；4—氟化镧单晶膜；5—接线。

6.4.2 玻璃电极及膜电位的产生机理

用离子选择性电极测定有关离子，一般都是基于跨跃敏感膜两测产生的电位差，即所谓膜电位。膜电位的机制是一个复杂的理论问题，目前对这一问题仍在进行深入研究，但对于一般离子选择电极来说，膜电位的建立已证明主要是溶液中离子与电极膜上离子之间发生交换作用的结果。下面以玻璃电极为例介绍膜电位的形成机理。

玻璃电极的构造如图 6-5 所示，它的主要部分是一个玻璃泡，泡的下半部分是由 SiO_2（72.2%摩尔分数）基体中加入 Na_2O（21.4%）和少量 CaO（6.4%）组成的玻璃薄膜（即敏感膜）；膜厚 $30\mu m \sim 100\mu m$，在泡内装有 $0.1mol \cdot L^{-1}$ 的 HCl 溶液作内参比溶液，其中插入一支 Ag-AgCl 电极作为内参比电极。

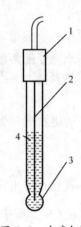

图 6-5 玻璃电极
1—绝缘套；2—Ag-AgCl 电极；
3—玻璃泡；4—内部溶液。

在玻璃膜结构中，部分 Si 与 O 构成的骨架是带有负电荷的，与此抗衡的主要是 Na^+。

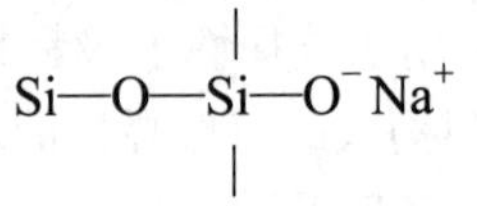

$$Si—O—Si—O^- \ Na^+$$

玻璃电极在使用前必须在水中浸泡一定时间，使玻璃膜表面吸收水分而溶胀形成一层很薄的水化层（硅酸盐溶胀层）。由于硅酸盐结构中的 $\equiv SiO^-$ 离子与 H^+ 的键合力远大于 Na^+ 等碱金属离子的键合力（约 10^{14} 倍），因此在玻璃膜表面的水化层中，玻璃组成中的 Na^+ 离子与水的 H^+ 离子发生交换反应：

$$\equiv SiO—Na^+ + H^+ \rightleftharpoons \equiv SiO—H^+ + Na^+$$

当交换达到平衡时，在玻璃的表面形成了一层以 $\equiv SiO—H^+$ 为主的水合硅胶层，厚度约 $10^{-4}mm \sim 10^{-5}mm$。玻璃膜的截面如图 6-6 所示。在玻璃膜中部为干玻璃层，层内玻璃结构中的单电荷点位全部被 Na^+ 离子占据；在干玻璃层到水化层这一区域，Na^+ 离子的数目逐渐减少而 H^+ 离子的数目逐渐增多，在玻璃膜两边的水化层表面，各形成一层 H^+ 离子层。

内部溶液 a_2	溶胀层 a_2'	干玻璃层	溶胀层 a_1'	外部试液 a_1
	$\varphi_2 \longleftarrow$	$\varphi_{膜}$	$\longrightarrow \varphi_1$	

图 6-6 浸泡后的玻璃膜示意图

当浸泡好的玻璃膜电极浸入待测溶液时，由于水合硅胶层表面和溶液的 H^+ 活度不同，H^+ 离子便从活度大的一方向活度小的一方迁移，其结果改变了固-液两相界面的电荷分部，使玻璃膜的内、外侧分别产生内相界电位 φ_2 和外相界电位 φ_1，若以 a_2 和 a_1 分别表示内参比溶液和试液的 H^+ 离子活度，a_2' 和 a_1' 分别表示接触此两溶液的玻璃膜内侧和外侧水化层的 H^+ 离子活度，则相界电位 φ_2 和 φ_1 可看做是浓差电位（如图 6-6 所示），在 25℃时，外相界电位与内相界电位分别为

$$\varphi_1 = K_1 + 0.059 \lg \frac{a_1}{a_1'} \tag{6-13}$$

$$\varphi_2 = K_2 + 0.059 \lg \frac{a_2}{a_2'} \tag{6-14}$$

式中：K_1 和 K_2 分别为取决于玻璃内、外膜性质的常数。因为玻璃内、外膜表面性质基本相同，所以 $K_1 = K_2$，又因为膜内、外水化层表面的 Na^+ 都被 H^+ 取代，故 $a_2' = a_1'$，于是玻璃内、外侧之间的电位差 $\varphi_{膜}$ 可表示为

$$\varphi_{膜} = \varphi_1 - \varphi_2 = 0.059 \lg \frac{a_1}{a_2} \tag{6-15}$$

由于内参比溶液 H^+ 活度 a_2 是一个常数，故

$$\varphi_{膜} = K' + 0.059 \lg a_1 = K' - 0.059 pH \tag{6-16}$$

式中 K' 由玻璃膜电极本身的性质决定，对于某特定的玻璃电极是一个常数，由式（6-16）可看出，在一定的温度下，玻璃电极的膜电位与外部试液的 pH 呈线性关系。

根据式（6-15），当玻璃膜内、外溶液的 H^+ 活度完全相同时，即 $a_1 = a_2$ 时，$\varphi_{膜}$ 应为 0，但实际情况表明，$\varphi_{膜} \neq 0$，玻璃膜两侧仍存在几毫伏到几十毫伏的电位差，这是由于制作或使用中造成玻璃膜的性能不均匀所致，称为不对称电位 $\varphi_{不对称}$，玻璃电极在水溶液中长时间浸泡后，可使 $\varphi_{不对称}$ 达到一恒定值。

玻璃电极具有内参比电极，通常用 Ag-AgCl 电极，所以，玻璃电极的电位应是内参比电极电位、膜电位与不对称电位之和，即

$$\varphi_{玻璃} = \varphi_{AgCl/Ag} + \varphi_{膜} + \varphi_{不对称}$$

对于特定的电极，$\varphi_{AgCl/Ag}$ 和 $\varphi_{不对称}$ 均为固定值，可与式（6-16）的常数项合并，故玻璃电极的电极电位与试液 pH 值呈线性关系，25℃时，玻璃电极的电位为

$$\varphi_{玻璃} = K - 0.059 pH \tag{6-17}$$

由上述玻璃膜电位产生的原理可见，膜电位不是如金属基指示电极那样来源于电子交换，而是来源于离子交换。其他类型离子选择性电极的敏感膜与玻璃膜作用机理不尽相同，但其膜电位同样来源于内、外侧溶液中特定离子的活度差。离子活度与膜电位之间的关系可用通式表示为

$$\varphi_{膜} = K \pm \frac{2.303 RT}{n_i F} \lg a_i \tag{6-18}$$

式中：n_i 为离子 i 的电荷数。当 i 为阳离子时，式中 K 后取正；i 为阴离子时，K 后取负。

式（6-18）说明离子选择性电极在电极工作范围内，膜电位与待测离子活度的对数值呈直线关系，这是离子选择性电极测定离子活度的基础。

6.4.3　各种类型的离子选择性电极

1. 晶体膜电极

这一类电极的敏感膜是一种晶体材料，晶体在结构上有缺陷而形成空穴，空穴的大小、形状和电荷分部决定了只允许某种特定的离子在其中移动而导电，其他离子不能进入，从而显示了电极的选择性。常见的晶体膜电极按膜的制法不同，可分为均相膜电极和非均相膜电极，均相膜电极又可分为单晶膜电极和多晶膜电极。

（1）单晶膜电极。典型的单晶膜电极是氟离子选择性电极，该电极膜是掺入 EuF$_2$（增加导电性）的 LaF$_3$ 单晶片，将膜封在硬塑料管的一端，管内装有 0.1mol·L^{-1} NaF 和 0.1mol·L^{-1} NaCl 溶液作内参比溶液，以 Ag-AgCl 电极作内参比电极，其结构如图 6-3 所示。氟化镧单晶可移动的离子是 F$^-$ 离子，所以电极电位反映试液中 F$^-$ 离子的活度，在 25℃时：

$$\varphi_{膜} = K - 0.059 \lg a_{F^-} \tag{6-19}$$

一般在 F$^-$ 浓度为 1mol·L^{-1}～10^{-6}mol·L^{-1} 范围内，电极电位与 F$^-$ 活度关系符合能斯特方程。

氟电极有较好的选择性，Cl$^-$、Br$^-$、I$^-$、Ac$^-$、NO$_3^-$、SO$_4^{2-}$、HCO$_3^-$ 等阴离子存在时无明显干扰。氟电极测定时需控制 pH 值在 5～6 之间：在 pH 值过高时 OH$^-$ 干扰测定，可能是由于在晶体表面形成 La(OH)$_3$ 而释放出 F$^-$，造成测定值偏高；而 pH 值过低则由于形成 HF$_2^-$ 而降低氟离子活度。当能与 F$^-$ 生成稳定配合物或难溶化合物的阳离子（如 Al^{3+}、Ca^{2+}）存在时会造成干扰，需加入掩蔽剂消除，但须注意不可使用能与 La^{3+} 形成稳定配合物的配位剂，以免溶解 LaF$_3$ 而使电极灵敏度降低。

（2）多晶膜电极。多晶膜电极又称压膜电极，其电极薄膜是由一种难溶盐沉淀的粉末或几种难溶盐的混合粉末在高压下压制而成，有时再将压片在高温下烧结成陶瓷片。

此类电极多以 Ag$_2$S 为基质，种类很多。例如以单一 Ag$_2$S 粉末压片制成电极，可测定 Ag$^+$ 或 S^{2-} 离子的活度（浓度）。此类电极晶体中可移动离子是 Ag$^+$，将该电极插入溶液时，所产生的电极电位决定于溶液中银离子的活度

$$\varphi = \varphi_{Ag^+/Ag}^{\ominus} + 0.059 \lg a_{Ag^+} \tag{6-20}$$

由于硫化银在溶液中有一定的溶解度，即使试液中不含 Ag$^+$，由于膜的溶解，会产生微量的 Ag$^+$，a_{Ag^+} 决定于溶液中 S^{2-} 的活度。

$$a_{Ag^+}^2 \cdot a_{S^{2-}} = K_{SP(Ag_2S)}$$

代入式（6-20）得

$$\varphi = \varphi_{Ag^+/Ag}^{\ominus} + \frac{0.059}{2} \lg \frac{K_{SP(Ag_2S)}}{a_{S^{2-}}}$$

$$\varphi = K - \frac{0.059}{2} \lg a_{S^{2-}} \tag{6-21}$$

将卤化银 AgX（AgCl、AgB、AgI）沉淀分散在 Ag$_2$S 骨架中压制成电极膜的 AgX-Ag$_2$S 膜离子选择性电极，可用于测定 Cl$^-$、Br$^-$、I$^-$ 离子；如将 Ag$_2$S 与另一金属硫化合物（如 CuS、CaS、PbS 等）混合加压成膜，则可制成测定相应金属离子的晶体膜电极，其测定原理类似于测定 S^{2-} 的活度。电极膜中掺入 Ag$_2$S 可增加其导电性，且易于加压成片。显然，卤化银和金属硫化合物的溶度积必须大于 Ag$_2$S 的溶度积，否则，电极与试液接触时，将与 Ag$_2$S 发生置换反应。由于 Ag$_2$S 的溶度积极小，此一条件是容易满足的。

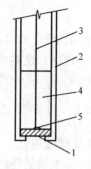

图 6-7　全固态 Ag$_2$S 膜电极
1—Ag$_2$S 膜；2—塑料管；3—屏蔽导线；
4—环氧树脂填充剂；5—银接触点。

目前以硫化银为基质的电极多不使用内部溶液，而是将金属导线直接焊接在电极膜上构成全固态型电极，如图 6-7 所示，这种电极可以在任意方向倒置使用，且消除

了压力和温度对含有内部溶液的电极所加的限制，特别适宜于对生产过程的监控检测。

（3）非均相膜电极。这类电极的电极膜是将非常细小的难溶盐沉淀均匀地分部在硅橡胶、聚氯乙烯等惰性基体上，采用冷压、热压、热铸方法制成，属于这类的电极有：SO_4^{2-}、PO_4^{3-}、S^{2-}、Cl^-、Br^-、I^-等电极。

部分晶体膜电极的测定浓度范围及干扰情况见表 6-3。

表 6-3　部分商品晶体膜电极

被 测 离 子	测定浓度范围/（mol·L⁻¹）	使用 pH 值范围	膜 材 料	主 要 干 扰
F^-	$1\sim 10^{-6}$	$0\sim 11$	LaF_3+Eu（Ⅱ）	OH^-
Cl^-	$1\sim 10^{-6}$	$0\sim 14$	$AgCl$	S^{2-}，CN^-
Br^-	$1\sim 10^{-7}$	$0\sim 14$	ABr	S^{2-}，CN^-
S^{2-}	$1\sim 10^{-7}$	$0\sim 14$	Ag_2S	Hg^{2+}
CN^-	$10^{-2}\sim 10^{-6}$	$3\sim 14$	$AgI+Ag_2S$	S^{2-}
CNS^-	$1\sim 10^{-5}$	$0\sim 14$	$AgSCN+Ag_2S$	S^{2-}，Hg^{2+}，Cu^{2+}
Ag^+	$1\sim 10^{-7}$	$0\sim 14$	Ag_2S	Hg^{2+}
C_a^{2+}	$1\sim 10^{-6}$	$0\sim 14$	CaS	Ag^+，Hg^{2+}
P_b^{2+}	$1\sim 10^{-7}$	$2\sim 14$	Ag_2S+PbS	Ag^+，Hg^{2+}，Ca^{2+}
C_d^{2+}	$1\sim 10^{-7}$	$1\sim 14$	Ag_2S+CdS	Ag^+，Hg^{2+}，Cu^{2+}

2．非晶体膜电极

（1）刚性基质电极。非晶体膜电极中刚性基质电极主要是指前面已详细讨论过的玻璃膜电极。如果改变玻璃膜的化学组成，则可制成对 Li^+、Na^+、K^+、Ag^+等不同阳离子有响应的离子选择性电极，这类玻璃电极的结构和外形都与 pH 玻璃电极相似。表 6-4 列出 $Na_2O-Al_2O_3-SiO_2$ 玻璃膜阳离子电极的玻璃组成及其性能。

表 6-4　部分阳离子玻璃电极

被 测 离 子	玻璃膜组成（摩尔比）	近似选择性系数
Li^+	$15Li_2O-25Al_2O_3-60SiO_2$	$K_{Li^+,Na^+}=0.3$，$K_{Li^+,K^+}<10^{-3}$
Na^+	$11Na_2O-18Al_2O_3-71SiO_2$	$K_{Na^+,K^+}=3.6\times 10^{-4}$（pH=11） $K_{Na^+,K^+}=3.3\times 10^{-3}$（pH=7）
Na^+	$10.4Li_2O-22.6Al_2O_3-67SiO_2$	$K_{Na^+,K^+}=10^{-3}$
K^+	$27Na_2O-5Al_2O_3-68SiO_2$	$K_{Na^+,K^+}=5\times 10^{-2}$
Ag^+	$11Na_2O-18Al_2O_3-71SiO_2$	$K_{Ag^+,Na^+}=10^{-3}$

对于 pH 玻璃电极，为了简化测定操作，又制成了将 pH 玻璃电极与外参比电极结合在一起，成为一个整体的复合 pH 玻璃电极，结构如图 6-8 所示。这种电极的内、外 2 个参比电极间的电位恒定。外参比电极通过多孔的陶瓷塞与未知 pH 的待测液相接触，构成一个化学电池而实现了对待测液 pH 值的测定。复合 pH 玻璃电极使用后清洗完毕，应浸在以 AgCl 饱和的 KCl 溶液中，否则会使外参比电极银丝表面的 AgCl 层溶解脱落，而使测定产生漂移，并使电极的使用寿命缩短。例如我国生产的 E201 型复合 pH 玻璃电极，使用后要求浸入 $3mol·L^{-1}$　KCl 溶液中。复合式 pH 玻璃电极的应用不仅使实验室对溶液 pH 测定操作简便了，也有利于进行过程分析。

（2）流动载体电极。也称液态膜电极（简称液膜电极）。其电极膜是由待测离子的有机酸盐或螯合物溶解在与水不相混溶的有机溶剂中，使它成为一种流体离子交换剂（流动载体），然后将它掺入素烧瓷片、醋酸纤维等惰性多孔物质薄膜中制成。钙离子选择电极是这类电极的一个典型例子，它的构造如图6-9所示。电极内装有2种溶液，内管装内参比溶液（0.1mol·L^{-1}CaCl$_2$溶液）和内参比电极（Ag-AgCl电极），内管与外管之间装入与水不互溶的液体离子交换剂（0.1mol·L^{-1}二葵基磷酸钙的苯基磷酸二辛酯溶液），底部用多孔性膜材料如乙酸酯微孔滤膜与外部试液隔开，这种多孔膜是疏水性的，仅用于支持液体离子交换剂形成一薄膜（敏感膜）。这类电极的机制与玻璃电极相类似，即膜中的敏感离子（Ca^{2+}）可自由地与溶液中的敏感离子进行交换，在薄膜两面的界面发生如下的交换反应：

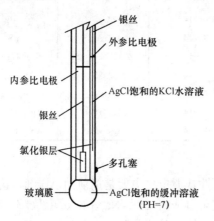

图6-8　复合pH玻璃电极示意图

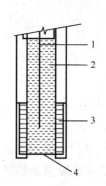

图6-9　液膜电极（Ca^{2+}电极）

1—内参比电极；2—内参比溶液（0.1mol·L^{-1}CaCl$_2$）；
3—液体离子交换剂；4—乙酸酯微孔滤膜。

$$RCa \ \rightleftharpoons \ Ca^{2+}+ \ R^{2-}$$
有机相　　　水相　有机相

由于水相中Ca^{2+}能进入液体离子交换剂，而Ca^{2+}在水（内参比液及试液）中的活度与有机相中的活度存在差异，因此在两相之间产生相界电位。25℃时Ca^{2+}离子电极的电极电位为

$$\varphi = K + \frac{0.059}{2}\lg a_{Ca^{2+}}$$

表6-5列出了部分液体离子交换膜电极。

表6-5　部分液体离子交换膜电极

被测离子	测定浓度范围/（mol·L^{-1}）	使用pH值范围	活性交换点	主要干扰
Cl$^-$	$10^{-1} \sim 10^{-5}$	2～11	NR$_4^+$	Br$^-$，I$^-$，NO$_3^-$，
NO$_3^-$	$10^{-1} \sim 10^{-5}$	2～12	[Ni（Phen）$_3$]$^{2+}$	ClO$_4^-$，I$^-$，ClO$_3^-$，
				Br$^-$，ClO$^-$
ClO$_4^-$	$10^{-1} \sim 10^{-5}$	4～11	[Fe（Phen）$_3$]$^{2+}$	I$^-$，NO$_3^-$，OH$^-$
Cu^{2+}	$10^{-1} \sim 10^{-5}$	4～7	R-S-CH$_2$-CO$_2^-$	Fe^{2+}
Ca^{2+}	$10^{0} \sim 10^{-5}$	5.5～11	（RO）$_2$PO$_4^-$	Zn^{2+}，Pb^{2+}，Fe^{2+}

在膜相中采用中性载体是液膜电极的一个重要进展。中性载体是一种电中性的有机大分子，在这些分子中都具有带中心空腔的紧密结合结构，它只对具有适当电荷和原子半径（其大小与空腔适合）的离子进行络合。因此选择适当的载体分子，可使电极具有高的选择性。中性分子与待测离子形成带电荷的络离子并可溶于有机相（膜相），就形成了欲测离子通过膜相迁移的通道而组成离子选择性。钾离子选择电极就是此类电极的代表。

3. 气敏电极

气敏电极是对某些气体敏感的电极，实际上是一个化学电池复合体。它将离子选择性电极（指示电极）与参比电极浸在充有中间溶液的套管内，在管端紧贴离子选择性电极的敏感膜处装有一层憎水性气透膜，气透膜只允许被测定的气体通过而不允许溶液中的离子通过。当测量试样时，试液中溶解的气体通过气透膜进入离子选择性电极与气透膜之间的极薄液层内，直到试液和此液层内被测气体分压相等。进入气透膜的气体与中间溶液起反应，引起薄层内某种离子活度的变化，这种离子活度可由电池电动势反应出来，达到间接表征被测气体含量的目的。例如，氨电极是以 pH 玻璃电极为指示电极，Ag–AgCl 电极为参比电极，此电极对置于盛有 $0.1\,\text{mol·L}^{-1}\,\text{NH}_4\text{Cl}$ 溶液（中间溶液）的塑料套管中，管底用一聚偏氟乙烯微孔透气膜与试液隔开。测定试样中的氨时，向试液中加入强碱使铵盐转化为氨气，由扩散作用进入气透膜并溶解于中间溶液中，产生下列平衡关系：

$$\text{NH}_3 + \text{H}_2\text{O} = \text{NH}_4^+ + \text{OH}^-$$

从而使液层内 OH^- 离子浓度增加（pH 值改变），此变化值由玻璃电极检出。$[\text{OH}^-]$ 与 $[\text{NH}_3]$ 的关系是

$$\left[\text{OH}^-\right] = K \frac{[\text{NH}_3]}{[\text{NH}_4^+]}$$

由于中间溶液中有大量 NH_4^+ 存在，故 $[\text{NH}_4^+]$ 可视为不变，与常数项合并后得

$$\left[\text{OH}^-\right] = K[NH_3]$$

故气敏电极可指示 NH_3 的浓度，测定范围为 $1\,\text{mol·L}^{-1} \sim 10^{-6}\,\text{mol·L}^{-1}$。氨电极的结构如图 6-10 所示。

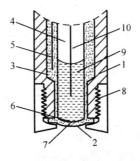

图 6-10　氨气敏氨电极

1—电极管；2—透气膜；3—0.1mol·L^{-1}NH$_4$Cl 溶液；4—离子电极（平头形 pH 玻璃电极）；
5—Ag-AgCl 参比电极；6—离子电极的敏感膜（玻璃膜）；7—电解质溶液（0.1mol·L^{-1}NH$_4$Cl）薄层；
8—可卸电极头；9—离子电极的内参比溶液；10—离子电极的内参比电极。

气敏电极除了氨电极外，还有 CO_2、SO_2、NO_2、HCN、HF 等气敏电极，见表 6-6。

表 6-6　气敏电极及其性能

电极	指示电极	透 气 膜	内 充 液	平 衡 式	检测下限/（$mol·L^{-1}$）
NH_3	pH 玻璃电极	0.1mm 微孔聚四氟乙烯	$0.01mol·L^{-1}$ NH_4Cl	$NH_3+H_2O \rightleftharpoons NH_4^+ + OH^-$	约 10^{-6}
CO_2	pH 玻璃电极	微孔聚四氟乙烯	$0.01mol·L^{-1}$ $NaHCO_3$	$CO_2+H_2O \rightleftharpoons H^+ + HCO_3^-$	约 10^{-5}
		硅橡胶	$0.01mol·L^{-1}$ $NaCl$	$CO_2+H_2O \rightleftharpoons H^+ + HCO_3^-$	
SO_2	pH 玻璃电极	0.025mm 硅橡胶	$0.01mol·L^{-1}$ $NaHSO_3$	$SO_2+H_2O \rightleftharpoons HSO_3^- + H^+$	约 10^{-6}
NO_2	pH 玻璃电极	0.025mm 微孔聚四氟乙烯	$0.02mol·L^{-1}$ $NaNO_2$	$2NO_2+H_2O \rightleftharpoons 2H^+ + NO_2^- + NO_3^-$	约 10^{-7}
H_2S	硫离子电极 Ag_2S	微孔聚四氟乙烯	柠檬酸缓冲液（pH=5）	$S^{2-}+H_2O \rightleftharpoons HS^- + OH^-$	约 10^{-3}
HCN	硫离子电极 Ag_2S	微孔聚四氟乙烯	$0.01mol·L^{-1}$ $KAg(CN)_2$	$HCN \rightleftharpoons H^+ + CN^-$ $Ag^+ + 2CN^- \rightleftharpoons Ag(CN)_2^-$	约 10^{-7}

4．电化学生物传感器

电化学生物传感器是指由生物活性物质（酶、微生物、抗原、抗体等）作为敏感元件，电极作为转换元件组成的电化学分析系统。其工作原理是，待测物质扩散进入生物活性敏感膜层，经生物化学反应，将被测物质转变成能被指示电极响应的新物质，从而间接地测定被测物质。根据敏感元件中所用生物活性物质的不同，电化学生物传感器分为酶传感器、组织传感器、微生物传感器、免疫传感器、基因传感器等。

（1）酶传感器。酶是生物体内产生的具有催化活性的一类蛋白质。分子量可以为 1万到几十万，甚至数百万以上。酶有 2 大基本特征：①酶的高效催化性，酶的催化效率极高，绝大多数催化反应能在常温下进行；②酶的高度专一性，酶不仅具有一般催化剂加快反应速度的作用，而且具有高度的专一性，即 1 种酶只能作用于 1 种或 1 类物质，产生一定的产物。

酶传感器就是利用了酶的这种专一性和催化性。例如测定尿素的传感器就是最早的酶传感器，将脲酶事先固定在电极上，放入含尿素的试液中，尿素在脲酶作用下发生水解反应

$$CO(NH_2)_2 + H_2O \xrightarrow{\text{脲酶}} 2NH_3 + CO_2$$

用 NH_3 气敏电极或 CO_2 电极测定 NH_3 和 CO_2 的量，从而可测得尿素的浓度。酶传感器是研究最早的一类电化学生物传感器。目前国际上已经研制成功的酶传感器有 50 多种，如葡萄糖、乳糖、胆固醇和氨基酸等传感器，且多数已进入应用阶段。常见的部分电位型酶电极见表 6-7。此外还有电流型等各种酶电极。

自然界获得鉴定的酶虽有 2500 多种，但它们都很不稳定，难于提纯和固定，因此一般酶传感器的寿命都很短，有的只有几十天，使之难于商品化，一般是根据需要由实验室自制。解决这一问题途径是人工合成模拟酶，模拟酶就是用有机化学的方法合成一

些结构较天然酶简单得多，但又与天然酶有相似功能的非蛋白质分子，其寿命也比天然酶长得多。

表 6-7　电位型酶电极

测 定 对 象	酶	检测电极
尿素	脲酶	NH_3, CO_2, pH
中性脂质	蛋白脂酶	pH
扁桃苷	葡萄糖苷酶	CN^-
L-精氨酸	精氨酸酶	NH_3
L-谷氨酸	谷氨酸脱氨酶	NH_4^+, CO_2
L-天冬氨酸	天冬酰胺酶	NH_4^+
L-赖氨酸	赖氨酸脱羧酶	CO_2
青霉素	青霉素酶	pH
苦杏仁苷	苦杏仁苷酶	CN^-
硝基化合物	硝基还原酶-亚硝基还原酶	NH_4^+
亚硝基化合物	亚硝基还原酶	NH_3

（2）组织传感器。以活的动、植物组织切片作为生物活性膜的一类传感器，称之为组织传感器。其原理就是利用动、植物组织中的酶。组织传感器与酶传感器相比有如下特点：①生物组织含有丰富的酶类，这些酶在适宜的自然环境中可以得到相当稳定的酶活性，其活性与稳定性均比离析酶高，因此，许多生物组织传感器工作寿命比相应的酶传感器寿命长得多；②在所需的酶难以提纯时，直接利用生物组织可以得到足够高的酶活性；③生物组织识别元件制作简便，一般不需采用固定化技术。如表6-8所示是常见的组织传感器。

表 6-8　常见的组织传感器

测 定 对 象	组 织	检测电极
谷氨酰胺	猪肾	NH_3
腺苷	鼠小肠黏膜细胞	NH_3
ATP	兔肉	NH_3
鸟嘌呤	兔肝，鼠脑	NH_3
过氧化氢	牛肝，莴苣子，土豆	O_2
谷氨酸	黄瓜	CO_2
多巴胺	香蕉，鸡肾	NH_3
丙酮酸	稻谷	CO_2
尿素	大豆	NH_3, CO_2
尿酸	鱼肝	NH_3
磷酸根	土豆/葡萄糖氧化酶	O_2
酪氨酸	甜菜	O_2
半胱氨酸	黄瓜叶	NH_3

组织传感器制作的关键是要选择酶活性较高的动、植物器官组织。组织传感器虽然在有些情况下可以取代酶传感器，但在实用中还有一些问题，如选择性差，动、植物组

织不易保存等。

（3）微生物传感器。将微生物作为敏感材料固定在电极表面构成的电化学生物传感器称为微生物传感器。微生物具有呼吸机能（O_2的消耗）和新陈代谢机能（物质的合成与分解）。因此微生物传感器可分为2种类型，即呼吸机能型微生物传感器和代谢机能微生物传感器。

甲烷微生物传感器就是一种呼吸机能微生物传感器。将单基甲胞鞭毛虫微生物固定在O_2电极上，当含甲烷的气体传输到固化膜时，甲烷被微生物吸收，同时微生物消耗氧，使氧的浓度降低，O_2电极的电流降低，根据O_2电极电流间接测得甲烷含量；将假单胞菌固定在N_2O电极上制成的硝酸盐传感器就是代谢机能型微生物的一个例子，其工作原理是假单胞菌将NO_3^-转化为N_2O，N_2O被N_2O电极响应，间接测得NO_3^-的含量。

（4）免疫传感器。免疫指机体对病原生物感染的抵抗能力。可区别为自然免疫和获得性免疫。自然免疫是生来具有的能抵抗多种病原微生物的损害，如完整的皮肤、黏膜等。获得性免疫是指在异物（抗原）刺激后才形成的一种抗体，如免疫球蛋白等。产生抗体的过程称为免疫反应。换句话说，抗原侵入人体，会使人体产生抗体，使自身获得免疫性。

抗体和抗原的结合是特异（效）性的，若把其中之一固定在膜上，就可检测另一个，这是因为在膜上生成抗原和抗体的复合物而使电位改变，而膜电位的变化值与抗原（抗体）的浓度之间存在对数关系。利用这一原理制成的传感器称电位型免疫传感器。此外还有电流型免疫传感器，标记型免疫传感器，非标记型免疫传感器，压电晶体免疫传感器等。

目前已制成的免疫传感器，可测定血型、甲状腺、性激素、乙型肝炎、甲胎蛋白等，对怀孕、癌症及其他疾病的诊断有重要意义。针对抗体与抗原结合不能复原，还发展了一种叫做催化抗体传感器，它兼有免疫传感器和生物催化传感器的双重功能，使免疫传感器成为可重复使用的可逆性传感器。

（5）基因传感器。基因（DNA）生物传感器是近几年迅速发展起来的一种全新思想的传感器，其用途是检测基因及一些能与DNA发生特殊相互作用的物质。工作原理是在电极上固定一条含有十几到上千条核苷酸的单链DNA，通过分子杂交，对另一条含有互补碱基序列的DNA进行识别，结合成双链DNA，根据杂交前后电信号的变化量推断出被检测的DNA量。目前，电化学DNA生物传感器是最成熟的一种，光学DNA传感器中的DNA光纤传感器是发展最晚、技术最新的一类。

与传统的分析方法相比，生物传感器这种新的检测手段具有如下优点：①生物传感器是由选择性好的生物材料构成的分子识别元件，因此一般不需要样品的预处理，样品中的被测组分的分离和检测同时完成，且测定时一般不需加入其他试剂；②由于它的体积小，可以实现连续在线监测；③响应快，样品用量少，且由于敏感材料是固定化的，可以反复多次使用；④传感器连同测定仪的成本远低于大型的分析仪器，便于推广普及。近年来已广泛应用于生物医学、环境监测、食品医药工业等各个领域。

6.4.4　离子选择性电极的性能

1. 离子选择性电极的选择性

离子选择性电极对待测离子产生响应是由于该离子在电极表面参与了离子交换过程，若溶液中有其他离子存在，则共存的离子也可能参与这一过程，产生膜电位，只不过程度不同而已，这样就会对测量产生干扰作用。例如，pH 玻璃电极在测定 pH＞9 的溶液时，由于碱金属离子（如 Na^+）的存在，玻璃电极的实际响应值比真实值高，即测量出的 pH 值比实际 pH 值低，这种误差称为"碱差"或"钠差"。若改变玻璃的成分，如用锂玻璃制成电极膜，则可改变碱金属离子参与离子交换的能力，pH＞13 时才发生碱差。

干扰离子对电极电位响应值的影响，可用电极的选择性系数 K_{ij} 来描述，K_{ij} 的意义为在实验条件相同时，产生相同电位值的待测离子活度 a_i 与干扰离子活度 a_j 的比值，即

$$K_{ij}=a_i/a_j \tag{6-22}$$

K_{ij} 值越小，表示干扰离子的干扰越小，该电极对 i 离子的选择性越好。例如 $K_{ij}=0.01$，就意味着 a_j 等于 a_i 的 100 倍时，j 离子所提供的膜电位才与 i 离子所提供的膜电位相等。即电极对 i 离子的响应值等于对相同浓度的 j 离子的响应值的 100 倍。若待测离子的电荷为 n_i，干扰离子的电荷为 n_j，则考虑了干扰离子的影响后，膜电位的通式为：

$$\varphi_{膜} = K \pm \frac{2.303RT}{n_iF} \lg\left[a_i + K_{ij}(a_j)^{n_i/n_j} \right] \tag{6-23}$$

选择性系数 K_{ij} 随实验条件、实验方法和共存离子种类的不同而有差异，不能直接利用 K_{ij} 的文献值作分析测试时的干扰校正。通常商品电极都有提供实验测定的 K_{ij} 值数据，可用于估量干扰离子对测定造成的误差，计算式为：

$$相对误差（\%） = \frac{K_{ij}(a_j)^{n_i/n_j}}{a_i} \times 100 \tag{6-24}$$

2．线性范围及检测下限

使用离子选择性电极测定待测离子活度（或浓度）时，常以不同活度（浓度）的 i 离子标准溶液测定其相应的 E 值，然后以 E 值为纵坐标，$\lg a_i$（或 pa_i）值为横坐标绘制标准曲线。如图 6-11 所示。直线部分 ab 相对应的活度（浓度）为线性范围，通常为 $10^{-1}\text{mol·L}^{-1} \sim 10^{-6}\text{mol·L}^{-1}$。根据 IUPAC 的建议，标准曲线两直线部分外延的交点 A 对应的离子活度（浓度）称为检测下限。

电极的线性范围和检测下限会随着实验条件、溶液组成（尤其是溶液酸度和干扰离子含量）以及电极预处理情况等的影响而发生变化，在实际应用时需予注意。

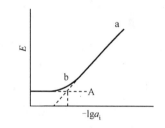

图 6-11　电极线性范围与检测下限

3．电极的斜率

在电极的测定线性范围内，离子活度变化 10 倍所引起的电位变化值称为电极的斜率。电极斜率的理论值为能斯特因子 $2.303RT/n_iF$，在一定温度下是常数，如在 25℃时对一价离子是 0.05916V，即 59.16mV，对二价离子是 29.58mV，实际值可能有一定的偏差，但只有实际值达到理论值的 95% 以上的电极才可进行测定。

4．响应时间

响应时间是指由电极接触溶液到电池电动势达到稳定值的 95% 所需的时间。离子选择性电极一般响应时间在几秒以内，但被测离子浓度越低，响应时间越长，此时应通过搅拌溶液以促使平衡达到。

此外其他性能还有稳定性及重现性、电极内阻、电极的使用寿命等。

6.5 电位测定法

电位测定法也称直接电位法，应用最多的是溶液 pH 值的测定和离子活（浓）度的测定。

6.5.1 pH 的电位测定

测定溶液的 pH 值时，常用玻璃电极作指示电极，饱和甘汞电极作参比电极，与试液组成工作电池，如图 6-12 所示。此电池可用下式表示：

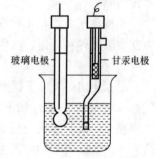

图 6-12 用玻璃电极测定 pH 的工作电池示意图

Ag，AgCl|HCl|玻璃|试液 ‖ KCl（饱和）|Hg$_2$Cl$_2$，Hg

|←   玻璃电极 →| |←   甘汞电极   →|

$\varphi_{AgCl/Ag} + \varphi_{膜}$ $\varphi_L + \varphi_{Hg_2Cl_2/Hg}$

电池电动势为 $E = \varphi_{Hg_2Cl_2/Hg} + \varphi_L - \varphi_{AgCl/Ag} - \varphi_{膜}$ (6-25)

φ_L 是液体接界电位，简称"液接电位"。这种电位的产生是因为 2 种组成或浓度不同的溶液相接触时，由于正负离子扩散速度的不同，在两种溶液的界面上电荷分布不同而形成的，不过在一定条件下 φ_L 为一常数。由式（6-16）可知：

$$\varphi_{膜} = K' - 0.059\text{pH}$$

代入式（6-25）得：

$$E = \varphi_{Hg_2Cl_2/Hg} + \varphi_L - \varphi_{AgCl/Ag} - K' + 0.059\text{pH} \tag{6-26}$$

式（6-26）中 $\varphi_{Hg_2Cl_2/Hg}$、φ_L、$\varphi_{AgCl/Ag}$ 和 K' 在一定条件下都是常数，将其合并为常数 K，于是上式可写为：

$$E = K + 0.059\text{pH} \tag{6-27}$$

由式（6-27）可知，待测电池的电动势与试液的 pH 成直线关系。若能求出 E 和 K 的值，就可求出试液的 pH 。E 值可以通过测量得到，K 值除包括内、外参比电极的电极电位等常数以外，还包括难以测量和计算的 $\varphi_{不}$ 和 φ_L。因此在实际工作中，不可能用式（6-27）直接计算 pH 值，而是用 pH 已经确定的标准缓冲溶液与待测溶液比较求得的。在相同条件下，若标准缓冲溶液的 pH 为 pH$_S$，以该缓冲溶液组成原电池的电动势为 E_S，则：

$$E_S = K + 0.059\text{pH}_S \tag{6-28}$$

由式（6-27）及式（6-28），并以 2.303RT/F 代替 0.059，得：

$$\text{pH} = \text{pH}_S + \frac{E - E_S}{2.303RT/F} \tag{6-29}$$

上式即为按实际操作方式对水溶液 pH 的实用定义，亦称为 pH 标度。因此用电位法以 pH 计测定时，先用标准缓冲溶液定位 pH 计，然后可直接在 pH 计上读出待测溶液的 pH 值。

6.5.2 离子活（浓）度的测定

用离子选择电极测定溶液中离子活（浓）度与用 pH 电极测定溶液的 pH 值相类似，把离子选择电极与参比电极浸入待测溶液中组成电池，通过测量电池的电动势，即可求得待测离子的活（浓）度。例如，用氟离子电极测定 F⁻ 活（浓）度时组成如下电池：

$$\text{Hg, } Hg_2Cl_2 \mid KCl（饱和）\parallel 试液 \mid LaF_3 \mid NaF, NaCl \mid AgCl, Ag$$

$$\mid\leftarrow \quad\quad SCE \quad\quad \rightarrow\mid \quad \mid\leftarrow \quad\quad 氟离子电极 \quad\quad \rightarrow\mid$$

若忽略液接电位，则电池电动势 E 为

$$E = (\varphi_{AgCl/Ag} + \varphi_{膜}) - \varphi_{SCE} \tag{6-30}$$

将式（6-19）代入式（6-30）得：

$$E = \varphi_{AgCl/Ag} + K - \varphi_{SCE} - 0.059\lg a_{F^-} = K' - 0.059\lg a_{F^-} \tag{6-31}$$

式中：$K' = \varphi_{AgCl/Ag} + K - \varphi_{SCE}$ 在固定的实验条件下为一常数。

对于各种离子选择电极，可以得出如下通用公式：

$$E = K' \pm \frac{2.303RT}{nF}\lg a \tag{6-32}$$

当离子选择电极作正极时：对阳离子 K' 后面一项取正；对阴离子 K' 后面一项取负。

式（6-32）说明工作电池的电动势，在一定条件下与待测离子的活度的对数值成直线关系，通过测定电池电动势可以测定待测离子活度。常用的测定方法有标准曲线法和标准加入法。

1. 标准曲线法

把离子选择电极和参比电极插入一系列已知活（浓）度的标准溶液中，分别测出所组成的各个电池的电动势 E，然后绘制 E-$\lg a_i$（$\lg c_i$）曲线。在同样条件下测定由待测液组成的电池的电动势，即可从标准曲线上查出待测离子的活（浓）度。

一般分析工作中要求测定的是浓度，而离子选择性电极响应的是离子的活度，活度与浓度的关系为 $a_i = \gamma_i c_i$，γ_i 为活度系数，它是溶液中离子强度的函数，在极稀溶液中，$\gamma_i \approx 1$，而在较浓溶液中，$\gamma_i < 1$，电池电动势与离子浓度的关系式为：

$$E = K' \pm \frac{2.303RT}{n_iF}\lg\gamma_i c_i = K'' \pm \frac{2.303RT}{n_iF}\lg c_i \tag{6-33}$$

式中：K'' 是在一定离子强度下的新常数。由式（6-33）可见，当离子的活度系数保持一定时，电池电动势与离子浓度的对数成直线关系，而只要把离子强度固定，就可以使离子活度系数 γ_i 不变。

在实际工作，为控制试样溶液和标准溶液的离子强度接近一致，常针对不同情况采取不同的办法：当试样中含有一种含量高而基本恒定的非欲测离子时，可使用"恒定离子背景法"，即以试样本身为基础，用相似的组成制备标准溶液；如果试样所含非欲测离子及其浓度不能确知或变动较大，则可采用加入"离子强度调节剂"的办法。离子强度调节剂是浓度很大的电解质溶液，将它加到标准溶液及试样溶液中，使它们的离子强度达到很高而近乎一致，从而使活度系数基本相同。离子强度调节剂在某些情况下还包含适当的缓冲溶液和掩蔽剂，同时起调节pH值和消除干扰的作用。

实际上，式（6-33）中 K'' 值易受温度、搅拌速度、盐桥液接电位等的影响，这些影响常表现为标准曲线的平移。实际工作中，可每次检查标准曲线上的1点或2点，做原标准曲线的平行线用于未知液的分析。标准曲线法适应于大批样品的例行分析。

2. 标准加入法

标准曲线法要求标准溶液与待测试液具有接近的离子强度，否则将会因 γ_i 值变化而

引起误差。如采用标准加入法，则可在一定程度上减免这一误差。

设一未知溶液待测离子浓度为 c_x，其体积为 V_0，测得电动势为 E_1：

$$E_1 = K' + \frac{2.303RT}{nF} \lg \gamma_1 c_x$$

然后加入体积为 V_s（约为 V_0 的 1/100），浓度为 c_s（约为 c_x 的 100 倍）的待测离子的标准溶液，测其电动势为 E_2：

$$E_2 = K' + \frac{2.303RT}{nF} \lg \gamma_2 \left(\frac{c_x V_0}{V_0 + V_s} + \frac{c_s V_s}{V_0 + V_s} \right)$$

由于 $V_s \ll V_0$，故 $c_x \approx \dfrac{c_x V_0}{V_0 + V_s}$；又因为标准溶液中其它离子的含量很少，故试样溶液的活度系数可认为保持恒定，即 $\gamma_1 \approx \gamma_2$，且令 $\Delta c = \dfrac{c_s V_s}{V_0 + V_s} \approx \dfrac{c_s V_s}{V_0}$

二次测得电动势差值为（若 $E_2 > E_1$）：

$$\Delta E = E_2 - E_1 = \frac{2.303RT}{nF} \lg \frac{\gamma_2 (c_x + \Delta c)}{\gamma_1 c_x} = \frac{2.303RT}{nF} \lg(1 + \frac{\Delta c}{c_x})$$

令 $\quad S = \dfrac{2.303RT}{nF} \qquad\qquad$ 得：$\quad \Delta E = S \lg(1 + \dfrac{\Delta c}{c_x})$

解得：
$$c_x = \Delta c (10^{\Delta E/S} - 1)^{-1} \tag{6-34}$$

试中 S 为电极响应的实际斜率，它可从标准曲线求得。

此法的优点是仅需一种标准溶液，操作简单快速。在测定时，c_s、V_0、V_s 必须准确测量，ΔE 大小要合适：ΔE 太小，测量准确性差；ΔE 太大，影响溶液的离子强度。一般 ΔE 值为 20mV～50mV。

3. 多次标准加入法

在测定过程中，连续多次（3 次～5 次）加入标准溶液，多次测定 E 值，按照上述方法，每次 E 值为：

$$E = K + S \lg \frac{c_x V_0 + c_s V_s}{V_0 + V_s}$$

变换整理得：
$$(V_0 + V_s)10^{E/S} = (c_s V_s + c_x V_0)10^{K/S} \tag{6-35}$$

即 $(V_0 + V_s)10^{E/S}$ 与 V_s 呈线性关系。

每次加入 V_s（累加值）测出一个 E 值，并计算出 $(V_0 + V_s)10^{E/S}$ 值，绘制 $(V_0 + V_s)10^{E/S}$ 对 V_s 曲线，如图 6-13 所示。延长直线交与 V_s 轴的 V_s'（呈负值），V_s' 处纵坐标为 0，即：

$$(V_0 + V_s)10^{E/S} = 0$$

也就是：
$$(c_s V_s' + c_x V_0) = 0$$

所以：
$$c_x = -\frac{c_s V_s'}{V_0} \tag{6-36}$$

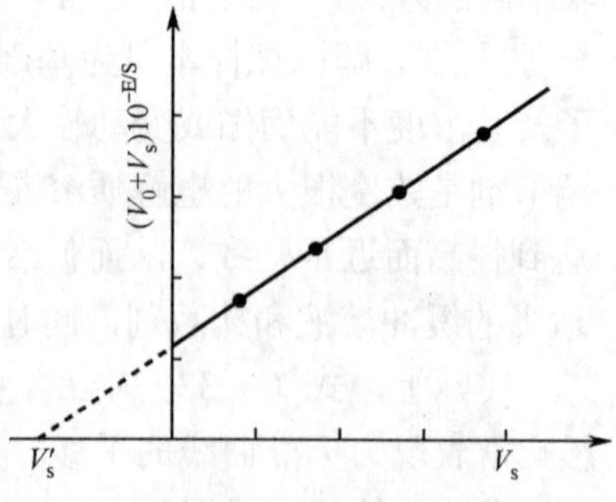

图 6-13　连续标准加入法曲线

从图中读出 V_s'，用式（6-36）即可计算出 c_x。

虽然多次标准加入法麻烦一些，但根据多次加入得到几个数据，在作图时可发现个别实验点的偶然误差，绘出最佳直线以计算分析结果，其准确度要高些。

离子选择电极测定的优点主要是快速、简便、仪器简单。因为各种电极对待测离子有选择性响应，因此常常可以避免分离干扰离子的麻烦手续。此外，还可以对不透明的溶液和某些黏稠液直接测量。测定所需的试样少，若使用特制的电极，所需的试液可以少到几微升。离子选择电极可以制得很小，像注射器的针头那样，可以直接测定人体某种离子的含量。它的缺点是测定误差较大，当要求相对误差小于 2%时，一般不宜用此法。目前电极品种仍限于一些低价离子，主要是阴离子。另一方面，电极电位的重现性受实验条件变化影响较大，标准曲线不及光度法测定的曲线稳定。但它仍成为工业生产控制、环境检测、理论研究以及与海洋、土壤、地质、医药、化工、冶金、原子能工业、食品加工、农业等有关的分析工作的重要工具。

6.5.3　影响测定准确度的因素

1. 温度

温度不但影响直线的斜率，也影响直线的截距，K'值所包括的 $\varphi_{\text{参}}$、φ_{L} 等都与温度有关，所以测定过程应保持温度恒定。

2. 电动势测量

电动势测量的准确度直接影响测定结果的准确度。电动势测量误差 ΔE 与浓度相对误差 $\Delta c/c$ 的关系可根据能斯特方程导出如下：

$$E = K + \frac{RT}{nF}\ln c$$

$$\Delta E = \frac{RT}{nF}\frac{1}{c}\Delta c$$

将 $R = 8.314\text{J·K}^{-1}\text{·mol}^{-1}$，$F = 96487C$ 代入上式，温度用 25℃，E 的单位换算成 mV，则

$$\Delta E = \frac{0.2568}{n}\frac{\Delta c}{c}100$$

或：
$$\%\text{相对误差} = \frac{\Delta c}{c}\times 100 = \frac{n\Delta E}{0.2568} \approx 4n\Delta E \tag{6-37}$$

由上式可以看出，当电动势测定误差 ΔE 为 ±1mV 时，对一价离子测量误差为 ±4%，二价离子为 ±8%，三价离子为 ±12%，说明直接电位法测定的误差一般较大，对价数较高的离子尤为严重。因此离子选择性电极宜于测定低价离子和低浓度溶液，而且要求测量电位的仪器有较高的灵敏度和相当的准确度，电位读数精确度最好为 0.1mV，不要超过 1mV。

3. 干扰离子

干扰离子发生干扰作用有的是由于能与电极膜直接作用而发生干扰，例如用氟电极测 F^- 时，当试液中存在大量柠檬酸根离子（Ct^{3+}）时，发生产生 F^- 的反应，使结果偏高：

$$LaF_3（固）+ Ct^{3-}（水）= LaCt（水）+ 3F^-（水）$$

有的是能与待测离子生成一种电极不响应的物质而产生负偏差，如 Al^{3+} 可与 F^- 形成不被氟电极响应的 AlF_6^{3-} 配离子，而对 F^- 的测定产生干扰。清除干扰最方便的办法是加入掩蔽剂，必要时则需预先分离干扰离子。

4. 溶液 pH 值

因为 H^+ 或 OH^- 能影响某些测定，电极适应的 pH 值范围与电极类型及待测物浓度有

关，可用缓冲溶液控制溶液的 pH 值在适应范围之内。电极适应的 pH 值范围可从电极的使用说明书查得。

5．被测离子的浓度

离子选择性电极可以检测的浓度范围大约为 $10^{-1}\text{mol·L}^{-1} \sim 10^{-6}\text{mol·L}^{-1}$，检测下限主要决定于组成电极膜的活性物质的性质，同时还与共存离子的干扰和溶液的 pH 值等有关。

6.6 电位滴定法

电位滴定法是一种用电位法确定滴定终点的方法。它比直接电位法具有较高的准确度，但分析时间较长。

6.6.1 测定原理和仪器装置

进行电位滴定时，在待测溶液中插入一个对待测离子或滴定剂有响应的指示电极，并与参比电极组成工作电池。电池的电动势由接在两极间的电位计测量，如图 6-14 所示。随着滴定剂的加入，由于发生化学反应，待测离子或与之有关的离子浓度不断变化，指示电极的电位也不断变化，在化学计量点附近产生浓度突跃，指示电极的电位也相应地发生突变，从而指示出滴定终点。

例如用 0.1mol·L^{-1} $AgNO_3$ 标准溶液滴定 NaCl 溶液时，银电极作指示电极，饱和甘汞电极作参比电极。随着 $AgNO_3$ 标准溶液的不断滴入，发生反应生成沉淀

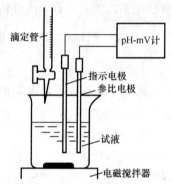

图 6-14 电位滴定基本仪器装置

$$Ag^+ + Cl^- = AgCl\downarrow$$

使溶液中的 a_{Cl^-} 不断降低，由于 $a_{Ag^+} \times a_{Cl^-} = K_{SP（AgCl）}$，溶液中 a_{Ag^+} 就不断上升。化学计量点处，a_{Cl^-} 迅速降低，a_{Ag^+} 迅速增大，由于 $\varphi_{Ag^+/Ag} = \varphi^{\ominus}{}_{Ag^+/Ag} + 0.059\lg a_{Ag^+}$，因而 $\varphi_{Ag^+/Ag}$ 迅速增大，形成突跃以指示终点。

6.6.2 电位滴定终点的确定方法

在电位滴定法中通常有 3 种确定终点的方法，现仍以 $0.1\text{mol·L}^{-1}AgNO_3$ 标准溶液滴定 NaCl 溶液为例具体讨论。装置如图 6-14 所示，滴定剂由滴定管逐滴加入，每加入一定体积的滴定剂后测量一次电动势，记录滴定剂加入量 V（mL）和相对应的电动势值 E（mV），数据见表 6-9。

1．E-V 曲线法

以加入滴定剂的体积 V（mL）为横坐标，对应的电动势 E（mV）为纵坐标，绘制 E-V 曲线，曲线上的拐点所对应的体积为滴定终点。拐点的位置可通过作平行线法求得，即作 2 条与滴定曲线相切的 45°平行线，其距离的等分线与曲线的交点即为拐点（图 6-15（a））。这种方法对滴定突跃不十分明显的体系误差较大。

2．$\Delta E/\Delta V$-V 曲线法

从 E-V 曲线（6-15（a））可看出该曲线的斜率在滴定终点处最大，因此可以通过

E-V 曲线求斜率最大处来确定滴定终点，表 6-9 中 $\Delta E/\Delta V$ 是 E 的变化值与相对应的加入滴定剂体积的增量之比，它代表斜率值。例如在 24.10mL 和 24.20mL 之间

表 6-9　以 $0.1\text{mol·L}^{-1}\text{AgNO}_3$ 溶液滴定 NaCl 溶液

E-V 曲线数据		$\dfrac{\Delta E}{\Delta V}$-$V$ 曲线数据				$\dfrac{\Delta^2 E}{\Delta V^2}$-$V$ 曲线数据	
加入 AgNO_3 的体积 V/mL	测得 E/V	ΔE	ΔV	$\dfrac{\Delta E}{\Delta V}$	V	$\dfrac{\Delta^2 E}{\Delta V^2}$	V
5.0	0.062						
		0.023	10.0	0.0023	10.0		
15.0	0.085						
		0.022	5.0	0.0044	17.5		
20.0	0.107						
		0.016	2.0	0.008	21.0		
22.0	0.123						
		0.015	1.0	0.015	22.5		
23.0	0.138						
		0.008	0.5	0.016	23.25		
23.50	0.146						
		0.015	0.3	0.050	23.65		
23.80	0.161						
		0.013	0.20	0.065	23.90		
24.00	0.174						
		0.009	0.10	0.090	24.05		
24.10	0.183						
		0.011	0.10	0.110	24.15		
24.20	0.194					2.8	24.20
		0.039	0.10	0.39	24.25		
24.30	0.233					4.4	24.30
		0.083	0.10	0.83	24.35		
24.40	0.316					−5.9	24.40
		0.024	0.10	0.24	24.45		
24.50	0.340					−1.3	24.50
		0.011	0.10	0.11	24.55		
24.60	0.351					−0.4	24.60
		0.007	0.10	0.07	24.65		
24.70	0.358						
		0.015	0.30	0.05	24.85		
25.00	0.373						
		0.012	0.50	0.024	25.25		
25.5	0.385						
		0.011	0.5	0.022	25.75		
26.0	0.396						
		0.030	2	0.015	27.0		
28.0	0.426						

$$\frac{\Delta E}{\Delta V} = \frac{0.194 - 0.183}{24.20 - 24.10} = 0.11$$

对应的体积：

$$V = \frac{24.20 + 24.10}{2} = 24.15 \ (\text{mL})$$

用表中数据绘制 $\Delta E/\Delta V$-V 曲线如图 6-15（b）所示。曲线最高点对应滴定终点。此法又称一级微商法。

3．二级微商法

因为 $\Delta E/\Delta V$-V 曲线的最高点是滴定终点，所以二级微商 $\Delta^2 E/\Delta V^2$-V 值为 0 处就是滴定终点。可以通过绘制二级微商曲线（如图 6-15（c）所示）或通过计算求得，计算方法如下：对应于 24.30mL：

$$\frac{\Delta^2 E}{\Delta V^2} = \frac{(\Delta E/\Delta V)_{24.35\text{ml}} - (\Delta E/\Delta V)_{24.25\text{ml}}}{V_{24.35} - V_{24.25}}$$

$$= \frac{0.83 - 0.39}{24.35 - 24.25} = +4.4$$

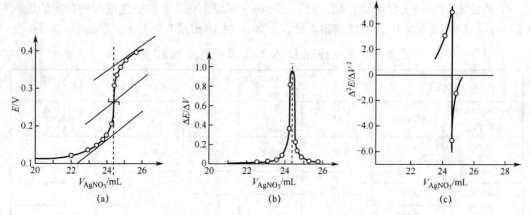

图 6-15 滴定曲线作图法确定终点

同样，对应于 24.40mL：

$$\frac{\Delta^2 E}{\Delta V^2} = \frac{0.24 - 0.83}{24.45 - 24.35} = -5.9$$

因此滴定终点应在 $\Delta^2 E/\Delta V^2$ 等于 +4.4 和 -5.9 所对应的体积之间，亦即在 24.30mL～24.40mL 之间，设 $(24.30 + x)$ mL 时，$\Delta^2 E/\Delta V^2 = 0$，则：

$$(24.40 - 24.30) : 4.4 - (-5.9) = x : 4.4$$

$$x = 0.1 \times 4.4 / 10.3 = 0.04 \text{ mL}$$

所以终点应为：24.30 + 0.04 = 24.34mL

与滴定终点相对应的终点电位为：

$$0.233 + (0.316 - 0.233) \times 4.4 / 10.3 = 0.268 \text{（V）}$$

6.6.3 电位滴定的应用和指示电极的选择

在电位滴定中判断终点的方法，比用指示剂指示终点的方法更为客观。因此，在许多情况下电位滴定更为准确。此外，电位滴定可以用于有色的或浑浊的溶液，当某些反应没有适当的指示剂可选时，可用电位滴定来完成，所以它的应用范围较广。

1. 酸碱滴定

通常以 pH 玻璃电极为指示电极，甘汞电极为参比电极，用 pH 计指示滴定过程 pH 值变化。指示剂法确定终点时，往往要求理论终点附近有大于 2 个 pH 单位的突跃，才能观察到颜色的变化，而电位法则只要有零点几个单位的 pH 变化，就能观察到电位的突变。所以许多无法用指示剂法指示终点的弱酸、弱碱以及多元酸（碱）或混合酸（碱）都可以用电位法测定。非水溶液的滴定中也往往用电位法指示终点。

2. 氧化还原滴定

一般都采用铂电极作指示电极，甘汞电极为参比电极。铂电极本身不参与反应，只是作为物质氧化态与还原态交换电子的场所，通过它显示溶液中氧化还原体系的平衡电位。氧化还原反应都能用电位法确定终点。

3. 沉定滴定

在沉定滴定法中，应根据不同的滴定反应选择不同的指示电极。例如，以 $AgNO_3$

标准溶液滴定 Cl^-、Br^-、I^-、S^{2-} 等离子时，可选用银电极作为指示电极。当溶液中含有 Cl^-、Br^-、I^- 3 种混合离子时，由于其溶度积差较大，可利用分步沉淀的原理达到分别测定的目的。碘化银的溶度积最小，因此碘离子的突跃最先出现，其次是 Br^-，最后是 Cl^-，滴定曲线如图 6-16 所示。虚线表示 I^-、Br^- 单独存在时的滴定曲线。为避免甘汞电极的 Cl^- 对滴定影响，常采用双盐桥甘汞电极或玻璃电极作参比电极。

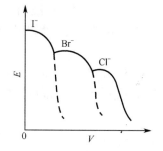

图 6-16　I^-、Br^-、Cl^- 离子的连续滴定曲线

4. 配位滴定

在配位滴定中，以 EDTA 配位滴定法的应用最为广泛，若遇到指示剂变色不敏锐或缺乏适当的指示剂时，电位滴定是一种好的方法。以汞电极为指示电极甘汞电极为参比，可用 EDTA 滴定 Cu^{2+}、Zn^{2+}、Ca^{2+}、Al^{3+} 等多种离子。也可以用离子选择性电极为指示电极，如测 Ca^{2+} 时用钙电极。

思 考 题

1. 电位测定法的理论依据是什么？
2. 何谓指示电极和参比电极？它们有哪些类型？
3. 简述 pH 玻璃电极的构造及膜电位的形成。
4. 在电位法测定溶液 pH 时，为什么必须使用标准 pH 缓冲溶液？
5. 离子选择性电极有哪些类型？怎样估量离子选择性电极的选择性？
6. 电位测定法测定离子活度的方法有哪些？哪些因素影响测定的准确度？
7. 何谓离子强度调节剂？在测定离子浓度时，为什么要加入离子强度调节剂？
8. 电位滴定法的基本原理是什么？有哪些确定终点的方法？
9. 试说明各类电位滴定中所用的指示电极及参比电极，并讨论选择指示电极的原则。

习 题

1. pH 玻璃电极和饱和甘汞电极组成工作电池，25℃时测得 pH＝4.00 的缓冲溶液中的电动势值是 0.209V，而测定未知 pH 试液时，电动势值分别为：(a)0.312V；(b)0.088V；(c)－0.017V。求 3 种未知液的 pH 值。

（5.75；1.95；0.17）

2. 当 50.00mL 的 $0.1000mol\cdot L^{-1}NaCl$ 与 50.00mL 的 $0.1000mol\cdot L^{-1}AgNO_3$ 混合时，插入银电极（正极）和饱和甘汞电极（负极），25℃时测得电池电动势是 0.266V。已知该测定温度时饱和甘汞电极电位是+0.244V，银电极的标准电极电位是+0.799V。求溶液 pAg 是多少并估算 AgCl 的溶度积是多少？

（4.90；1.58×10^{-10}）

3. 设溶液中 pBr＝3，pCl＝1。如用溴离子选择性电极测定 Br^- 离子活度，将产生多大误差？已知电极的选择性系数 $K_{Br^-,Cl^-}=6\times10^{-3}$。

（60%）

4．25℃时用标准加入法测定 Cu^{2+} 浓度，于 100mL 铜盐溶液中添加 $0.1mol\cdot L^{-1}Cu(NO_3)_2$ 溶液 1mL，电动势增加 4mV。求原溶液的总铜离子浓度。

（$2.7\times10^{-3}mol\cdot L^{-1}$）

5．用钙离子选择性电极和 SCE 置于 100mLCa^{2+} 试液中，测得电位为 0.415V。加入 2mL 浓度为 $0.218mol\cdot L^{-1}$ 的 Ca^{2+} 标准溶液后，测得电位为 0.430V。计算 Ca^{2+} 的浓度。

（$1.96\times10^{-3}mol\cdot L^{-1}$）

6．用氟离子选择电极和 SCE 组成工作电池，进行电位测定。测定时取不同体积的含 F^- 标准溶液（$C_{F^-}=2.0\times10^{-4}mol\cdot L^{-1}$），加入一定量的 TISAB，稀释至 100mL，测得数据如下：

F^- 标准溶液体积 V/mL	0.50	1.00	2.00	3.00	4.00	5.00
电池电动势 E/mV	372	355	336	325	319	314

取试液 20mL，在相同条件下测定，$E=359mV$。

（1）绘制 $E-\lg c$ 工作曲线或求 $E-\lg c$ 线性回归方程；

（2）求电极的实际斜率；

（3）计算试液中 F^- 的浓度。

7．下面是用 $0.100\,0mol\cdot L^{-1}$ NaOH 溶液电位滴定 50.00mL 某一弱酸的数据：

V/mL	pH	V/mL	pH	V/mL	pH
0.00	2.09	14.00	6.60	17.00	11.30
1.00	4.00	15.00	7.04	18.00	11.60
2.00	4.50	15.50	7.70	20.00	11.96
4.00	5.05	15.60	8.24	24.00	12.39
7.00	5.47	15.70	9.43	28.00	12.57
10.00	5.85	15.80	10.03		
12.00	6.11	16.00	10.61		

（1）绘制 pH$-V$ 滴定曲线，并求滴定终点。

（2）用二级微商法求滴定终点并与（1）的结果比较。

（3）计算试样中弱酸的浓度。

（4）化学计量点的 pH 应为多少？

（5）计算此弱酸的电离常数（提示：根据滴定曲线上的半中和点的 pH）。

第7章 库仑分析

7.1 基本原理

根据电解过程中所消耗的电量来求得被测物质含量的方法，称为库仑分析法。库仑分析的定量依据是法拉第电解定律，其数学表达式为：

$$m = \frac{QM}{Fn} = \frac{it}{96487}\frac{M}{n} \tag{7-1}$$

式中：m 为电极上析出物质的质量（g）；Q 为电解时消耗的电量（C）；F 为法拉第常数（96487C·mol^{-1}）；M 为电解析出物质的摩尔质量（g·mol^{-1}）；n 为电极反应中的电子转移数；i 为电解时通过电解池的电流强度·（A）；t 为电解时间（s）。

只要通入的电流 100% 用于工作电极的反应而且没有其它副反应发生，即 100% 的电流效率，则可根据式（7-1）计算物质的质量。为满足上述条件，可以采用 2 种方法，即控制电位库仑分析法和恒电流库仑法。

7.2 控制电位库仑法

控制电位库仑分析法又称恒电位库仑分析法，其基本装置见图 7-1。电解池中除工作电极和对电极外，尚有参比电极（饱和甘汞电极 SCE），参比电极与工作电极组成一个电池。此外在电路中还串联一个库仑计。

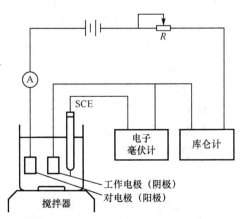

图 7-1 控制电位库仑法的基本装置

控制电位库仑分析法是通过控制工作电极（阴极）电位来满足 100% 的电流效率的。现以测定含 1mol·L^{-1}Cu^{2+} 的 AgNO$_3$（0.01mol·L^{-1}）溶液为例来说明。

在 25℃时，根据能斯特方程，Ag^+ 的析出电位为：

$$\varphi_{Ag^+/Ag} = \varphi_{Ag^+/Ag}^{\ominus} + \frac{0.0591}{1}lg\left[Ag^+\right]$$

$$= 0.800 + 0.0591lg\left[10^{-2}\right] = 0.682 \;(V)$$

Cu 的析出电位为：

$$\varphi_{Cu^{2+}/Cu} = \varphi_{Cu^{2+}/Cu}^{\ominus} + \frac{0.0591}{2}lg\left[Cu^{2+}\right]$$

$$= 0.340 + \frac{0.0591}{2}lg1 = 0.340 \;(V)$$

由于银的析出电位比铜的析出电位更正，所以 Ag^+ 在工作电极上先析出，在电解过程中 $\left[Ag^+\right]$ 逐渐降低，阴极电位也发相应的变化，若以 $\left[Ag^+\right]=10^{-7}mol \cdot L^{-1}$ 作为定量分析的标准，其阴极电位应控制在：

$$\varphi_{Ag^+/Ag} = 0.800 + 0.0591lg\left[10^{-7}\right] = 0.386 \;(V)$$

此时尚未达到铜的析出电位，铜不干扰测定，即保证了 100% 的电流效率。

阴极电位的控制是通过调节 R 改变外加电压来进行的，当电池电动势即电子毫伏计上的数值偏离设定值时，改变 R 的阻值，使阴极电位恢复至预选的数值。

由于控制电位库仑分析法是在恒电位的条件下电解，开始时电解电流较大，随后逐渐减小直至接近于零即可停止电解。

电解过程所消耗的电量由库仑计求得。常用的库仑计有电化学库仑计和电子库仑计，电化学库仑计是通过测量电解过程定量生成物质的质量或生成气体的体积间接求得电量的装置，常用的有银库仑计（质量库仑计）和氢氧库仑计（气体库仑计）。电子库仑计是利用电子仪器直接显示通过电解池的总电量。图7–2是气体库仑计的构造示意图。它由一支刻度管用橡皮管与电解管相接构成，电解管中焊接 2 片铂电极，管外装有恒温水套。常用的电解液是 $0.5mol \cdot L^{-1}K_2SO_4$ 或 Na_2SO_4，通过电流时，在阳极上析出氧，在阴极上析出氢。电解前后刻度管中液面之差就是氢、氧气体的总体积。在标准状态下，每库仑电量析出 0.1742mL 氢、氧混合气体。设电解后气体的体积 VmL，则根据式（7–1）得：

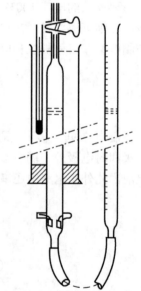

图 7–2 气体库仑计构造示意图

$$m = \frac{VM}{0.1742 \times 96487n} = \frac{VM}{16779n} \tag{7–2}$$

控制电位库仑分析法的选择性较高，调节不同的外加电压，可以测定多种金属离子。例如，它可以在同一试液中连续进行 5 次电解，分别测定银、铊、镉、镍、锌的含量。并且可以测定微量和痕量物质。对于能起电极反应的有机化合物，也可用控制电位库仑分析法测定。本法的准确度也比较高，分析结果误差在千分之几范围内。

7.3　恒电流库仑法

恒电流库仑法又称库仑滴定，该法是在试液中加入适当物质后，以一定强度的恒定电流进行电解，使之在工作电极（阳极或阴极）上电解产生一种试剂，此试剂与被测物发生定量反应，当被测组分反应完毕后，由适当的方法指示终点并立即停止电解。由电解进行的时间 t（s）及电流强度 I（A），按式（7-1）求得被测物质的质量 m（g）。

例如库仑法测定肼（NH_2-NH_2），在试液中加入过量 KBr 作为可产生滴定剂的电解质。并加入指示剂甲基橙，在溶液中插入 2 个网状铂电极，通入电流，使铂阳极上发生 Br^- 的氧化反应：

$$2B_r^- - 2e^- \rightleftharpoons Br_2$$

阴极上的反应是氢离子的还原：

$$2H^+ + 2e^- \rightleftharpoons H_2$$

阳极上生成的 Br_2 作为电生滴定剂与溶液中的 NH_2-NH_2 定量反应：

$$NH_2-NH_2 + 2Br_2 \rightleftharpoons N_2 + 4HBr$$

待肼全部反应完后，过量的 Br_2 使甲基橙褪色，指示终点到达。

此例是以指示剂指示终点的库仑滴定法，此外还可以用其他方法如分光光度法、电位法来指示终点，图 7-3 是用电位法判断终点的库仑滴定装置示意图。

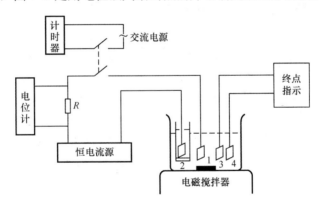

图 7-3　库仑滴定装置

1—工作电极；2—辅助电极；3，4—电极。

在库仑滴定中，为了使电流效率达到 100%，通常是通过加入辅助试剂，以稳定工作电极的电位来达到的。例如，用库仑滴定测定 Fe^{3+}，当外加电压达到 Fe^{3+} 的分解电压时，Fe^{3+} 在阴极被还原为 Fe^{2+}，开始时电流可达 100%，但随着电解进行，Fe^{2+} 浓度不断上升，Fe^{3+} 浓度相应减少，阴极电位不断向更负的方向移动，当电位下降到氢的析出电位（$E^\ominus = 0V$）时，在阴极上同时发生 H^+ 的还原反应：

$$2H^+ + 2e^- \rightleftharpoons H_2$$

使 Fe^{3+} 还原反应的电流效率低于 100%，因而使测定失败。如果在电解液中预先加入浓度相当高的 Ti^{4+} 离子，当阴极电位下降至 Ti^{4+} 的析出电位（$E^\ominus = +0.1V$）时，Ti^{4+} 被还原成 Ti^{3+}，而生成的 Ti^{3+} 又立即与溶液中残存的 Fe^{3+} 反应：

$$Fe^{3+} + Ti^{3+} \rightleftharpoons Fe^{2+} + Ti^{4+}$$

由于 Ti^{4+} 离子是过量存在的，因而稳定了阴极电位并防止了氢的析出。从反应可以看出 Ti^{3+} 相当于一个电生滴定剂，Ti^{3+} 只是一个中间产物，实际上阴极放出的电子仍然是用于 Fe^{3+} 的还原反应，电解时所消耗的电量与单纯 Fe^{3+} 全部直接在阴极上还原成 Fe^{2+} 所消耗的电量是相当的，从而保证电流效率达到100%。

从以上的讨论可以看出，库仑滴定从所利用的化学反应类型来说，其基本原理与普通的溶量分析法相似，但突出的不同点在于滴定剂不是由滴定管加入，而是通过电解试液中的某种试剂产生的，可以说是一种以电子作滴定剂的滴定分析。它具有以下一些特点：

（1）应用范围广。凡与电解时产生的电生滴定剂能迅速反应的物质都可用库仑滴定法测定，普通滴定分析的各类滴定，如酸碱滴定、氧化还原滴定、沉淀滴定、络合滴定等均可用库仑滴定进行。表7-1中列举了部分应用例子。

（2）灵敏度高，准确度好。因在现代技术条件下，微安级电流和时间都可精确地测量，因而本法可分析微量和痕量物质，对于 $10^{-6}g \sim 10^{-9}g$ 或更低含量物质的测定，相对误差一般可控制在0.2%~0.5%，而分析常量组分，可达更高的准确度。因此库仑滴定可作为分析测定的标准方法。

（3）易于实现自动化。库仑分析不需要配制标准溶液，操作快速、设备简单，可用于动态流程控制分析，例如对大气中 SO_2、NO_2 等污染气体的连续监测、水中化学耗氧量 COD 的测定、钢铁中碳含量的快速分析等。

7.4　自动库仑分析

随着工业生产和科学研究的发展，已经出现了多种类型的库仑分析仪，对大气污染物硫化氢测定仪就是其中之一。其工作原理如图7-4所示。库仑池由3个电极组成：铂丝阳极、铂网阴级和活性碳参比电极。电解液为柠檬酸钾（缓冲液）、二甲亚砜（溶解反应析出的游离硫）及碘化钾组成。恒电流源加到2个电解电极上后，两电极上发生的反应为：

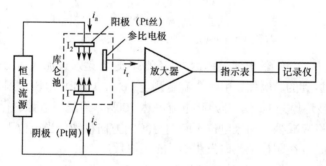

图 7-4　硫化氢测定仪工作原理图

$$阳极 \quad 2I^- \rightarrow I_2 + 2e^-$$
$$阴极 \quad I_2 + 2e^- \rightarrow 2I^-$$

即由阳极的氧化作用连续地产生 I_2，I_2 被带到阴极后，因阴极的还原作用而被还原为 I^-。

若库仑池无其它反应，在碘浓度达到平衡后，阳极的氧化速度和阴极的还原速度相等，阴极电流 i_c 等于阳极电流 i_a，这时参比电极无电流输出。如进入库仑池的大气试样中含有 H_2S，则与碘产生下列反应：

$$H_2S + I_2 \rightarrow 2HI + S$$

这个反应在池中定量地进行，因而就降低了阴极 I_2 浓度，从而使阴极电流降低。为了维持电极间氧化还原的平衡，降低的部分将由参比电极流出，其反应为：

$$\cdots CO + 2H^+ + 2e^- \rightarrow \cdots C + H_2O$$

试样中 H_2S 含量越大，消耗 I_2 越多，导致阴极电流相应减少，而通过参比电极的电流相应地增加。若气样以固定流速连续地通入仪器，根据式（7-1）：

$$m = \frac{itM_{H_2S}}{96487n} = 0.0001766it$$

表 7-1　库仑滴定应用示例

电极产生的试剂	工作电极反应	被测定物质
	阳极反应：	
H^+	$H_2O \rightleftharpoons 2H^+ + 1/2O_2 + 2e^-$	碱类
Cl_2	$2Cl^- \rightleftharpoons Cl_2 + 2e^-$	As（III），SO_3^{2-} 不饱和脂肪酸，Fe^{2+} 等
Br_2	$2Br^- \rightleftharpoons Br_2 + 2e^-$	As（III），Sb（III）。U（N），Ti^+，Cu^+，I^-，H_2S，CNS^-，N_2，H_2，NH_2OH，NH_3，硫代乙醇酸，8-羟基喹啉，苯胺，酚，芥子气，水杨酸等
I_2	$2I^- \rightleftharpoons I_2 + 2e^-$	As（III），Sb（III），$S_2O_3^{2-}$，S^{2-}，水分（费休测水法）等
Ce^{4+}	$Ce^{3+} \rightleftharpoons Ce^{4+} + e^-$	Fe^{2+}，Ti（III），U（IV），As（III），I^-，$Fe(CN)_6^{4-}$，氢醌等
Mn^{3+}	$Mn^{2+} \rightleftharpoons Mn^{3+} + e^-$	Fe^{2+}，As（III），$C_2O_4^{2-}$ 等
$Fe(CN)_6^{3-}$	$Fe(CN)_6^{4-} \rightleftharpoons Fe(CN)_6^{3-} + e^-$	Ti^+ 等
Ag^+	$Ag \rightleftharpoons Ag^+ + e^-$	Cl^-，Br^-，I^-，CNS^-，硫醇等
Hg_2^{2+}	$2Hg \rightleftharpoons Hg_2^{2+} + 2e^-$	Cl^-，Br^-，I^-，S^{2-} 等
	阴极反应：	
OH^-	$2H_2O + 2e^- \rightleftharpoons 2OH^- + H_2$	酸类
Fe^{2+}	$Fe^{3+} + e^- \rightleftharpoons Fe^{2+}$	MnO_4^-，VO_3^-，CrO_4^{2-}，Br_2，Cl_2，Ce^{4+} 等
Ti^{3+}	$TiO^{2+} + 2H^+ + e^- \rightleftharpoons Ti^{3+} + H_2O$	Fe^{3+}，V（V），Ce（IV），U（IV），偶氮染料等
U^{4+}	$UO_2^{2+} + 4H^+ + 2e^- \rightleftharpoons U^{4+} + 2H_2O$	Ce^{4+}，CrO_4^{2-} 等
$Fe(CN)_6^{4-}$	$Fe(CN)_6^{3-} + e^- \rightleftharpoons Fe(CN)_6^{4-}$	Zn^{2+} 等
H_2	$2H_2O + 2e^- \rightleftharpoons 2OH^- + H_2$	不饱和有机化合物等
$CuCl_3^{2-}$	$Cu^{2+} + 3Cl^- + e^- \rightleftharpoons CuCl_3^{2-}$	V（V），CrO_4^{2-}，IO_3^- 等

式中：i 为流过参比电极的电流（单位为 μA）；m 为 H_2S 的质量（单位为 μg）；t 为进样时间；M_{H_2S} 为 H_2S 的相对分子质量。设单位时间进入库仑池的 H_2S 量为 ϕ（单位为 $\mu g \cdot s^{-1}$），则

$$\phi = \frac{m}{t} = 0.0001766i$$

大气中 H_2S 的质量浓度为 c（单位为 $\mu g \cdot L^{-1}$ 或 $mg \cdot m^{-3}$），单位时间进入库仑池的大气流量若取为 $150 mL \cdot min^{-1}$，则：

$$\phi = \frac{c \times 0.15}{60} = 0.0001766i$$

$$i = \frac{0.15}{60 \times 0.0001766} \times c = 14.19c$$

由上式可见，当大气中 H_2S 的质量浓度为 $1mg \cdot m^{-3}$ 时，流过参比电极的电流为 $14.19\mu A$。可见其灵敏度是很高的。

思 考 题

1. 库仑分析法的定量依据是什么？为何必须保证 100%的电流效率？
2. 在库仑分析中用什么方法保证电流效率达到 100%？
3. 试述库仑滴定的基本原理。
4. 在控制电位库仑分析和恒电流库仑滴定中，是如何测得电量的？
5. 简述硫化氢库仑测定仪的工作原理。

习 题

1. 在一硫酸铜溶液中，浸入 2 个铂片电极，接上电源，使之发生电解反应。这时在 2 铂片电极上各发生什么反应？写出反应式。若通过电解池的电流强度为 24.75mA，通过电流时间为 284.9s，在阴极上应析出多少毫克铜？

(2.32mg)

2. 用控制电位库仑法测定 Br^-。在 100.0mL 酸性试液中进行电解，Br^-在铂阳极上氧化为 Br_2，当电解电流降至近零时，测得所消耗的电量为 105.5C。试计算试液中 Br^-的浓度。

($1.09 \times 10^{-2}mol \cdot L^{-1}$)

3. 在库仑滴定中，$1mA \cdot s^{-1}$ 相当于多少 OH^-的质量？

(0.177μg)

4. 某含氯试样 2.000g 溶解后在酸性溶液中进行电解，用银作阳极并控制其电位为 +0.25V（对 SCE），Cl^- 在银阳极上进行反应，生成 AgCl。当电解池串联的氢氧库仑计中产生 48.5mL 混合气体（25℃，100kPa）。试计算该试样中氯的质量分数。

(5.12%)

5. 10.00mL 浓度约为 $0.01mol \cdot L^{-1}$ 的 HCl 溶液，以电解产生的 OH^-滴定此溶液，用 pH 计指示滴定时 pH 的变化，当到达终点时，通过电流的时间为 6.90min，滴定时电流强度为 20mA，计算此 HCl 溶液的浓度。

($8.6 \times 10^{-3}mol \cdot L^{-1}$)

6. 以适当方法将 0.854g 铁矿试样溶解并使之转化为 Fe^{2+}后，将此试液在−1.0V（vs.SCE）下，在 Pt 阳极上定量地氧化为 Fe^{3+}，完成此氧化反应所需的电量以碘库仑计测定，此时析出的游离碘以 $0.0197mol \cdot L^{-1}Na_2S_2O_3$ 标准溶液滴定时消耗 26.30mL。计算试样中 Fe_2O_3 的质量分数。

(4.9%)

第8章 伏安分析

以测定电解过程中电流-电压曲线（伏安曲线）为基础的一类电化学分析法称伏安分析法，因此伏安分析法的实质是一种电解分析法。通常将使用表面不断更新的滴汞电极作为工作电极的称为极谱分析法，而使用表面不能更新的各类电极，如悬汞电极、玻碳电极、铂微电极等做工作电极的称为伏安分析法。

本章主要介绍经典的极谱分析法，它是一切伏安法的基础。然后，简单介绍某些近代极谱分析和溶出伏安分析法。

8.1 极谱分析基本原理

8.1.1 极谱分析的基本装置

极谱分析是一种在特殊条件下进行的电解过程，基本装置如图 8-1 所示。图中 E 为直流电源，AD 为一滑线电阻，加在电解池两极上的电压可借移动接触点 C 来调节，AC 间的电压由伏特计 V 读出；电压改变过程中电流的变化，则用串联在电路中的检流计 G 来测量。电解池中的 2 支电极，一支是汞池电极或饱和甘汞电极，另一支是有规律滴落汞滴的滴汞电极，其构造如图 8-2 所示。

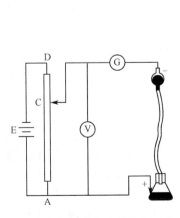

图 8-1 极谱分析的简单装置

图 8-2 滴汞电极

滴汞电极的上端为一贮汞瓶，瓶中的汞通过塑料管（或橡皮管）与一支长约 10cm，内径约 0.05mm 的毛细管相连接。当把毛细管伸进电解池溶液时，由于重力的作用，汞从毛细管徐徐滴下。

8.1.2 极谱波的形成

以电解 $CdCl_2$ 溶液为例，来说明极谱波的形成过程。

将浓度约为 $5×10^{-4} mol·L^{-1}$ 的 $CdCl_2$ 溶液加入电解池中，加入大量 KCl 作为支持电解质，使其浓度为 $0.1 mol·L^{-1}$，再加几滴 0.01%的动物胶，然后通入氮气或氢气数分钟以驱除溶液中的溶解氧。调节汞瓶高度，使汞滴以每 10s 2 滴～3 滴的速度滴下，使溶液保持静止，移动接触点 C，使 2 个电极上的外加电压自零逐渐增加。记录相应的电流 i 和电压 V 值，绘制 i–V 曲线，如图 8-3 所示，称为极谱波。

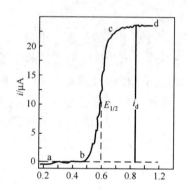

图 8-3 镉离子极谱波

被测物质镉（Cd^{2+}）在滴汞电极上还原产生的极谱波（如图 8-3 所示）可分为如下几部分：

1. 残余电流部分

当外加电压尚未达到 Cd^{2+} 的分解电压时，滴汞电极电位较 Cd^{2+} 的析出电位为正，电极表面没有 Cd^{2+} 还原，这时应该没有电流。但实际上仍有微小的电流通过电解池，这种电流称为残余电流，即极谱图上的 ab 部分。它包括电解质溶液中的微量杂质和未除净的微量氧在滴汞电极上还原产生的电解电流以及滴汞电极充放电引起的电容电流。

2. 电流上升部分

当外加电压增至 Cd^{2+} 的分解电压时，也就是滴汞电极电位变负到等于 Cd^{2+} 的析出电位时，镉离子开始在滴汞电极上还原为金属镉并与汞结合成镉汞齐：

$$Cd^{2+} + 2e^- + Hg = Cd(Hg)$$

此时电解池中开始有 Cd^{2+} 离子的电解电流通过，这就是图上的 b 点。

电解池的阳极为具有大面积的汞池电极，此时汞氧化为 Hg_2^{2+} 并与溶液中的 Cl^- 生成 Hg_2Cl_2：

$$2Hg + 2Cl^- = Hg_2Cl_2 + 2e^-$$

继续增加外加电压，使滴汞电极的电位变得更负，则在滴汞电极表面 Cd^{2+} 离子迅速被还原，电解电流随之急剧上升，即图中的 bc 部分。

3. 极限电流部分

当外加电压增加到一定数值时，由于发生浓差极化而使电流不再增加并达到一个极限值，此时的电流称为极限电流，即图上的 cd 部分。这时在电极表面溶液内金属离子（Cd^{2+}）的浓度很快下降，直到实际上变为零，使电流不随外加电压的增加而增加，而受 Cd^{2+} 离子从溶液本体扩散到电极表面的速度所控制。

极限电流减去残余电流后的值，称为极限扩散电流，简称扩散电流，用 i_d 表示。i_d 与被测物（Cd^{2+}）的浓度成正比，它是极谱定量分析的基础。当电流等于极限扩散电流的一半时相应的滴汞电极电位，称为半波电位，用 $E_{1/2}$ 表示。不同物质在一定条件下具有不同的半波电位，这是极谱定性分析的依据。

8.1.3　极谱分析过程的特殊性

1．电极

极谱分析时使用 1 个面积很小的滴汞电极和 1 个面积较大的汞池电极或饱和甘汞电极（而一般电解分析都使用 2 个面积大的电极）。

如上例电解 $CdCl_2$ 溶液过程中，由于阴极滴汞电极面积很小，电流密度就很大，电极表面周围的金属离子浓度由于电解反应而迅速降低，加上溶液又是静止的（不搅拌），溶液本体中的金属离子来不及扩散到电极表面来进行补充，这样使电极表面的金属离子浓度比溶液本体的浓度为小。根据能斯特方程式：

$$\varphi = \varphi^{\ominus} + \frac{RT}{nF} \ln c_M \tag{8-1}$$

由于金属离子浓度 c_M 的降低，电极电位将偏离其原来的平衡电位而发生极化现象。对于阴极，其电位将向负的方向移动。这种由于电解时在电极表面浓度的差异而引起的极化现象，称为浓差极化。发生浓差极化后，在滴汞电极表面的金属离子浓度随着外加电压的增加而迅速降低，直至变为零。此时，电流不再随外加电压的增加而增加，而受金属离子从溶液本体扩散到达电极表面的速度所控制，并达到一个极限值。

汞池电极或饱和甘汞电极，只要它的工作表面足够大，在电解过程中即使电极表面有电流流过，其电位仍基本不变，即不会发生浓差极化。所以也叫去极化电极。因此极谱分析是以一支小面积的极化电极做工作电极，以另一支去极化电极做参比电极构成电池，在试液保持静止条件下进行电解的分析方法。

汞易挥发且有毒，必须在通风良好的条件下进行实验。但滴汞电极有其他微电极不可取代的特点：

（1）汞滴不断下滴，电极表面总是新鲜的，测定的重现性好；

（2）氢在汞上的超电位比较大，在酸性溶液中进行测定不会有氢气析出；

（3）汞能与许多金属生成汞齐，使这些金属的析出电位降低，所以在碱性溶液中也能对碱金属、碱土金属进行极谱分析。

在极谱分析过程中外加电压与电极电位、电流、电路中总电阻及超电势之间的关系，可表示为：

$$U = \varphi_{SCE} - \varphi_{de} + iR + \eta \tag{8-2}$$

式中：U 为外加电压；φ_{SCE} 为阳极饱和甘汞电极电位；φ_{de} 为阴极滴汞电极电位；i 为电路中的电流；R 为电解线路的总电阻；η 为超电势。由于金属的超电势很小，η 可忽略不计。故有：

$$U = \varphi_{SCE} - \varphi_{de} + iR \tag{8-3}$$

又因为通过电解池的极谱电流很小（通常只有几微安）。并且在支持电解质存在时，总电阻（R）也很小，所以 iR 降可忽略，则

$$U = \varphi_{SCE} - \varphi_{de} \tag{8-4}$$

饱和甘汞电极作阳极，其电极面积相对滴汞面积大的多，所以电解过程中阳极产生的浓差极化很小，电解过程中 φ_{SCE} 保持不变。因此式（8-4）可改写为：

$$U = -\varphi_{de}，（相对于饱和甘汞电极，简写为 \text{vs. SCE}） \tag{8-5}$$

从实验中得到的电流–外加电压曲线（i–U）与作为理论分析基础的电流–滴汞电极电位曲线（i–φ_{de}）是完全等同的（滴汞电极电位可以用外加电压取负值来表示）。以后的讨论中，不再严格区分这 2 条曲线。

2．电解条件

电解条件的特殊性表现在极谱分析时溶液保持静止（而在普通电解分析中则需搅拌），并且使用了大量的支持电解质。

3．极谱波

因为在滴汞电极中汞滴是周期性落下的，故在滴汞周期内任一瞬间的电流都是不相同的，如图 8-4 所示，用示波器或短周期检流计可以记录到此种曲线。但是这种仪器测量振荡很大，使用起来不方便。通常在极谱分析中使用长周期的检流计，因扩散电流呈周期性的重复变化，它记录的扩散电流–时间曲线就会呈锯齿形状，如图 8-4 所示曲线。

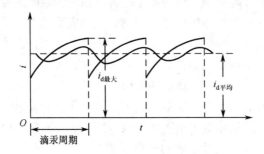

图 8-4　滴汞电极的电流–时间曲线

8.2　极谱定量分析

8.2.1　尤考维奇（Ilkovic）扩散电流方程式

尤考维奇扩散电流方程式是指扩散电流与在滴汞电极上进行电极反应的物质浓度之间的定量关系。以 Cd^{2+} 离子的测定为例，它在滴汞电极上的反应为：

$$Cd^{2+} + 2e^- + Hg = Cd(Hg)$$

设此反应为可逆并遵守能斯特方程式：

$$\varphi_{de} = \varphi^{\ominus} + \frac{RT}{nF}\ln\frac{c_e}{c_a} \tag{8-6}$$

式中：c_e 为电极表面 Cd^{2+} 的浓度；c_a 为电极表面 $Cd(Hg)$ 中 Cd 的浓度。外加电压愈大，则滴汞电极的电位越负，电极表面 Cd^{2+} 浓度 c_e 越小，所以电极电位决定了电极表面 Cd^{2+} 浓度的数值。但溶液是静止的（不搅拌），因此电极表面的 Cd^{2+} 浓度 c_e 将小于溶液本体的 Cd^{2+} 浓度 c，由于此浓度差将使溶液本体中的 Cd^{2+} 向电极表面扩散而形成了一个扩散层（其厚度约 0.05mm），如图 8-5 所示：在扩散层内，c_e 决定于电极电位；在扩散层外面，溶液中 Cd^{2+} 的浓度等于溶液本体中的 Cd^{2+} 浓度 c；在扩散层中则浓度从小到大，浓度的变化见图 8-6 所示。

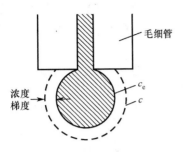

图 8-5　汞滴周围的浓差极化

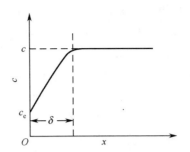

图 8-6　扩散层浓度的变化

x —离电极表面的距离；δ —扩散层厚度。

如果除扩散运动以外没有其它运动可使离子到达电极表面，那么电解电流就完全受电极表面溶液中 Cd^{2+} 的扩散速度所控制，而此扩散速度决定于电极表面 Cd^{2+} 的浓度梯度。由图 8-6 可以看出，电极表面的浓度梯度 $\frac{\Delta c}{\Delta x}$ 可近似地作线性关系处理：

$$\left(\frac{\Delta c}{\Delta x}\right)_{\text{电极表面}} = \frac{c - c_e}{\delta} \tag{8-7}$$

式中：δ 是扩散层厚度。故在一定电位下，受扩散控制的电解电流可表示为：

$$i = K(c - c_e) \tag{8-8}$$

K 为一比例常数，当外加电压继续增加使滴汞电极的电位变得更负时，c_e 将趋近于零，此时：

$$i_d = Kc \tag{8-9}$$

扩散电流 i_d 正比于溶液中 Cd^{2+} 浓度 c 而达到极限值，不再随外加电压的增加而改变。此式为极谱定量分析的基本关系式。比例常数 K 在滴汞电极上称为尤考维奇（Ilkovic）常数，为：

$$K = 607nD^{1/2}m^{2/3}\tau^{1/6} \tag{8-10}$$

故

$$i_d = 607nD^{1/2}m^{2/3}\tau^{1/6}c \tag{8-11}$$

式（8-11）即为扩散电流方程式，或称尤考维奇方程式。式中：i_d 为平均极限扩散电流（μA），代表汞滴自形成至降下过程中汞滴上的平均电流；n 为电极反应中电子的转移数；D 为电极上起反应的物质在溶液中的扩散系数（$cm^2 \cdot s^{-1}$）；m 为汞流速度（$mg \cdot s^{-1}$）；τ 为在测量 i_d 的电压时的滴汞周期（s）；c 为在电极上起反应的物质的浓度（$mol \cdot L^{-1}$）。

8.2.2　影响扩散电流的因素

由式（8-11）可知被测物质的浓度一定后，影响 i_d 的因素很多，这些因素可归纳如下几条。

1. 毛细管特性

m 与 τ 称为毛细管特性，$m^{2/3}\tau^{1/6}$ 这个数值则称为毛细管常数。该常数除了与毛细管的内径等因素有关，还与汞柱压力有关，汞柱压力是以贮汞面与滴汞电极末端之间的汞柱高度 h 来表示的，其关系为：

$$m \propto h, \quad \tau \propto 1/h$$
$$i_d \propto m^{2/3}\tau^{1/6} \propto h^{1/2}$$

即扩散电流与汞柱高度的平方根成正比。因此，在极谱定量分析中，不仅应使用同一支毛细管，而且还应该保持汞柱高度一致（贮汞液面应位于贮汞瓶直径最大处）。

2．温度的影响

在尤考维奇方程式中，除电子转移数 n 以外，其他各项都受温度的影响。实验证明，在室温下扩散电流的系数+0.013/℃，即温度每升高 1℃，扩散电流约增加 1.3%。因此在极谱分析过程中，需尽可能地使温度保持不变。

3．溶液组成的影响

从尤考维奇方程可知，扩散电流与被测离子扩散系数的平方根成正比，而在一定温度时，扩散系数 D 与溶液的黏度大小有关。当被测溶液的组成不同时，溶液的黏度也就不同，溶液的黏度越大，被测离子的扩散系数 D 就愈小，扩散电流就相应减小。另外，被测离子的扩散系数 D 与它在底液中是否生成配合物有关，因为生成配合物将使被测离子的大小发生改变，这时扩散系数 D 就随之发生变化，从而影响扩散电流的大小。所以在极谱分析中，要求标准溶液和试样溶液的组成基本上保持一致，以保证扩散系数 D 不发生大的改变。

4．滴汞电极电位

实验证明，滴汞电极电位对扩散电流有一定影响。滴汞电极电位的改变对汞的流速 m 影响不大，但对滴汞周期 τ 的影响较为显著，$m^{2/3}\tau^{1/6}$ 的值随电位的变化程度比 τ 小的多，因为它与 τ 的 1/6 次方有关，在实际测定时，电位在 0V～ −10V 的范围内可以认为 $m^{2/3}\tau^{1/6}$ 基本不变。

综上所述，为了保证扩散电流 i_d 与被测浓度成正比，就必须在极谱分析过程中保持 K 所包含的各项为一固定值。一般应该使标准溶液与试样溶液在尽可能相同的分析测量条件下记录极谱曲线，也就是要求溶液的组成基本上相同，温度相同，滴汞电极的汞柱高度保持不变。

8.2.3　定量分析方法

由实验所得到的极谱图中，极限电流减去残余电流后得到的扩散电流的大小与溶液中被测离子的浓度成正比。扩散电流的大小在极谱图上通常以波高来表示。式（8-9）可写为：

$$h = Kc \qquad (8-12)$$

因此，扩散电流的测量就是测量极谱波的相对波高，而不必计算扩散电流的绝对值。所以准确地测量波高是保证极谱分析结果准确度的重要条件之一。

1．波高的测量

极谱波的波形多种多样，对于不同几何形状的波，测量波高的方法不同。下面介绍两种测量极谱波波高的常用方法。

（1）平行线法。在波形好的极谱图上，残余电流与极限电流相互平行。对于这种类型的极谱波，可以很方便地用平行线法测量波高。其测量方法是：分别沿残余电流和极限电流的锯齿纹中心作 2 条互相平行的直线，如图 8-7 所示，AB 与 CD 2 条直线间的垂直距离 h 即为波高。波高一般用 mm 为单位表示。

平行线法简便易行，但只适合于波形良好的情况。

（2）交点法（三切线法）。通过残余电流、极限电流和扩散电流的锯齿波纹中心分别作 3 条直线，如图 8-8 中 AB，CD 和 FG，AB 与 FG 交于点 O，CD 与 FG 交于 P 点，由 O 点和 P 点分别作平行于横坐标的直线 OQ 和 PR，OQ 和 PR 间的垂直距离 h 即为波高。此种方法简便易行，并且能适应多种不同波形，为目前广泛采用的测量极谱波波高的方法。

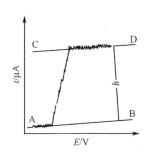

图 8-7　平行线法测量波高

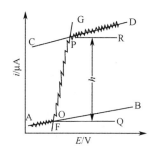

图 8-8　三切线法测量波高

2．定量分析方法

极谱定量分析方法虽然不同，但其基本原则都是根据式（8-12）把在相同极谱条件下测得的试样溶液的波高与标准溶液的波高进行比较。一般有如下几种：

（1）直接比较法。这种方法是将浓度为 c_s 的标准溶液及浓度为 c_x 的未知溶液在同一实验条件下分别制得极谱图并测量其相应的波高 h_s 和 h_x，然后根据二者的波高及标准溶液的浓度，即可求出未知溶液的浓度。即：

$$h_s = K \cdot c_s \qquad h_x = K \cdot c_x$$

则：

$$\frac{h_s}{h_x} = \frac{c_s}{c_x}$$

所以：

$$c_x = \frac{c_s \cdot h_x}{h_s} \qquad\qquad (8-13)$$

这种方法简便易行，适合单个或少数试样的分析。但采用这种方法时，测定应在同一条件下进行，即应使标准溶液与试样溶液的底液组成、温度、毛细管、汞柱高度等一致。

（2）标准曲线法。先配制一系列含有不同浓度的待测离子标准溶液，一般 5 个~7 个以上，在各个溶液中加入相同量的支持电解质和极大抑制剂，在同一温度和相同汞柱高度条件下，使用同一毛细管测定出各个溶液的扩散电流（即波高），以波高值为纵坐标，浓度值为横坐标绘制浓度-扩散电流标准曲线。然后在相同条件下测定未知溶液的扩散电流，并从标准曲线上查得未知试样中待测物质的含量。标准曲线法适用于大批同类样品的分析，其准确度比直接比较法高，但实验条件要注意保持一致。

（3）标准加入法。当分析个别试样时，常用此方法。其方法是：先测定体积为 V_x、浓度为 c_x 的未知试液极谱波高为 h，然后在未知试液中加入被测离子的标准溶液 V_s，其浓度为 c_s，在同一实验条件下再测定其极谱波高为 H，由波高的增加可算出未知溶液中被测离子的浓度。由扩散电流公式得：

$$h = K \cdot c_x$$

$$H = \frac{K(V_x c_x + V_S c_S)}{V_x + V_S}$$

所以
$$c_x = \frac{V_S c_S h}{(V_S + V_x)H - V_x h}$$
(8-14)

用标准加入法进行极谱测定时，因为加入标准溶液的量很少，所以引起底液的改变可以忽略不计，并可视加入标准溶液前后的实验条件基本一致，所以准确度高。但加入标准溶液的量要适当控制：若加入量太少时，则引起的波高增加极小，使测量误差大；若加入标准溶液的量太多时，将会引起底液的改变，被测离子的扩散系数 D 改变，于是对扩散电流产生一定的影响。标准加入法对单个或少数试样的测定是方便的，本法很适用于组成复杂的样品分析。

8.3　干扰电流及其消除方法

在极谱分析中，除扩散电流外，还有其他原因引起的电流，这些电流与被测物质的浓度无关，它们是极谱分析中的干扰电流，应设法除去。

1. 残余电流

残余电流一般很小（约十分之几微安），但在测定低浓度试液时却有影响，因为此时被测物质产生的扩散电流很小，以至于残余电流会隐蔽被测物质的极谱波而影响测定。残余电流（i_r）由电解电流（i_f）和电容电流（i_c）2 部分构成：

$$i_r = i_f + i_c$$

电解电流是由于溶液中含有微量的易被还原的杂质在滴汞电极上还原时所产生的。如溶解在溶液中的微量氧，蒸馏水和试剂中微量 Cu^{2+}、Fe^{3+} 等离子。这些杂质在未达到被测物质的分解电压之前，即在滴汞电极上还原，产生很小的电解电流。如果所用试剂及蒸馏水很纯，这部分电流是很小的。

电容电流也称充电电流，它不是由电极反应（电解）产生的电流，但它是残余电流的主要成分。电容电流来源于滴汞电极同溶液界面上双电层的充电过程。将电极插入溶液后，在静电力的作用下，溶液中带相反电荷的离子将被吸引在电极表面，在电极和溶液的界面两侧就形成了一个双电层，这种双电层的性质如同一个电容器在一定的电位时具有一定的电容量。当电极上的外加电压变化时，双电层的充放电就会引起附加电流；当双电层的电容发生变化时，即使外加电压不变也会产生附加电流。引起双电层电容变化的主要原因有 2 个：一是外加电压的变化；另一个是电极表面积的变化。由于在极谱分析过程中外加电压和电极面积一直在变化，因此，充电电流在整个极谱过程中始终存在。

由于电容电流的大小在 10^{-7} 数量级，这相当于 $10^{-5} \, mol \cdot L^{-1}$ 物质的还原电流，因此，被测物质的浓度低于 $10^{-5} \, mol \cdot L^{-1}$ 时，受电容电流的干扰严重，所以电容电流的存在是提高极谱分析灵敏度的主要障碍。

虽然在一般极谱仪上均有补偿残余电流的装置，但是，由于双电层的电容随汞滴表面积及电极电位的变化而变化，所以，残余电流的补偿效果并不理想。在实际测定时，对残余电流一般采用做图的方法加以消除。

2. 迁移电流

当一定大小的电压加到电解池的 2 个电极上时，在 2 个电极上就产生了一定的电场力，这种电场力将驱赶被测离子向电极迁移，使得在一定时间内，有更多被测离子趋向电极表面进行电极反应，因此观察到的极限电流比只有扩散电流时为高。这种由于静电吸引力而产生的电流称为迁移电流，这种迁移不是由浓差极化引起的，它与被测物浓度之间无定量关系，故应予以消除。

消除迁移电流的方法是，在溶液中加入大量支持电解质（如 KCl，其浓度通常比待测物浓度大 100 倍以上）。它们在溶液中电离为阳离子和阴离子，使电场力对被测离子的吸引力减弱到可忽略的程度。

3．极谱极大

在极谱分析中，常常会出现一种特殊现象：在电解开始后，电流随电位的增加而迅速增大到一个很大的数值；当电位变得更负时，这种现象就消失而趋于正常，这种使极谱波上形成一个突起的异常峰即称极谱极大，如图 8-9 所示。

极谱极大的产生原因是由于汞滴在成长过程搅动了被测溶液引起的，当电极附近的溶液被搅动后，使得快要形成的浓差极化扩散层被破坏，此时外加电压稍大于被测离子的分解电压时，被测离子就迅速到达电极表面而进行电极反应，电解就急剧进行，电流急剧增加，形成了极谱极大。

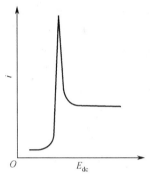

图 8-9　Pb^{2+}（$0.1 \ mol \cdot L^{-1} \ KCl$）
的极谱极大

溶液被搅动的原因是因为滴汞电极毛细管末端的汞滴上部有屏蔽作用而使被测离子不易接近，汞滴下部被测离子则可无阻碍地接近，在电极反应时，汞滴下部的电流密度将较上部为大，这种电荷分布的不均匀会导致汞滴表面张力上部大于下部，表面张力小的部分要向表面张力大的部分移动，因而产生切向运动，这种切向运动就会搅动汞滴附近的溶液，当电流峰上升至极大值后，可反应的离子在电极表面浓度趋近于零，达到完全浓差极化，电流就立即下降到极限电流区域。极谱极大的出现常常妨碍扩散电流和半波电位的正确测量，且其高度与被测物的浓度之间也无简单关系。

极谱极大可用表面活性剂来抑制，当溶液中加入少量表面活性剂，由于表面活性剂能吸附在汞滴表面上，使汞滴表面各部分的表面张力减小并趋于均匀，避免了切向运动，从而消除了极大。这种表面活性剂称为极大抑制剂，一般常用的有明胶、聚乙烯醇及一些有机染料等。但应注意，加入极大抑制剂的量要适当：加入量过少，不能消除极大；加入量过多，则会大大降低扩散系数，影响扩散电流，甚至会引起极谱波的变形。

4．氧波

溶解在水溶液中的氧，在滴汞电极上发生反应所产生的极谱波称为氧波。在室温、常压下，空气中氧的分压约等于 $2.0 \times 10^4 \ Pa$，此时水溶液中溶解的氧约为 $8 \ mg \cdot L^{-1}$，相当于 $2.5 \times 10^{-4} \ mol \cdot L^{-1}$ 的氧溶液，这样的浓度在极谱分析中是相当可观的，所以氧在极谱分析中是具有普遍性干扰的元素。当进行电解时，溶解氧很容易在滴汞电极上还原，产生 2 个极谱波，第一个波是氧还原成过氧化氢：

$$O_2 + 2H^+ + 2e^- \rightarrow H_2O_2 \quad （酸性溶液）$$

$$O_2 + 2H_2O + 2e^- \rightarrow H_2O_2 + 2OH^- \quad （中性或碱性溶液）$$

第二个波是过氧化氢的进一步还原：

$$H_2O_2 + 2H^+ + 2e^- \rightarrow 2H_2O \quad （酸性溶液）$$

$$H_2O_2 + 2e^- \rightarrow 2OH^- \quad （中性或碱性溶液）$$

氧的极谱图如图 8-10 所示。第一个氧波的半波电位约为 –0.2 V（vs. SCE），第二个氧波的半波电位约为 –0.8 V（vs. SCE）。由于氧波的波形很倾斜，延伸得很长，而且两个还原波占据了 0V～1.2V 的整个电位区间，这正是大多数金属离子还原的电位范围。氧波将重叠在被测物质的极谱波上而干扰测定，因此应设法将溶解氧除去。

除去溶解氧的方法有：①在溶液中通入惰性气体，如 N_2，H_2 或 CO_2，从而消除氧波。其中 N_2 或 H_2 可用于任何溶液，而 CO_2 只能用于酸性溶液。②在中性或碱性溶液中，加入 Na_2SO_3 可以定量除氧，这是因为 SO_3^{2-} 被氧化为 SO_4^{2-}，消耗了溶解氧；但在酸性溶液中不能使用，因生成的 H_2SO_3 可分解产生 SO_2，SO_2 可以在电极上还原产生极谱波。③在强酸溶液中，加入 Na_2CO_3 产生大量 CO_2 气体或加入铁粉产生 H_2，均可除去溶液中的氧。④在弱酸性溶液中，利用抗坏血酸除氧效果也很好。

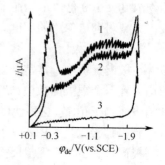

图 8-10　氧的极谱波
1—空气饱和的 $0.05 \ mol \cdot L^{-1}$ KCl 溶液；
2—溶液 1 中加入少量的动物胶；
3—溶液 2 中通 N_2 除 O_2。

8.4　极谱方程式与半波电位

表达极谱电解电流与滴汞电极电位间关系的方程式称为极谱波方程式，可根据能斯特公式推导得出。

以 A 代表可还原物质，B 代表还原产物，则滴汞电极反应可写为：

$$A + ne^- \rightleftharpoons B$$

滴汞电极的电位 φ_{de} 为：

$$\varphi_{de} = \varphi^{\theta} + \frac{0.059}{n} \lg \frac{\gamma_A C_{Ae}}{\gamma_B C_{Be}} \tag{8-15}$$

式中：γ_A、γ_B 与 C_{Ae}、C_{Be} 分别为 A 及 B 的活度系数与滴汞电极表面的浓度；如 B 为可溶性物质，那么 C_{Be} 是指 B 在滴汞电极表面中的浓度；如 B 与汞生成汞齐，则 C_{Be} 是指汞齐中 B 的浓度；如 B 为金属，不溶于汞而以固体状态沉积于滴汞电极上，则 C_{Be} 为一常数。已知：

$$i_d = K_A C_A \tag{8-16}$$

未达到极限电流前，C_{Ae} 不等于零，故上式应写为：

$$i = K_A (C_A - C_{Ae}) \tag{8-17}$$

由式（8-16）和式（8-17）得：

$$C_{Ae} = \frac{i_d - i}{K_A} \tag{8-18}$$

根据法拉第电解定律，在电解过程中，还原产物的浓度 C_{Be} 应与通过的电流 i 成正比，令比例系数为 $\dfrac{1}{K_B}$，则：

$$C_{Be} = \frac{i}{K_B} \tag{8-19}$$

将式（8-18）及（8-19）代入式（8-15）得：

$$\varphi_{de} = \varphi^{\theta} + \frac{0.059}{n} \lg \frac{\gamma_A K_B}{\gamma_B K_A} + \frac{0.059}{n} \lg \frac{i_d - i}{i} \tag{8-20}$$

当 $i = \dfrac{1}{2} i_d$ 时，相应的电极电位称为半波电位 $\varphi_{1/2}$，此时：

$$\lg \frac{i_d - i}{i} = 0$$

由式（8-20）得半波电位的表达式：

$$\varphi_{1/2} = \varphi^{\theta} + \frac{0.059}{n} \lg \frac{\gamma_A K_B}{\gamma_B K_A} \tag{8-21}$$

所以对某一可还原物质 A，在一定的实验条件下，φ^{θ}、γ_A、γ_B、K_A 及 K_B 都是常数，故 $\varphi_{1/2}$ 为一常数，它与浓度无关，因此半波电位可作为极谱定性的依据。如图 8-11 所示是不同浓度的 Cd^{2+} 在 $1mol \cdot L^{-1}KCl$ 溶液中的极谱图，由图可见，半波电位与浓度无关，分解电压 V_d 则受浓度的影响。

将 i_d 及 i 改写为 $(i_d)_c$ 及 i_c 以表示阴极上的还原电流，则式（8-20）可写作：

$$\varphi_{de} = \varphi_{1/2} + \frac{0.059}{n} \lg \frac{(i_d)_c - i_c}{i_c} \tag{8-22}$$

式（8-22）为还原波的方程式，如图 8-12 所示的曲线 1。

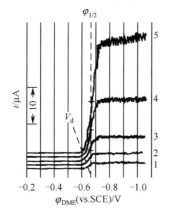

图 8-11　不同浓度 C_d^{2+} 在 $1mol \cdot$ $L^{-1}KCl$ 溶液中的极谱波

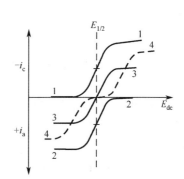

图 8-12　极谱波

1—氧化态的还原波；2—还原态的氧化波；

3—可逆综合波；4—不可逆综合波。

假设以滴汞电极做阳极，B 在滴汞电极上进行氧化反应，用类似推导的方法可以得到氧化波方程式：

$$\varphi_{de} = \varphi_{1/2} - \frac{0.059}{n} \lg \frac{(i_d)_a - i_a}{i_a} \tag{8-23}$$

式中：
$$\varphi_{1/2} = \varphi^{\theta} + \frac{0.059}{n} \lg \frac{\gamma_A K_B}{\gamma_B K_A} \qquad (8-24)$$

可见，式（8-22）与式（8-23）仅差一个符号，而式（8-21）与式（8-24）则完全一样。式中下标 a 表示氧化电流，氧化波如图 8-12 所示的曲线 2。

如果电极上既有氧化反应，又有还原态反应时（例如 Fe^{3+} 及 Fe^{2+} 共存），此时：

$$C_{Ae} = \frac{(i_d)_c - i_c}{K_A} \qquad C_{Be} = \frac{i_a - (i_d)_a}{K_B}$$

对于电极只有一个电流流过，故 $i_c = i_a = i$，将上式代入式（8-15）得综合波方程式：

$$\varphi_{de} = \varphi_{1/2} + \frac{0.059}{n} \lg \frac{(i_d)_c - i}{i - (i_d)_a} \qquad (8-25)$$

式（8-25）也称氧化还原波方程，其极谱波如图 8-12 所示的曲线 3。

上述为可逆电极反应的情况。所谓可逆波，是指电极反应速度很快，极谱上任何一点的电流都受扩散速度的控制。而可逆性差或甚至不可逆的极谱波，则是指电极反应缓慢，极谱波上的电流不完全由扩散速度所控制，而还受电极反应速度所控制，表现出明显的超电势，且波形较差，延伸较长。因此对于可逆波来说，同一物质在相同的条件下，其还原波与氧化波的半波电位相同。若可逆性差，则极谱波如同 8-12 曲线 4 所示，这时由于还原过程的超电势为负值，氧化过程的超电势为正值，所以还原波和氧化波有不同的半波电位。

以上讨论了简单金属离子的极谱波的情况。金属配离子的半波电位要比简单金属离子的半波电位负。半波电位向负的方向移动多少，决定于配离子的稳定常数，稳定常数越大，半波电位越负，因此同一物质在不同的溶液中，其半波电位常不相同。在实际分析中，由于极谱分析可以使用的电极电位的范围有限（一般不超过2V），在一张极谱图上可以同时出现的极谱波只有几个，而且许多物质的半波电位有时相差不多或甚至重叠，因此用极谱半波电位作定性分析的实际意义不大，极谱分析主要是一种定量分析方法。但通过半波电位，可以了解在某种溶液体系下，各种物质产生极谱波的电位，因此对选择合适的分析条件，避免共存物质的干扰等，以利定量分析的进行是很重要的。例如：1 $mol \cdot L^{-1}$ KCl 溶液中，Cd^{2+} 与 Tl^+ 的半波电位分别为 $-0.64V$ 及 $-0.48V$（相对于饱和甘汞电极）；但在 NH_3 及 NH_4Cl 溶液中则为 $-0.81V$ 及 $-0.48V$（相对于饱和甘汞电极）。这在极谱分析中具有很重要的意义，因为在中性 KCl 溶液中，Cd^{2+} 与 Tl^+ 的半波电位非常接近，所得 2 个波互相重叠，无法进行分析；但改用 NH_3 及 NH_4Cl 溶液，由于 Cd^{2+} 生成较稳定的配离子，二者的半波电位相差较大，因而可顺利地进行分析。如果选择适当的支持电解质，有时可同时测定 4 种或 5 种离子，例如，在 NH_3 及 NH_4Cl 溶液中可测定 Cd^{2+}、Ni^{2+}、Zn^{2+} 及 Mn^{2+} 等，如图 8-13 所示。

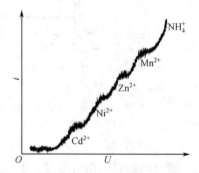

图 8-13　含 Cd^{2+}、Ni^{2+}、Zn^{2+} 及 Mn^{2+} 的 NH_3-NH_4Cl 溶液的极谱图

8.5　经典极谱分析的应用及其存在问题

8.5.1　经典极谱分析的特点

经典极谱分析一般具有下列一些特点:

（1）相对误差一般为 ±2%，可与比色法等相媲美；最适宜的测定浓度范围约为 $10^{-2}\,mol\cdot L^{-1} \sim 10^{-4}\,mol\cdot L^{-1}$。

（2）在合适的情况下，可同时测定 4 种～5 种物质，不必预先分离。

（3）分析时只需要很少量的试样。

（4）分析速度快，适宜于同一品种大量试样的分析测定。同时，由于目前已生产出微机控制、自动记录、数字显示的极谱仪，因此不仅使分析速度加快，而且准确度也大大提高。

（5）电解时通过的电流很小（通常小于 100μA），所以分析后溶液成分基本上没有改变，被分析过的溶液重新进行测定，其结果仍与前次相符。

8.5.2　经典极谱法的应用

一般来说，在滴汞电极上能够发生还原或氧化反应的物质都可以用极谱法直接测定；有些物质虽不能直接在电极上发生发应，也可以设法用间接法测定，因此极谱分析法的应用范围很广。

1．无机化合物的测定

极谱分析法可以测定元素周期表中的大多数元素。常用极谱分析法测定的元素有 Cr、Mn、Fe、Co、Ni、Cu、Zn、Cd、In、Ti、Sn、Pb、As、Sb、Bi 等。这些元素的还原电位均集中在 0V～−1.6V 的范围内，往往可以在一张极谱图上同时得到几种元素的极谱波。

极谱分析法还可以用于许多含氧酸根的测定，如 BrO_3^-、IO_3^-、SeO_3^{2-}、TeO_3^{2-} 等均有还原波。另外，还可以利用汞的氧化波测定能与 Hg^{2+} 或 Hg_2^{2+} 生成沉淀或稳定的配合物的物质，如 Cl^-、Br^-、I^-、S^{2-}、CN^-、OH^-、$S_2O_3^{2-}$ 等。

对于无机物，极谱分析法主要用于纯金属、合金或矿石金属元素的测定，工业制品、药物、食品中的金属元素的测定，动植物体内或海水中的微量金属元素的测定等等。

2．有机化合物的测定

所有能在汞电极上发生氧化或还原反应的有机物均能用极谱法测定。能被还原的物质有以下几种:

（1）含共轭双键的化合物;

（2）含硝基、亚硝基、偶氮、偶氮羟基的化合物;

（3）醛、酮、醌类化合物;

（4）含卤素的化合物;

（5）其它如含氧或氮杂环化合物、过氧化物、硫化物、砷化物等。

能被氧化的物质有以下几种：

（1）氢醌及其有关化合物；

（2）维生素等有机酸；

（3）含硫化合物。

极谱分析法还可以用于检测某些对位、邻位、间位化合物，因为 3 种化合物的半波电位不同。

由于有机物的电极反应复杂、速度慢、波形差、易受干扰，同时还需要考虑表面活性物质在电极上吸附造成的影响，因此有机物的极谱分析法一般比无机物的复杂。另外，由于许多有机物在水中的溶解度有限，经常需要加入有机溶剂，因此，有机物的极谱分析法应用不如无机物广泛。

3．在理论研究中的应用

极谱分析法可通过半波电位测量一些有机物和无机物的标准电极电位，测定一些化学或物理常数，如溶解度、配合物的组成和稳定常数等。极谱分析法是研究氧化还原过程和表面吸附过程以及电极过程动力学的重要工具。

8.5.3　经典极谱方法存在的问题

1．灵敏度

经典极谱法的灵敏度受到一定的限制，如前所述，这主要是由于电容电流的存在而造成的。设法减少电容电流或增大电解电流、提高信噪比是提高测定灵敏度的重要途径。

2．干扰

当试样中含有的大量组分比欲测定的微量组分更易还原时，应用一般的极谱法会遇到困难。此时由于该组分产生一个很大的前波，使 $\varphi_{1/2}$ 较负的组分受到掩蔽，因此需要进行费时的分离工作，而这种分离工作往往会引起组分的损失及带入杂质而导致误差。

3．分辨率

经典极谱法的另一个缺点是它的分辨率低，因经典极谱波呈台阶形，2 个物质的半波电位需要相差 100mV 才能分辨。

4．用汞量和分析时间

经典极谱法获得一个极谱波需要数百滴汞，而且施加直流电压的速度缓慢，约 $0.2V \cdot min^{-1}$，由此可见，直流极谱法既费汞又费时。

为解决上述存在的一些问题，发展了一些新的极谱技术，其中已得到比较广泛应用的有极谱催化波、单扫描极谱、方波极谱、脉冲极谱以及溶出伏安法等。

8.6　近代极谱法简介

8.6.1　极谱催化波

极谱催化波是在电化学和化学动力学的理论基础上发展起来的提高极谱分析灵敏度和选择性的一种方法。基本原理可叙述如下：

当一种电活性物质 A 发生电极反应被还原为 B 时，若溶液中同时存在另一种物质 X，X 具有较强的氧化性，能较快地把 B 氧化为原来的氧化态 A，再生出来的 A 又会在电极上还原。

$$A + ne^- \longrightarrow B （电极反应）$$

$$B + X \xrightarrow{k_1} A + Z （化学反应）$$

上述反应的结果是，由于 A 在电极反应中消耗的，又在化学反应中得到补偿，因此 A 在反应前后的浓度几乎不变，从这一点看，A 可以称为催化剂，它催化了物质 X 的还原。由于这种催化作用的存在，使极谱电流比单纯的扩散电流大得多，在有催化电流存在下得到的极谱波称为极谱催化波，简称催化波。

催化电流公式为：

$$i_1 = 0.51 nFD^{1/2} m^{2/3} \tau^{2/3} k^{1/2} c_X^{1/2} c_A \tag{8-26}$$

式中：i_1 为极限催化电流；c_X 及 c_A 分别为物质 X 及 A 在溶液中的浓度；k 为化学反应的速度常数；D 为物质 A 在溶液中的扩散系数；m、τ 分别为汞流速度和滴汞周期。在一定条件下，当 c_X 一定时，催化电流与物质 A 的浓度成正比，这是极谱催化波定量测定的依据。

从式（8-26）可以看出催化电流具有下列性质：

（1）催化电流的大小与化学反应的速率常数 k 值和被催化还原的物质浓度 c_X 有关。当 c_X 一定时，化学反应速率常数 k 越大，催化电流越大；当 k 一定时，c_X 越大，催化电流也越大。

（2）催化电流 i_1 与汞流速度 m 的 2/3 次方和滴汞周期 τ 的 2/3 次方成正比，则：

$$i_1 \propto m^{2/3} \tau^{2/3} \propto h^{2/3} h^{-2/3} \propto h^0$$

即催化电流 i_1 与汞柱高度 h 无关。而扩散电流 $i_d \propto m^{2/3} \tau^{1/6} \propto h^{1/2}$，故扩散电流与汞柱高度的平方根成正比，这是它们二者不同的地方，常应用此关系来判别 i_1 及 i_d。

（3）i_d 的温度系数每度约为 1%～2%；而 i_1 的温度系数因受 k 值的温度系数影响，一般较大，约为 4%～5%，因此更应注意保持测定中温度恒定。

此外，对被催化还原的物质 X 的要求是，X 应该具有相当强的氧化性，能迅速地氧化物质 B 而再生出 A。但由于它的氧化性，它本身会同时在电极上还原，因而要求 X 在电极上具有高的超电压，这样在 A 还原时 X 不会同时在电极上被还原。符合上述条件且目前常用物质 X 有：过氧化氢、氯酸盐、高氯酸及其硝酸盐、亚硝酸盐、盐酸羟胺、硫酸羟胺以及四价钒等。能用于催化波测定的金属离子大多数是具有变价性质的高价离子，如 Mo（VI）、W（VI）、V（V）、U（VI）、Co^{2+}，Ni^{2+}、Ti（IV）和 Te（IV）等。

极谱催化波具有比经典极谱法高得多得灵敏度，它最低检测限可达 $10^{-8} \, mol \cdot L^{-1}$～$10^{-11} \, mol \cdot L^{-1}$，共存元素干扰少，有较好的选择性，所用仪器就是一般的极谱仪和示波极谱仪，催化波的波形与经典极谱的波形相同。因为该方法简便、快速、灵敏度很高，所以在痕量元素的分析方面受到重视，并已成功地应用于超纯物质、冶金材料、环保监测和复杂的矿石分析中作微量、痕量，甚至超痕量的测定。

8.6.2　单扫描极谱

单扫描极谱法与经典极谱法基本相似，加到电解池两极间的也是直流电压，也是根据电流-电压曲线来进行分析的。所不同的是加到电解池两电极的电压扫描速度不同。经典极谱要获得一个极谱波，需要用近百滴汞，所加直流电压的扫描速度缓慢，一般为 $0.2\,V\cdot min^{-1}$；单扫描极谱则是在一滴汞生长的后期，将一锯齿性脉冲电压加在电解池的两电极上进行电解，电压扫描速度很快，一般为 $0.25\,V\cdot s^{-1}$，在一滴汞上就可获得一个完整的极谱波。由于这样快的扫描速度，用一般的检流计无法记录下极谱波，只有采用长余辉的阴极射线示波器才能在一个汞滴上观察其电流-电压曲线，因此过去称为示波极谱法。

1.　单扫描极谱法测定原理

图 8-14 为单扫描极谱仪的基本电路。U 为极化电压（锯齿波电压）发生器。极化电压也就是扫描电压。由极化电压发生器产生的扫描电压，通过 R 加在电解池上的滴汞电极（又叫工作电极即 DME）和对电极（一般用铂电极，也叫辅助电极）上。电解过程中产生的电流变化，通过电阻 R 后引起电压降的变化，经放大后将其输入至示波器的垂直偏向板上，因此垂直偏向板代表电流坐标。另外，将工作电极与参比电极（饱和甘汞电极即 SCE）之间的电位差经放大后输入示波的水平偏向板上，因此水平偏向板代表工作电极的极化电压。于是示波器的荧光屏上出现完整的 $i-U_{de}$ 极化曲线，如图 8-15 所示。

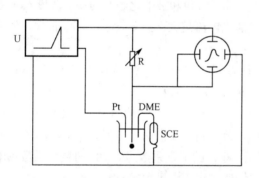

图 8-14　单扫描极谱仪的基本电路

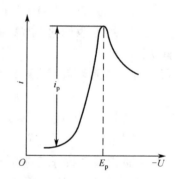

图 8-15　单扫描极谱图

由于单扫描极谱法外加电压变化速度很快，电极表面附近的被测物在电极上迅速起电化学反应，因此电流急剧增加。随后当电压再增加时，由于扩散层厚度增加而使电流又迅速下降。因而所得电流-电压曲线出现峰形。电流的最大值称为峰值电流，以 i_p 表示。峰值电流所对应的电位称峰值电位，以 E_p 表示。

对于可逆电极反应，单扫描极谱的扩散电流方程式为：

$$i_p = 2.69\times10^5 n^{3/2} D^{1/2} \upsilon^{1/2} Ac \tag{8-27}$$

式中：i_p 为峰值电流（A）；n 为电子转移数；D 为扩散系数（$cm^2\cdot s^{-1}$）；υ 为电压扫描速率（$V\cdot s^{-1}$）；A 为电极面积（cm^2）；c 为被测物质浓度（$mol\cdot L^{-1}$）。所以，在一定的底液及实验条件下峰值电流与被测物的浓度成正比，这是单扫描法定量分析的基础。

用式（8-27）进行定量分析时，必须保证式中的各参数在一定的实验条件下为常数，由于汞滴面积随时间而变化，根据汞滴面积随时间变化的关系：

$$\frac{\mathrm{d}A}{\mathrm{d}t} = \frac{2}{3} \times 0.85 m^{2/3} \tau^{-1/3} \tag{8-28}$$

可见滴汞的寿命 τ 越大，电极面积变化率越小，到汞滴寿命的后期，电极面积可视

作不变。国产 JP-2 型示波极谱仪控制汞滴下落的时间为 7s，前 5s 不扫描，在汞滴寿命的最后 2s 加扫描电压（$250\,\mathrm{mV \cdot s^{-1}}$），如图 8-16 所示。这样在测定过程中保证汞滴面积 A 基本不变。

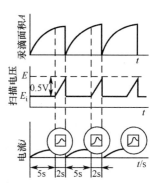

图 8-16　单扫描极谱加电压的方式和记录电流的时间

2. 单扫描极谱的特点

单扫描极谱的原理与经典极谱法的原理基本相同，因此一般说来其应用范围也相同。但在单扫描法中，由于电压扫描速度很快，因此电极反应的速度对电流的影响很大。对电极反应为可逆的物质，极谱图上出现明显的尖峰状；对于可逆性差和不可逆反应，由于其电极反应速度较慢，跟不上电压扫描速度，所得图形的尖峰状就不明显或甚至没有尖峰，因此灵敏度低。除此之外，单扫描极谱法还具有如下一些特点：

（1）灵敏度高，检测限一般可达 $10^{-7}\mathrm{mol \cdot L^{-1}}$，甚至可达 $5 \times 10^{-8}\mathrm{mol \cdot L^{-1}}$，比经典极谱法高 2 个～3 个数量级。从式（8-27）可看出，i_p 与 $\upsilon^{1/2}$ 成正比，扫描速率大，有利于提高灵敏度，但电容电流也随 υ 而增大，因此电容电流仍是制约单扫描极谱提高分析灵敏度的一个因素。

（2）测量峰高比测量波高易于得到较高的精密度。

（3）方法快速、简便。由于扫描速度快，并只需在荧光屏上直接读取峰高，只需几秒至十几秒就可完成一次测量。

（4）分辨率高。可分辨 2 个半波电位相差 35mV～50mV 的离子，采用导数单扫描极谱，分辨率更高。

（5）前还原物质的干扰小。在数百甚至近千倍还原物质存在时，不影响后还原物质的测定。这是由于在电压扫描前有 5s 的静止期，相当于电极表面附近进行了电解分离。

（6）由于氧波为不可逆波，其干扰作用也就大为降低。因此分析前往往可不除去溶液中的溶解氧。

8.6.3　方波极谱

若将一个几十毫伏的小振幅低频正弦电压叠加在直流极谱的直流电压上，测量通过电解池的交流电流或交流特性的极谱分析方法，称为交流极谱法。

方波极谱是交流极谱方法的一种。在这类极谱法中，在向电解池均匀而缓慢地加入直流电压（与经典极谱相同）的同时，再叠加一个每秒 225 周的振幅很小（≤30mV）的交流方形波电压，如图 8-17 所示。并在方波电压改变方向前的瞬间记录通过电解池的交流电流，以进行定量分析。

在直流电压上叠加一个很小的方波电压时，电解电流的变化情况如图 8-18 所示：当方波电压加在未起波前或加在极限电流的电压处时，对电流基本无影响；当方波电压加在起波电压范围内，则电解电流本身将随着叠加的方波电压呈方波形状变化。因为经

典极谱波在半波电位时曲线的斜率最大，所以对应的电流也最大。因此方波极谱波呈峰形，如图8-19所示，且峰电流与被测物浓度成正比。

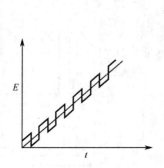

图8-17　方波极谱的外加电压

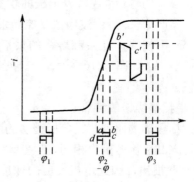

图8-18　电解电流的变化情况图

方波极谱可有效地消除电容电流，这是因为当有电活性物质在电极上发生电化学反应时，电解电流随时间按$i \propto t^{-1/2}$的规律衰减，而电容电流随时间按$i_c \propto e^{-t}$的规律进行衰减，电解电流比电容电流衰减的慢，因此在方波极谱改变方向的前一瞬间记录极谱电流，就能较彻底地消除电容电流的影响，其消除原理如图8-20所示。

图8-19　方波极谱波

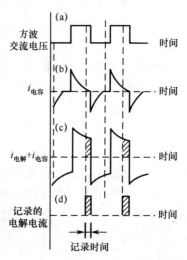

图8-20　消除电容电流的工作原理

由于在方波电压变化的一瞬间电极的电位变化速度很大，离子在极短的时间内迅速反应，因此这种脉冲电解电流大大超过同样条件下经典极谱的扩散电流，故灵敏度高。此外：方波极谱波形呈峰形，分辨能力强，对半波电位差40mV的物质都能分辨；另一方面，前波的影响小，在有5×10^4倍的能产生前波的物质存在时，还可以测量微量组分，测定时也不需要加入表面活性剂来抑制极谱极大。

8.6.4　脉冲极谱

方波极谱加入的方波频率很高，在方波电压半周的短时间内电容电流不能充分衰减，这就限制了灵敏度的进一步提高。为此，又发展了脉冲极谱法。

若只在汞滴生长的后期加一个周期较长的脉冲电压，并在脉冲电压的后期测量电流，则充电电流很小。脉冲极谱所加电压及各种电流的变化规律如图 8-21 所示。脉冲极谱是目前最灵敏的极谱分析方法。脉冲极谱图中峰电流与被测物浓度成正比。

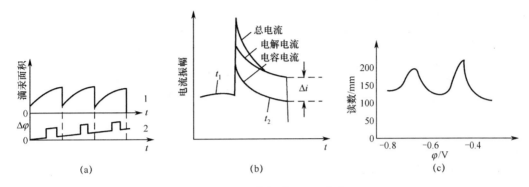

图 8-21　脉冲极谱原理示意图

（a）脉冲极谱的极化电压；1—滴汞面积随时间的变化；2—示差脉冲极谱所加极化电压

（b）脉冲极谱的电压-时间曲线；（c）Cd^{2+}、Pb^{2+} 的示差脉冲极谱图。

8.6.5　溶出伏安法

溶出伏安法又称反向溶出极谱法，这种方法包含电解富集和电解溶出 2 个过程。首先是电解富集过程。它是将工作电极固定在产生极限电流电位上进行电解，使被测定的物质富集在电极上。为了提高富集效果，可同时使电极旋转或搅拌溶液，以加快被测物质输送到电极表面。富集物质的量则与电极电位、电极面积、电解时间和搅拌速度等因素有关。其次是溶出过程。经过一定时间富集后，停止搅拌，再逐渐改变工作电极电位，电位变化的方向应使电极反应与上述富集过程电极反应相反。记录所得的电流-电位曲线，称为溶出曲线，呈倒峰状，如图 8-22 所示。根据溶出过程中所得到峰的峰电流大小与被测物质的浓度关系来进行定量分析。

例如测定盐酸中微量的 Cu^{2+}、Pb^{2+} 及 Cd^{2+} 时，首先将悬汞电极的电位固定在 -0.8V 下电解一定时间（例如 3min），此时溶液中一部分 Cu^{2+}、Pb^{2+}、Cd^{2+} 在悬汞电极（静止的汞滴电极）上还原，生成汞齐并富集在汞滴上。电解完毕后，使悬汞电极的电位均匀地由负向正变化，首先达到可以使镉汞齐发生氧化反应的电位，此时由于镉的氧化，产生很大的氧化电流（正电流）。但当电位继续变正时，由于电极表面层的镉已被氧化得差不多了，而电极内部的镉又来不及扩散出来，故电流减小，因此将得到峰形溶出曲线。同样，当电位继续变正，达到铅汞齐和铜汞齐的氧化电位时，也将得到相应的溶出峰，如图 8-23 所示。

溶出曲线的峰高与溶液中金属离子的浓度、电解富集时间、电解时溶液的搅拌速度、悬汞电极的大小及溶出时的电位变化速度等因素有关。当其它条件固定不变时，峰高与溶液中金属离子的浓度成比例，故可用于进行定量测定。因为在测定金属离子时是应用阳极溶出反应，所以较多地称本法为阳极溶出伏安法。

若应用阴极溶出反应，则称为阴极溶出伏安法。在阴极溶出伏安法中，被测离子在欲电解的阳极过程中形成一层难溶化合物，然后当工作电极向负的方向扫描时，这一难溶化合物被还原而产生还原电流的峰。阴极溶出法可用于卤素、硫、钨酸根等阴离子的测定。

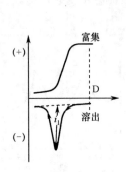

图 8-22　阳极溶出伏安法极谱图

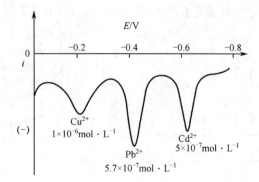

图 8-23　盐酸底液中 Cd、Pb、Cu 的溶出伏安曲线

溶出伏安法的全过程可以在普通极谱仪上进行。也可与单扫描极谱、脉冲极谱法等联用。溶出伏安法突出的优点是它的灵敏度很高，这主要由于电极的表面积很小，经过长时间的预先电解，起到将被测物质富集浓缩作用，所以溶出时产生的电流很大。灵敏度提高了 2 个～3 个数量级，一般测定浓度可达 10^{-6} mol·L^{-1}～10^{-9} mol·L^{-1}，在适宜的条件下甚至可以达 10^{-11} mol·L^{-1}。

溶出伏安法电解富集较费时，一般需 3min～15min，富集后只能记录一次溶出曲线，这是溶出伏安法的一个不足之处。

另外，悬汞电极有一些缺点：首先，在富集阶段和溶出阶段之间必须有一个静置阶段，一般约为 30s，以便使汞滴中欲测物质的浓度均一化，并使溶液中对流作用减缓；其次，由于沉积金属在汞中的扩散，降低了富集在表面的金属浓度，降低了悬汞电极的灵敏度。

应用镀汞膜的玻璃态石墨电极，对溶出法的灵敏度有很大的提高。此电极的表面积大，汞膜很薄，这样在阳极溶出时由于电极表面沉积金属的浓度很高，而金属从内部到膜表面扩散的速度又非常快，因而汞膜电极的灵敏度比悬汞电极高 1 个～2 个数量级。由于溶出伏安法的灵敏度很高，故在超纯物质分析中具有实用价值。此外，在环境监测、食品、生物试样等中的微量元素的测定中也得到了广泛的应用。

思　考　题

1．什么叫极谱分析法？极谱分析法是一个特殊的电解过程，它的特殊性何在？它与普通电解分析法有何异同之处？当被测物质浓度很高时，能否用极谱法测定，为什么？

2．试说明极谱波的形成过程。

3．用普通电解装置能否进行极谱分析？为什么？

4．在极谱分析中，为什么要使用滴汞电极？它具有哪些特点？

5．产生浓差极化的条件是什么？

6．在极谱分析中，影响扩散电流的主要因素有哪些？测定中如何注意这些影响因素？

7．什么叫底液？底液是由哪几种成分组成？其各自的作用是什么？

8．极谱分析用作定量分析的依据是什么？有哪些定量方法？

9．在极谱分析中，什么是可逆波必须具备的条件？

10．试推导出简单离子的氧化波极谱方程式。

11．单扫描极谱与普通极谱的曲线图形是否有差别？为什么？

12．脉冲极谱的主要特点是什么？

13．什么叫极谱催化波?举例说明产生极谱催化波的机理。

14．简述溶出伏安法的基本原理和影响峰电流的主要因素。

15．在进行阳极溶出伏安分析时，应该控制哪些实验条件才能获得良好的分析结果？

习　　题

1．在 $1\,mol\cdot L^{-1}$ 盐酸介质中用极谱法测定铅离子，若 Pb^{2+} 浓度为 $2.0\times10^{-4}\,mol\cdot L^{-1}$，滴汞流速为 $2.0\,mg\cdot s^{-1}$，汞滴下时间为 $4.0s$，求 Pb^{2+} 在此体系中所产生的极限扩散电流。（Pb^{2+} 的扩散系数为 $1.01\times10^{-5}\,cm^2\cdot s^{-1}$）

（$1.80\mu A$）

2．极谱法测定某元素，汞滴滴下时间为 5s 时，获得扩散电流为 $7.3\,\mu A$。若保持汞流速不变，当汞滴滴下时间为 3s 时，其扩散电流为多少？

（$6.3\mu A$）

3．某滴汞电极汞流速为 $3.11\,mg\cdot s^{-1}$，汞滴的滴下时间为 $3.87s$。用此电极测量扩散系数为 $7.3\times10^{-6}\,cm^2\cdot s^{-1}$ 的有机物，当浓度为 $5.00\times10^{-4}\,mol\cdot L^{-1}$ 时，测得此可逆极谱波的扩散电流为 $8.6\mu A$。那么，电极反应中的电子转移数 n 为多少？

（$n=4$）

4．在 $0.1\,mol\cdot L^{-1}$ 氯化钾底液中，Pb^{2+} 浓度为 $2.0\times10^{-3}\,mol\cdot L^{-1}$，进行极谱分析时，测得 Pb^{2+} 的极限扩散电流为 $20.0\,\mu A$，所用毛细管常数（$m^{2/3}\tau^{1/6}$）为 $2.50\,mg^{2/3}\cdot s^{-1/2}$，若 Pb^{2+} 还原成 Pb 状态，计算 Pb^{2+} 在该底液中的扩散系数 D。

（$3.26\times10^{-5}\,cm^2\cdot s^{-1}$）

5．溶解 0.2g 含镉试样，测得其极谱波的波高为 41.7mm，在同样实验条件下测得含镉 $150\mu g$，$250\mu g$，$350\mu g$ 及 $500\mu g$ 的标准溶液的波高分别为 19.3mm，32.1mm，45.0mm 及 64.3mm。计算试样中镉的质量分数。

（0.16%）

6．3.000g 锡矿石试样以 Na_2O_2 熔融后溶解之，将溶液转移至 250mL 容量瓶中，稀释至刻度。吸取稀释后的试液 25mL 进行极谱分析，测得扩散电流为 $24.9\,\mu A$。然后在此液中加入 5mL 浓度为 $6.0\times10^{-3}\,mol\cdot L^{-1}$ 的标准锡溶液，测得扩散电流为 $28.3\,\mu A$。计算矿样中锡的质量分数。

（3.26%）

7．在 $0.1\,mol\cdot L^{-1}$ 硝酸钾底液中，含有扩散系数为 $1.00\times10^{-6}\,cm^2\cdot s^{-1}$ 的 $PbCl_2$，测得极限扩散电流为 $8.76\mu A$。滴汞电极滴下 10 滴汞需时 43.2s，称得其质量为 84.7mg。计

算 Pb^{2+}的浓度。

（3.069m $mol \cdot L^{-1}$）

8．根据下列实验数据计算试液中铅的质量浓度，以 $mg \cdot L^{-1}$ 表示

溶　液	在−065V 测得电流/μA
25.0mL0.4 $mol \cdot L^{-1}$ KNO_3 稀释至 50mL	12.4
25.0mL0.4 $mol \cdot L^{-1}$ KNO_3，加 10.0mL 试液，稀释至 50mL	58.9
25.0mL0.4 $mol \cdot L^{-1}$ KNO_3，加 10.0mL 试液，加 5.0mL 1.7×10^{-3} $mol \cdot L^{-1}$ 的 Pb^{2+} 溶液，稀释至 50mL	81.5

($362.6mg \cdot L^{-1}$)

第9章 气相色谱分析

9.1 气相色谱分析法概述

9.1.1 色谱法简介

色谱法是一种多组分混合物的分离、分析方法。该法由俄国植物学家茨维特于 1906 年首先提出并用于分离植物叶色素成分。将植物叶色素的石油醚提取液倒入一根装有 $CaCO_3$ 粉末的竖直玻璃管柱内,再用石油醚不断淋洗,结果使不同色素获得分离,在管内形成不同颜色的谱带,故名"色谱"。后来这种方法逐渐应用于无色物质的分离,但色谱一词却沿用下来。如继续用石油醚淋洗,各色素就会依次流出玻璃管柱,进而可测得它们的含量。

因此,色谱法首先是一种分离技术,当这一技术与适当的检测手段相结合,就构成了色谱分析法。通常所说的色谱法,即指色谱分析法。

色谱法中,将上述起分离作用的柱子(如玻璃管)称为色谱柱,固定在柱内的填充物(如 $CaCO_3$ 粉末)称为固定相,沿着柱子流动的流体(如石油醚)称为流动相。

9.1.2 色谱法分类

随着色谱技术的发展,出现了多种类型的色谱法,从不同的角度出发,有各种分类法,最常见的是按流动相的物态分类:当流动相是气体时,称为气相色谱;当流动相为液体时,称为液相色谱。同样固定相也可有两种物态,因而色谱法可分为下面几类:

气相色谱 $\begin{cases} \text{气-固色谱:流动相为气体,固定相为固体吸附剂} \\ \text{气-液色谱:流动相为气体,固定相为液体(固定相液体涂在称为担体} \\ \qquad\qquad\text{的固体颗粒上或毛细管壁上)} \end{cases}$

液相色谱 $\begin{cases} \text{液-固色谱:流动相为液体,固定相为固体吸附剂} \\ \text{液-液色谱:流动相为液体,固定相为液体} \end{cases}$

本章只讨论气相色谱,第 10 章讨论液相色谱。

9.1.3 气相色谱分析流程

气相色谱分析流程示意图如图 9-1 所示。气相色谱分析中的流动相称为载气,它载送试样流经色谱仪。常用的载气为 H_2、N_2 等不与固定相及试样反应的惰性气体。

载气由高压钢瓶 1 供给,经减压阀 2 减压后,进入载气净化干燥管 3 以除去载气中的水分。由针形阀 4 控制载气的压力和流量。流量计 5 和压力表 6 用以指示载气的柱前流量和压力。再经过进样器(包括汽化室)7,试样就在进样器注入(如为液体试样,经汽化室瞬间汽化为气体)。由不断流动的载气携带试样进入色谱柱 8,将各组分分离,各组分依次进入检测器 9 后放空。检测器将不同组分浓度或质量信号转变为电信号，用记录仪（色谱工作站）10 记录下来，就可得到如图 9-2 所示的色谱图。

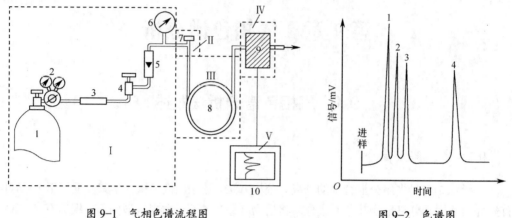

图 9-1　气相色谱流程图　　　　　　　图 9-2　色谱图

1—高压钢瓶；2—减压阀；3—载气净化干燥管；4—针形阀；5—流量计；
6—压力表；7—进样器；8—色谱柱；9—检测器；10—色谱工作站。

由图 9-1 可见，气相色谱仪一般由 5 部分组成：

（1）载气系统，包扩气源、气体净化、气体流速控制和测量；

（2）进样系统，包括进样器、汽化室；

（3）色谱柱和柱箱，包括温度控制装置；

（4）检测系统，包括检测器、检测器的控温装置；

（5）记录及数据处理系统，过去使用记录仪，目前采用色谱工作站。

9.1.4　气相色谱分离原理

色谱柱有两种，一种是内装固定相的，称为填充柱，通常为用金属（铜或不锈钢）或玻璃制成的内径为 2mm～6mm、长为 0.5m～10m 的 U 形或螺旋形的管子。另一种是将固定液均匀地涂敷在毛细管的内壁上，称为毛细管柱。现以填充柱为例简要说明色谱分离的原理。在填充柱内填充的固定相有两类，即气-固色谱分析中的固体吸附剂和气-液色谱分析中的固定相。

气-固色谱分析中固定相是一种具有多孔性及较大表面积的吸附剂颗粒。试样由载气携带进入柱子时，立即被吸附剂所吸附。载气不断流过吸附剂时，吸附着的被测组分又被洗脱下来。这种洗脱下来的现象称为脱附。脱附的组分随着载气继续前进时，又被前面吸附剂所吸附。随着载气的流动，被测组分在吸附剂表面进行反复的物理吸附、脱附过程。由于被测物中各个组分的性质不同，它们在吸附剂上的吸附能力就不一样，较难被吸附的组分就容易被脱附，较快地移向前面。容易被吸附的组分就不易被脱附，向前移动得慢些。经过一定时间，即通过一定量的载气后，试样中的各个组分就彼此分离而先后流出色谱柱。

气-液色谱分析中的固定相是在化学惰性的固体微粒（此固体是用来支持固定液的，称为担体）表面，涂上一层高沸点有机化合物的液膜。这种高沸点有机化合物称为固定液。在气-液色谱柱内，被测物质中各组分的分离是基于各组分在固定液中溶解度的不同。当载气携带被测物质进入色谱柱，和固定液接触时，气相中的被测组分就溶解到固定液中去。载气连续流经色谱柱，溶解在固定液中的被测组分会从固定液中挥发到气相中去。随着载气的流动，挥发到气相中的被测组分又会溶解在前面的固定液中。这样反复多次溶解、挥发、再溶解、再挥发。由于各组分在固定液中溶解能力不同，溶解度大的组分就较难挥发，停留在柱中的时间就长些，往前移动得就慢些。而溶解度小的组分，往前移动得快些，停留在柱中的时间就短些。经过一定时间后，各组分就彼此分离了。

物质在固定相和流动相（气相）之间发生的吸附、脱附和溶解、挥发的过程，叫做分配过程。在一定温度下组分在两相之间分配达到平衡时的浓度比称为分配系数 K。

$$K = \frac{\text{组分在固定相中的浓度}}{\text{组分在流动相中的浓度}} = \frac{c_S}{c_M} \qquad (9-1)$$

式中：c_S 为组分在固定相中的浓度；c_M 为组分在流动相中的浓度。一定温度下，各物质在两相之间的分配系数是不同的。显然，具有小的分配系数的组分，每次分配后在气相中的浓度较大，因此就较早地流出色谱柱。而分配系数大的组分，则由于每次分配后在气相中的浓度较小，因而流出色谱柱的时间较迟。当分配次数足够多时，就能将不同组分分离开来。由此可见，气相色谱分析的分离原理是基于不同物质在两相间具有不同的分配系数。当两相作相对运动时，试样中的各组分就在两相中进行反复多次的分配，使得原来分配系数只有微小差异的各组分产生很大的分离效果，从而各组分彼此分离开来。

在实际工作中，常应用另一表征色谱分配平衡过程的参数——分配比，分配比亦称容量因子或容量比，以 k 表示，是指在一定温度、压力下，在两相间达到分配平衡时，组分在两相中的质量比：

$$k = \frac{m_S}{m_M} \qquad (9-2)$$

式中：m_S 为组分分配在固定相中的质量；m_M 为组分分配在流动相中的质量。k 与分配系数 K 的关系为：

$$K = \frac{c_S}{c_M} = \frac{m_S/V_S}{m_M/V_M} = k\frac{V_M}{V_S} = k \cdot \beta \qquad (9-3)$$

式中：V_M 为色谱柱中流动相体积；即柱内固定相颗粒间的空隙体积。V_S 为色谱柱中固定相体积，对于不同类型色谱分析，V_S 有不同内容，例如在气-液色谱分析中它为固定液体积，在气-固色谱分析中则为吸附剂表面容量。V_M 与 V_S 之比称为相比，以 β 表示之，它反映了各种色谱柱型及其结构的重要特性。

9.1.5　色谱流出曲线和有关术语

色谱图是以组分产生的信号为纵坐标、流出时间作横坐标绘出来的曲线，这种曲线也称为色谱流出曲线。在一定的进样范围内，色谱流出曲线遵循正态分布，它是色谱定性、定量和评价色谱分离状况的依据，现以组分的流出曲线图（如图 9-3 所示）为例说明有

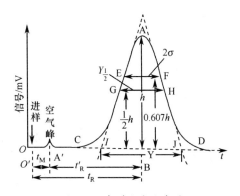

图 9-3　色谱流出曲线图

关色谱术语。

1. 基线

只有载气通过检测器时，记录仪所记录的信号即为基线。实验条件稳定时，基线是一条直线（图9-3中 Ot）。

2. 保留值

表示试样中各组分在色谱柱中滞留的情况，通常用时间或相应的流动相体积表示，有如下几种表示方法：

（1）保留时间 t_R。指待测组分从进样开始到柱后出现浓度最大值时所需的时间，如图9-3中 $O'B$ 所示。

（2）死时间 t_M。指不被固定相吸附或溶解的物质（如空气、甲烷）的保留时间。如图9-3中 $O'A'$ 所示。

（3）调整保留时间 t'_R。扣除死时间后的保留时间，如图9-3中 $A'B$ 所示，即：

$$t'_R = t_R - t_M \tag{9-4}$$

此参数可理解为某组分流过色谱柱时，在固定相中滞留的时间。

（4）保留体积 V_R。指待测组分从进样开始到柱后出现浓度最大值时所通过的流动相体积，即：

$$V_R = t_R F_0 \tag{9-5}$$

式中：F_0 为色谱柱出口处的流动相体积流速（$mL \cdot min^{-1}$）。

（5）死体积 V_M。指不被固定相吸附或溶解的物质的保留体积。也可理解为柱内固定相颗粒间所剩留的空间、色谱仪中管路连接头间的空间以及检测器空间的总和。当后两相很小而可忽略不计时，死体积与死时间的关系为：

$$V_M = t_M F_0 \tag{9-6}$$

（6）调整保留体积 V'_R。扣除死体积后的保留体积，即：

$$V'_R = t'_R F_0 \quad 或 \quad V'_R = V_R - V_M \tag{9-7}$$

（7）相对保留值 r。某组分2的调整保留值与另一组分1的调整保留值之比：

$$r_{2.1} = \frac{t'_{R(2)}}{t'_{R(1)}} = \frac{V'_{R(2)}}{V'_{R(1)}} \tag{9-8}$$

相对保留值只与柱温和固定相性质有关，与柱径、柱长、填充情况及流动相流速无关，是色谱定性分析的重要参数。$r_{2.1}$ 也可用 α 表示，称为分离比。

3. 峰高 h

从色谱峰顶到基线之间的垂直距离。

4. 区域宽度

色谱峰的宽度，通常用下面三个量之一表示：

（1）标准偏差 σ。0.607 倍峰高处色谱峰宽度的一半，即图9-3中 EF 的一半。

（2）半峰宽度 $Y_{1/2}$。峰高一半色谱峰的宽度。图9-3中的 GH，半峰宽和标准偏差的关系为：

$$Y_{1/2} = 2\sigma\sqrt{\ln 2} = 2.354\sigma \tag{9-9}$$

（3）峰低宽度 Y。色谱峰两侧拐点上的切线在基线上截距间的距离，图9-3中 IJ 所示。它与标准偏差的关系是：

$$Y=4\sigma \tag{9-10}$$

9.2　气相色谱分析基本理论

气相色谱分析首先要求把各组分彼此分离，然后再对分离后的单组分进行定性定量，对于相邻二组分 A、B，它们的色谱图可能有图 9-4 所示的 3 种情况：在图（a）和图（b）中，两组分均无法完全分离，但它们彼此重叠的原因是不同的，图（a）是因为两峰的峰间距离太小，即保留值差别太小；图（b）则是因为色谱峰太宽。由此可见，两组分实现完全分离的条件首先是两峰之间的距离要足够大，其次是峰要窄，如图（c）所示。两峰之间的距离主要由两组分在两相间的分配系数决定的，即分离效能，它取决于固定相的选择。色谱峰宽度由色谱柱效能所决定，柱效能的高低与组分在色谱柱中的运动情况有关，它取决于分离操作条件的选择。

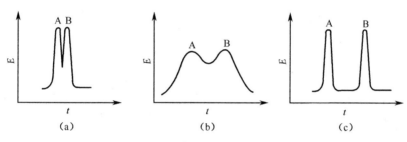

图 9-4　色谱分离的 3 种情况

9.2.1　气相色谱柱效能

1. 塔板理论

在色谱技术发展初期，马丁（Martin）等人把分馏塔中的半经验理论——塔板理论引入色谱法，即把色谱柱比作由多个塔板组成的分馏塔，这样，色谱柱可由许多假想的塔板组成（即色谱柱分成许多个小段），在每一小段塔板内，一部分空间为涂在担体上的液相占据，另一部分空间充满载气，载气占据的空间称为板体积 ΔV。当欲分离的组分随载气进入色谱柱后，就在两相进行分配。由于流动相在不停地移动，组分就在这些塔板的气-液两相间不断地达到分配平衡。塔板理论假定：

（1）在每一小段内，组分在气-液二相很快达到分配平衡，这一小段称为理论塔板高度 H。如色谱柱长度用 L 表示，则柱子的理论塔板数 n 为：

$$n=\frac{L}{H} \tag{9-11}$$

（2）载气进入色谱柱内，不是连续地，而是脉冲式地，每次进气为一个板体积 ΔV；

（3）试样开始时都加在 0 号塔板上，且试样沿色谱柱方向扩散可略而不计；

（4）分配系数在各塔板上是常数。

为简单起见，设色谱柱由 5 块塔板组成，并以 r 表示塔板编号，r 等于 0，1，2，…，$n-1$，某组的分配比 $k=1$，进样量 $m=1$（mg 或 μg），则根据上述假定，在色谱分离过称中组分的分布见表 9-1。由表中数据可见，当 $N=5$ 时，即 5 个板体积载气进入柱子后，组分就开始在柱口出现，进入检测器产生信号。如以柱出口组分质量分数 x 为纵坐标，板体积数 N 为横坐标绘图。结果如图 9-5 所示。从图 9-5 可以看出，流出曲线呈峰形但不对称。这是由于柱子的塔板数太少的缘故。当 $n>50$ 时，就可以得到对称的峰形曲线。在气相色谱中，n 值是很大的，约为 $10^3 \sim 10^6$，因而这时的流出曲线可趋近于正态分布曲线。这样，流出曲线上的浓度 C（柱出口组分浓度）与流入色谱柱的体积 $V(V=\Sigma \Delta V)$ 的关系可由下式表示：

$$C = \frac{\sqrt{n}m}{\sqrt{2\pi}V_R} e^{-\frac{n}{2}(1-\frac{V}{V_R})^2} \tag{9-12}$$

表 9-1　组分在色谱柱内的分配过程

进气量 N	r	0	1	2	3	4	柱出口
0	$\frac{m_M}{m_S}$	$\frac{0.5}{0.5}$					
$1\Delta V$	$\frac{m_M}{m_S}$	$\frac{0.25}{0.25}$	$\frac{0.25}{0.25}$				
$2\Delta V$	$\frac{m_M}{m_S}$	$\frac{0.125}{0.125}$	$\frac{0.25}{0.25}$	$\frac{0.125}{0.125}$			
$3\Delta V$	$\frac{m_M}{m_S}$	$\frac{0.063}{0.063}$	$\frac{0.188}{0.188}$	$\frac{0.188}{0.188}$	$\frac{0.063}{0.063}$		
$4\Delta V$	$\frac{m_M}{m_S}$	$\frac{0.032}{0.032}$	$\frac{0.126}{0.126}$	$\frac{0.188}{0.188}$	$\frac{0.126}{0.126}$	$\frac{0.032}{0.032}$	
$5\Delta V$	$\frac{m_M}{m_S}$	$\frac{0.016}{0.016}$	$\frac{0.079}{0.079}$	$\frac{0.157}{0.157}$	$\frac{0.157}{0.157}$	$\frac{0.079}{0.079}$	0.032

式（9-12）描述了被分离组分通过任一体积（V）载气进入检测器的组分浓度。

当 $V=V_R$ 时，组分浓度极大值离开色谱柱进入检测器，此时式（9-12）为：

$$c_{max} = \frac{\sqrt{n}m}{\sqrt{2\pi}V_R} \tag{9-13}$$

由式（9-13）可知，当组分进样量 m，保留体积 V_R 一定后，理论塔板数 n 越大，组分的最大浓度值 c_{max} 就越大，此时色谱峰就越高，峰形就越窄，则色谱柱的柱效能就越好。因此，理论塔板数 n 可作为描述柱效能的指标。

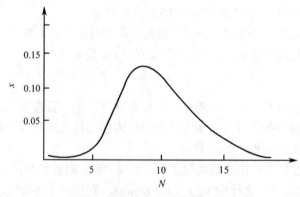

图 9-5　组分从 $n=5$ 柱中流出曲线

从塔板理论可以导出理论塔板数 n 的计算公式为：

$$n = 5.54(\frac{t_R}{Y_{1/2}})^2 = 16(\frac{t_R}{Y})^2 \qquad (9-14)$$

式（9-14）中 t_R、$Y_{1/2}$ 或 Y 所取单位（距离或时间）应一致。

由于死时间 t_M 包括在 t_R 中而不参加柱内的分配，往往计算出的 n 尽管很大，但色谱柱表现出来的实际柱效能并不高，特别是对流出色谱柱较早的组分。因而应该用将 t_M 除外的有效塔板数或有效塔板高度作为柱效能的指标。其计算公式为：

$$n_{有效} = 5.54(\frac{t'_R}{Y_{1/2}})^2 = 16(\frac{t'_R}{Y})^2 \qquad (9-15)$$

$$H_{有效} = L/n_{有效} \qquad (9-16)$$

由于同一色谱柱对不同物质的柱效能不同，故用 H、n、$H_{有效}$、$n_{有效}$ 表示柱效能时应注明被测物质和色谱条件。

塔板理论在解释流出曲线的形状（呈正太分布）、浓度极大点的位置以及计算评价柱效能等方面都取得了成功。但是它的某些基本假设是不当的，例如纵向扩散是不能忽略的，分配系数与浓度无关只在有限的浓度范围内成立，而且色谱体系几乎没有真正的平衡状态，因此塔板理论不能解释塔板高度是受到哪些因素影响的这个本质问题，因而对实际操作没有指导意义。尽管如此，由于以 n 或 H 作为柱效能指标很直观，迄今仍为色谱工作者所接受。

2. 速率理论

1956 年荷兰学者范·第姆特等人，在总结前人研究成果的基础上提出了速率理论，并吸收了塔板理论的概念，归纳出一个联系各影响因素的方程式，即速率方程式：

$$H = A + \frac{B}{u} + Cu \qquad (9-17)$$

式中：u 为载气的线速度（单位：$m \cdot s^{-1}$）。各项的物理意义如下：

（1）A 称为涡流扩散项。该项使色谱峰变宽的原因是组分分子在色谱柱中沿不同的路径前进，有的路径长，有的路径短，因而使组分出来的时间不一，引起峰扩张，柱效能变差。如图9-6所示。

图 9-6　涡流扩散项示意图

$A = 2\lambda d_p$，故填充物颗粒直径 d_p 越大；填充越不均匀时，即填充因子 λ 越大，引起峰变宽越严重。

（2）B/u 称为分子扩散项（或称纵向扩散项）。由于试样组分被载气带入色谱柱后仅存在于柱中很小一段空间，因此在纵向方向存在着浓度差，运动着的分子将产生浓差扩散，引起色谱峰扩张，塔板高度增加。载气流速 u 越小，组分在柱子中扩散的时间就越长，色谱峰的扩张就越严重。

$B = 2\gamma D_g$，γ 是弯曲因子（$\gamma < 1$），它的物理意义可理解为由于固定相颗粒的存在，

使分子不能自由扩散，从而使扩散程度降低。D_g 是组分在气相中的扩散系数，当其它条件一定后，温度越高，D_g 越大。

（3）Cu 为传质阻力项。传质阻力项系数 C 包括气相传质阻力系数 C_g 和液相传质阻力系数 C_l，即 $Cu=(C_g+C_l)u$。

C_g 是指组分从气相移动到固定相表面进行浓度分配时所受到的阻力。因固定相表面一层气相是不流动的，而处于流动相的组分分子不断地向柱口运动，若气相传质阻力大，这一过程进行的缓慢，就引起色谱峰扩张。气相传质阻力系数为：

$$C_g = \frac{0.01k^2}{(1+k)^2} \cdot \frac{d_p^2}{D_g}$$

由上式可见，气相传质阻力与填充物直径 d_p 的平方成正比，与组分在载气中的扩散系数 D_g 成反比。因而采用粒度小的填充物和提高柱温可提高柱效能。

C_l 是指组分从固定相的气液界面移动到液相内部进行质量交换到达分配平衡，又返回到气液界面的过程中所受到的阻力。这一阻力越大，这个过程需要的时间越多，在此时间内，气相中组分的其它分子仍不断地向柱口运动，造成峰的扩张。

$$C_l = \frac{2}{3} \frac{k}{(1+k)^2} \frac{d_f^2}{D_l}$$

因此，固定相的液膜厚度 d_f 薄，组分在液相的扩散系数 D_l 大，则液相传质阻力就小。

加大载气流速 u，使该项增加，会导致峰的扩张增大。

将各项关系式代入式（9-17）得：

$$H = 2\lambda d_p + \frac{2rD_g}{u} + \left[\frac{0.01k^2}{(1+k)^2} \frac{d_p^2}{D_g} + \frac{2}{3} \frac{k}{(1+k)^2} \frac{d_f^2}{D_l} \right] u \tag{9-18}$$

由上述讨论可知，速率理论指出了影响柱效能的因素，这些因素有：填充均匀程度、担体粒度、载气流速、柱温、固定相液膜厚度等，这就为色谱分离操作条件的选择提供了理论指导。

9.2.2　气相色谱分离效能

当一个给定组分的色谱峰最高点出现时，说明组分浓度的极大值刚刚到达柱的末端，已有一半组分分子洗在一定体积的流动相中，这部分体积就是"保留体积" V_R，其余一半组分分子仍然留在柱中，因此，根据物料平衡原理，就应该有：

$$V_R c_M = V_M c_M + V_S c_S \tag{9-19}$$

式两边同时除以 c_M 得：

$$V_R = V_M + \frac{c_S}{c_M} V_S = V_M + K V_S \tag{9-20}$$

从式（9-7）知 $V_R = V_R' + V_M$，所以调整保留体积 $V_R' = K V_S$。当两色谱峰之间的距离用保留体积之差表示时，则有：

$$\triangle V_R = V_{R(2)} - V_{R(1)} = (K_2 - K_1)V_S \tag{9-21}$$

从式（9-21）知，组分之间的距离与两组分的分配系数 K 之差 $\triangle K$ 和固定液体积 V_S 有关，当 V_S 固定后，只决定于一定条件下的分配系数之差 $\triangle K$，$\triangle K$ 越大，分离效能越高,因此各组分的分配系数 K 的大小是决定分离效能的主要因素。当 $K_2 = K_1$ 时,$\triangle V_R$ =0,二组分就完全重合,无论柱效能多大,二组分都达不到分离。

相对保留值可作为衡量分离效能的指标:

$$r_{2.1} = \frac{t'_{R(2)}}{t'_{R(1)}} = \frac{V'_{R(2)}}{V'_{R(1)}} = \frac{K_2 V_S}{K_1 V_S} = \frac{K_2}{K_1} = \frac{k_2}{k_1} \qquad (9-22)$$

$r_{2.1}$ 越大,分离效能越好;$r_{2.1}=1$ 时,组分不能分离。

9.2.3　分离度

塔板数 n 多或相对保留值 r 大都不能说明组分分离的效果好,因此应将这 2 个参数综合考虑,提出了分离度的概念。分离度用 R 表示,其定义为相邻 2 组分色谱峰保留值之差与 2 个组分色谱峰峰底宽度之和的二分之一的比值:

$$R = \frac{t_{R(2)} - t_{R(1)}}{1/2(Y_{(2)} + Y_{(1)})} \qquad (9-23)$$

从上式知:2 个组分的色谱峰之间距离越远,则 $t_{R(2)} - t_{R(1)}$ 越大;色谱峰越窄,则 $Y_{(2)} + Y_{(1)}$ 越小,R 值就越大,因此 R 可作为衡量色谱柱分离的总效能指标。从理论上可证明:$R=1$ 时,两峰分离达 98%;$R=1.5$ 时,分离达 99.7%。一般把 $R=1.5$ 作为相邻峰完全分离的标志。

当 2 组分的色谱峰分离较差、峰底宽度难于测量时,可用半峰意代替峰底宽度,此时分离度用 R' 表示:

$$R' = \frac{t_{R(2)} - t_{R(1)}}{1/2(Y_{1/2(2)} + Y_{1/2(1)})} \qquad (9-24)$$

二者的意义是一致的,但数值不同,$R=0.59R'$。

既然 R 能概括柱效能和分离效能,就应找到 R 与 n、r 的关系式。令 $Y_{(1)} = Y_{(2)}$(相邻两峰的峰底宽度是近似相等的),代入式(9-23),结合式(9-15)和式(9-22),则可推导出如下关系式:

$$R = \frac{1}{4} \sqrt{n_{有}} \left(\frac{r_{2.1} - 1}{r_{2.1}} \right) \qquad (9-25)$$

利用式(9-25),在知道其中 2 个量时,就可计算出第 3 个量的值。

例:假设两组分的相对保留值 $r_{2.1}$ 为 1.15,要在一根填充柱上获得完全分离($R=1.5$),需有效塔板数和柱长各为多少?

解:
$$n_{有效} = 16R^2 \left(\frac{r_{2.1}}{r_{2.1} - 1} \right)^2 = 16 \times 1.5^2 \times \left(\frac{1.15}{0.15} \right)^2 = 2112$$

一般填充柱的 $H_{有效} = 0.1 cm$,则

$$L = n_{有效} \times H_{有效} = 211 cm$$

9.3　气相色谱固定相及选择

当分析对象和载气确定后,固定相决定了各组分的分配系数,亦即决定了柱子的分离效能,因此固定相的选择对分离的成败非常重要。

9.3.1 气-固色谱固定相

在气相色谱分析中，气-液色谱法应用范围广，但在分离常温下的气体及气态烃类时，因为气体在一般固定液中溶解度甚小，所以分离效果并不好。若采用气-固色谱，由于固体吸附剂对气体的吸附性能常有差别，因此往往可取得满意的分离效果。

常用作固定相的吸附剂有非极性的活性碳、极性的 Al_2O_3、氢键型的硅胶，后来又发展了分子筛、高分子多孔微球（GDX 系列的固定相）、石墨化碳黑等，它们对各种气体的吸附能力强弱不同，所以根据试样选择合适的吸附剂。常用的吸附剂见表 9-2。

表 9-2　常用的气-固色谱固定相

吸附剂	化学组成	最高使用温度	性质	分析对象	使用前的处理方法	备注
活性碳（色谱专用商品）	C	<300℃	非极性	惰性气体（-196℃），N_2、CO_2、CH_4 等永久性气体，烃类气体，N_2O 等（常温下）	160℃烘烤 2h 后装柱	非色谱专用活性碳需经苯浸泡，水蒸气吹洗等复杂处理
石墨化碳黑	C	>500℃	非极性	分离气体、烃类及高沸点有机化合物	160℃烘烤 2h 后装柱	
硅胶（色谱专用）	$SiO·xH_2O$	<400℃	氢键型	一般气体，$C_1\sim C_4$ 烷烃，N_2O、SO_2、H_2S、COS、SF_6、CF_2Cl_2 等气体（常温下）	装柱后 200℃下通载气 2h 活化	非色谱专用硅胶需经 $6mol·L^{-1}$ HCl 浸泡，蒸馏水冲洗等处理
氧化铝（色谱专用）	Al_2O_3	<400℃	极性	氢同位素及异构体（-196℃）$C_1\sim C_4$ 烷烯烃（常温）	装柱前在 600℃马弗炉内烘 4h 活化	
分子筛	$x(MO)·y(Al_2O_3)·z(SiO_2)·n(H_2O)$	<400℃	有强极性表面	惰性气体（干冰的温度下），H_2、O_2、CH_4、CO 等一般永久性气体及 NO、N_2O 等	粉碎过筛后，550℃～600℃（马弗炉内烘 2h，或 350℃下真空活化 2h）	
GDX-01、GDX-02、GDX-03、GDX-04 有机担体 401、402	高分子多孔微球	<200℃	随聚合原料不同极性不同	气相和液相中水的分析。CO、CO_2、CH_4、低级醇，H_2S、SO_2、NH_3 等	170℃～180℃下烘去微量水分后在载体气流中处理 10h～20h	北京试剂厂天津试剂二厂上海试剂厂

由于可作固定相的吸附剂种类不多（与固定液相比），不同型号的吸附剂在使用时物质的保留值和柱效不易重现，进样量稍多时会出现峰不对称和拖尾现象，故应用受到限制，一般只是用于一些永久性气体的分析中。

9.3.2 气-液色谱固定相

气-液色谱固定相是涂渍在固体颗粒表面的高沸点有机化合物，在色谱分离操作温度下呈液体状态，故称固定液。承担固定液的固体颗粒称为担体。

1. 担体

担体是一种化学惰性、多孔性的固体颗粒，它的作用是提供一个大的惰性表面，使固定液以液膜状态均匀地分布在其表面。对担体的要求是表面积大、化学稳定性好、粒度均匀、有足够的机械强度。担体分为硅藻土型和非硅藻土型2类。常用的是硅藻土型担体，这种担体因制备方法不同，又分为红色担体和白色担体2种。

红色担体是由天然硅藻土煅烧而成，由于含有少量氧化铁而呈淡红色。它的特点是表面积大，机械强度较高，但表面存在吸附中心，涂极性固定液时分布不易均匀，因而它适合涂非极性或弱极性固定液分析非极性或弱极性物质。

白色担体由天然硅藻土和少量助熔剂（如 Na_2CO_3）煅烧而成，其中的氧化铁在助熔剂的作用下转化成无色的铁硅酸钠，故呈白色。它的特点是表面积小、机械强度差，但表面吸附中心明显减少。因而它适合于涂极性固定液分析极性物质。

由于担体表面往往有吸附中心，会使固定液涂布不均匀，分离极性组分时吸附这些组分，而使色谱峰拖尾，影响分离。因此分析极性试样用的担体应加以处理，以除去其表面的吸附中心，使之"钝化"。处理方法有酸洗、碱洗、硅烷化处理、釉化处理等。

常用的非硅藻土担体主要有玻璃微球、氟担体、高分子多孔微球等，多在特殊情况下使用。常用的担体及其性能见表9-3。

表9-3 常用的气-液色谱担体

担体名称		国内生产厂	特点	用途	国外商品名称
红色硅藻土担体	6201担体 201担体	大连红光化工厂 上海试剂厂	具有一般红色担体特点	分析非极性、弱极性物质	C-22 保温砖 Chromsorb P Gas Chrom R Chazasorb
	釉化担体 301担体	大连红光化工厂 上海试剂厂	性能介乎红色和白色担体之间	分析中等极性物质	
白色硅藻土担体	101白色担体 102白色担体	上海试剂厂	一般白色担体	宜于配合极性固定液，分析极性或碱性物质	Celite545 GasChrom（A、CL、P、Q、S、Z）
	101硅烷化白色担体 102硅烷化白色担体	上海试剂厂	经硅烷化处理	分析高沸点、氢键型物质	Chromosrb（A、G、W） Anakrom（V、P）
非硅藻土担体	玻璃微球 硅烷化玻璃微球 氟担体	上海试剂厂	比表面积较小（0.02$m^2 \cdot g^{-1}$）经硅烷化处理比表面积大（10.5$m^2 \cdot g^{-1}$）	分析高沸点和易分解物质，固定液含量<1%分析强极性物质、腐蚀性气体	Teflon-6（聚四氟乙烯） Daiflon（聚三氟乙烯）

结合上述内容及表中担体的性能，选择担体的大致原则为：

（1）当固定液的配比（指固定液与担体的质量比）大于 5%时，可选用硅藻土型担体（红色或白色）；

（2）当固定液的配比小于 5%时，应选用处理过的担体；

（3）对于高沸点组分，可选用玻璃微球担体；

（4）对于强腐蚀性组分，可选用氟担体。

2．固定液

在气-液色谱分析中起分离作用的主要是固定液。固定液一般是高沸点的有机化合物，常温下是液体或固体。对固定液的要求是：

（1）挥发性小，以免在操作温度和载气冲刷下流失；

（2）热稳定性好，在操作温度下不发生分解且呈液体状态；

（3）化学稳定性好，不与待测组分发生化学反应；

（4）对待测各组分有适当的溶解能力，且溶解能力要有一定的差别，亦即分配系数 K 值不同。

固定液的种类很多，目前可用于气相色谱分析的固定液有上千种之多。为了能正确选择对待测试样分离效果好的固定液，首先必须了解组分在固定液中的溶解机理。当载气携带试样进入色谱柱后，组分分子与固定液分子间就发生相互作用，这种相互作用的作用力就决定了组分在固定液中的溶液能力及分配系数。

固定液与组分分子间的作用力包括：

（1）静电力（定向力）。这种力是由于极性分子和极性分子的永久偶极间存在静电作用而引起的，分子的极性越强，静电力越大。

（2）诱导力。由于在极性分子永久偶极电场的作用下，非极性分子被极化，此时两分子相互吸引而产生的作用力。极性分子的极性越强，非极性分子越容易被极化，则诱导力就越大。

（3）色散力，由非极性分子的正负电中心瞬间相对位置的变化产生瞬间偶极矩，此瞬间偶极矩使周围分子极化，进而产生的作用力。

（4）氢键力，指和电负性很大的原子形成共价键的氢原子与另一电负性很大的原子间的作用力，原子的电负性越大，氢键力越大。

由此可见，分子间的相互作用力与分子的极性有关。固定液的极性可以采用相对极性 P 来表示。这种表示方法规定强极性的固定液 β，β′—氧二丙腈的相对极性 $P_1=100$，非极性的固定液角鲨烷的相对极性 $P_2=0$。其它固定液的测定方法是：选 1 个易极化和 1 个不易极化的物质组成物质对，常选用丁二烯—正丁烷或苯—环己烷，分别测定该物质对在 β，β′—氧二丙腈、角鲨烷及欲测固定液色谱柱上的调整保留值，并将其取对数。如选丁二烯—正丁烷物质对则得到：

$$q = \lg \frac{t'_{R（丁二烯）}}{t'_{R(正丁烷)}}$$

然后按下式计算被测固定液的相对极性 p_x：

$$p_x = 100 - \frac{100(q_1 - q_x)}{q_1 - q_2} \qquad (9-26)$$

式中：1、2 和 x 分别表示 β，β′—氧二丙腈、角鲨烷和欲测固定液。

测定结果 P_x 均在 0～100 之间，以每 20 个相对极性单位为一级，用"+1～+5"表示，共分 5 级，级数越大说明相对极性越高。P_x 在 0～1 为非极性固定液，可用"—"

表示。部分常用固定液的相对极性见表9-4。

表9-4　气-相色谱常用固定液

固 定 液	相对极性	最高使用温度/℃	常用溶剂	分析对象（供参考）
异三十烷（角鲨烷）	0	140	乙醚，甲苯	烃类及非极性化合物
液体石蜡	—	100	甲苯	一般非极性化合物
阿皮松L（真空润滑脂L）	—	240～300	苯，氯仿	各类高沸点有机化合物
阿皮松N（真空润滑脂N）	—	240～300	苯，氯仿	各类高沸点有机化合物
硅油	—	200	丙酮，氯仿	非极性和弱极性各类有机化合物
硅酮弹性体	+	300	氯仿+丁醇（1:1）	各类高沸点弱极性有机化合物，如多核芳香族化合物，高级脂肪酸及酯、酚等
二甲基硅象胶	+	300	氯仿+丁醇（1:1）	同上
邻苯二甲酸二丁酯	+2	100	甲醇，乙醚	烃、醇、醛、酮、酯、酸，各类有机化合物
邻苯二甲酸二壬酯	+2	130	甲醇，乙醚	同上
磷酸邻三甲苯酯	+3	100	甲醇	烃类，芳烃和脂类异构体，卤化物
有机皂土-34	+4	200	甲苯	芳烃，特别是二甲苯异构体分析有高选择性
β，β′—氧二丙腈	+5	100	甲醇，丙酮	低级含氧化合物（如醇），伯胺、仲胺、不饱和烃、环烷烃和芳烃等极性化合物
聚乙二醇（相对分子质量从200至20000）	氢键型	80～200	乙醇，氯仿，丙酮	醇、醛、酮、脂肪酸酯及含氮宫能团等极性化合物，对芳烃和非芳烃的分离有选择性
三乙醇胺	氢键型	160	氯仿+丁醇（1:1）	分析低级胺类、醇类、吡啶及其衍生物

应用相对极性 P_x 表征固定液的性质，显然并未能全面反映被测组分和固定液分子间的全部作用力。于是又提出用麦氏常数来说明固定液的极性。每种固定液的麦氏常数有5个，分别代表苯（电子给予体）、丁醇（质子给予体）、2—戊酮（偶极定向力）、硝基丙烷（电子接受体）和吡啶（质子接受体）与固定液的作用力。用5个数值的总和，即用各种相互作用力的总和来说明一种固定液的极性。例如：角鲨烷5个常数的总和为零，表示角鲨烷是标准非极性固定液；邻苯二甲酸二壬酯为801，是弱极性固定液；β，β′—氧二腈为 44278，是强极性固定液。麦氏常数越大，表示分子间作用力越大，固定液极性越强。表9-5列出了12种固定液的麦氏常数。这12种固定液是李拉（Leary J J）从品种繁多的固定液中选出分离效果好、热稳定性好、使用温度范围宽、有一定极性间距的典型固定液，它对固定液选择是有用的依据。

固定液的选择一般可根据"相似相溶"的原则。如：分离非极组分时，选用非极性固定液，沸点低的组分先出峰；分离极性组分时，选用极性固定液，极性小的组分先出峰；分离非极性和极性或易被极化的混合组分时，选用极性固定液，非极性的组分先出峰；分离能够形成氢键的组分时，可选用极性或氢键型固定液，形成氢键能力小者先出峰；对于复杂而难分离的混合物，可采用特殊的固定液或2种以上的混合固定液。

表 9-5　12 种固定液的麦氏常数

固 定 液	型号	苯	丁醇	2-戊醇	硝基丙烷	吡啶	总极性	最高使用温度/℃
角鲨烷	SQ	0	0	0	0	0	0	100
甲基硅橡胶	SE-30	15	53	44	64	41	217	300
苯基（10%）甲基聚硅氧烷	OV-3	44	86	81	124	88	423	350
苯基（20%）甲基聚硅氧烷	OV-7	69	113	111	171	128	592	350
苯基（50%）甲基聚硅氧烷	DC-710	107	149	153	228	190	827	225
苯基（60%）甲基聚硅氧烷	OV-22	190	188	191	283	253	1075	350
三氟丙基（50%）甲基聚硅氧烷	OF-1	144	233	355	463	305	1500	250
氰乙基（25%）甲基聚硅氧烷	XE-60	204	381	340	493	367	1785	250
聚乙二醇-20000	PEG-20M	322	536	368	572	510	2308	225
己二酸二乙二醇聚酯	DEGA	378	603	460	665	658	2764	200
丁二酸二乙二醇聚酯	DEGS	492	733	581	833	791	3504	200
三（2-氰乙氧基）丙烷	TCEP	593	857	752	1028	915	4145	175

以上仅是对固定液选择的大致原则，对于试样性质不够了解的情况，应用比较困难。一种较简便实用的方法是，从前述李拉提出的 12 种固定液中，先选用 4 种固定液（一般是：SE-30，DC-710，PEG-20M，DEGS），以适当的操作条件进行色谱初步分离，观察未知样分离情况，然后进一步按 12 种固定液的极性大小作适当调整或更换，以选择较适宜的一种固定液。因此固定液的选择也要靠实践。

值得注意的是毛细管柱气相色谱现在已得到广泛应用，由于毛细管柱的柱效很高，塔板数高达十几万块，所以有人主张大部分分析任务可用 3 根不同极性的毛细管柱完成。因而使用毛细管柱气相色谱固定液选择就容易得多。

9.4　气相色谱分离操作条件的选择

色谱柱效能主要取决于分离操作条件的选择，本节根据速率方程式讨论这一问题。

9.4.1　载气及其流速的选择

由速率方程式 $H = A + B/u + Cu$ 可知，载气流速 u 必有最佳值，此时的理论塔板高度最小，柱效能最高。此流速称为载气的最佳流速 $u_{最佳}$。

$u_{最佳}$ 通过实验测得。对一定的色谱柱和试样，固定其它条件不变，用在不同流速下测得的塔板高度 H 对流速 u 作图，得 $H-u$ 曲线，如图 9-7 所示。曲线最低点对立的流速就是 $u_{最佳}$。实际工作中往往使流速稍高于最佳流速，虽然塔扳高度有所增加，但分析时间可明显缩短。载气的流速实际中最常用体积流速（流量 $mL \cdot min^{-1}$ 来表示。

常用的载气有 H_2，N_2，Ar_2 等，载气种类的选择首先应考虑检测器的特点（将在 9-5 讨论），

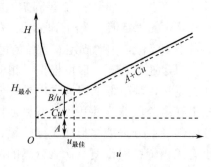

图 9-7　塔扳高度 H 与载气流速 u 的关系

其次是对柱效能的影响。载体对柱效能的影响主要表现为组分在载气中的扩散系数 D_g 的大小:

$$D_g = \frac{1}{\sqrt{M_{载气}}}$$

式中:$M_{载气}$ 为载气的摩尔质量,

在速率方程中,D_g 出现在分子扩散项的分子和传质阻力项的分母。因此,一般在载气流速低时选用摩尔质量较大扩散系数较小的 N_2、A_r 作载气;流速较高时选用摩尔质量较小扩散系数较大的 H_2 作载气。

9.4.2 柱温的选择

柱温是一个十分重要的操作参数,主要影响分配系数 K、分配比 k、组分在流动相和固定的扩散系数 D_g 和 D_l,因而它直接影响分离效能和柱效能。

柱温增高,各组分的分配系数 K 值变小,各组分之间的 K 值差也变小,各组分的挥发度靠拢,相对保留值 r 变小,分离效能变差。为了使组分分离得好,宜采用较低的柱温。但柱温过低,传质速率显著降低,柱效能下降,色谱峰形变宽。柱温对分析时间也有较大的影响,升高柱温,分析时间缩短,一般柱温每提高30℃,保留时间会缩短一半左右。因此柱温的选择非常重要,其选择原则是在所选的柱温下应使试样中各组分基本达到完全分离,而又不太延长分析时间为宜,一般柱温比试样中各组分的平均沸点低20℃~30℃,但具体选择需通过实验决定。

对于沸点范围较宽的多组分试样,可采用程序升温的方法进行分析。即柱温按设定的程序随时间逐渐升高。这种方法既可使低沸点组分很好分离,又可改善高沸点组分的峰形并缩短分析时间。

还应该明确指出的是,所选柱温不能高于固定液的最高使用温度,否则固定液随载气流失,不但影响柱的寿命,而且固定液随载气进入检测器,将污染检测器。

9.4.3 固定液用量与担体粒度的选择

由速率方程式可知,固定液液膜 d_f 小,柱效能高,因此目前填充色谱柱中盛行低固定液含量的色谱柱。但固定液用量太低,允许的进样量也就小,对检测器灵敏度的要求就高。由于固定液用量少有可能不能全部涂盖担体表面,色谱峰易产生拖尾现象。另外液膜的厚度还与担体的表面积有关,担体的表面积大,在同样的液膜厚度下固定液的用量就可高。

固定液的配比一般用 5:100~25:100。也有低于 5:100 的,要根据担体的性质和分析的对象等情况来决定。

对担体粒度,要求均匀、细小,这样有利于提高柱效。但粒度过细,阻力过大,使柱压降增大,对操作不利。对 3mm~6mm 内径的色谱柱,使用 60 目~80 目的担体为合适。柱长度短,使用的担体粒度可以细些,反之担体粒度可以粗些。

9.4.4 柱长和柱内径的选择

一般的填充色谱柱内径为 3mm~6mm,长度为 1m~3m,空心毛细管柱由于阻力小,柱长可达数十米乃至百米。分离度与柱长平方根成正比,而柱长又与分析时间成正比,因此在满足一定分离度的前提下，尽可能使用较短的柱子。

9.4.5　进样量和进样时间的选择

进样量要适当。一般液体试样进样为 0.1μL～10μL，气体试样进样为 0.1 mL～10 mL。进样量太少，会使微量组分因检器灵敏度不够而无法检出，但进样量太大，会使几个色谱峰重叠在一起而影响分离，最大允许的进样量，应控制在峰面积或峰高与进样量呈线性关系的范围内。

进样速度必须很快，一般进样时间都在 1s 之内。若进样时间过长，试样原始宽度变大，半峰宽必然变宽，甚至使峰变形。

9.4.6　气化温度的选择

气化室的温度应既能保证试样迅速全部汽化又不引起试样分解。温度过低，汽化速度慢，使试样峰形变宽；温度过高，将引起试样分解，一般选择汽化温度应比柱温度高 30℃～70℃。

9.5　气相色谱检测器

检测器的作用是将色谱柱分离后的各组分按其特性及含量转为相应的电信号。根据检测原理的不同，可将检测器分为浓度型检测器和质量型检测器 2 类。

浓度型检测器测量的是载气中某组分浓度瞬间的变化，即检测器的响应值与组分的浓度成正比。如热导池检测器和电子捕获检测等。

质量型检测器测量的是载气中某组分进入检测器的速度变化，即检测器的响应值与单位时间内进行检测器某组分的质量成正比。如氢火焰离子化检测器和火焰光度检测器等。

9.5.1　检测器的性能指标

无论是哪种类型的检测器，其性能都应尽可能满足灵敏度高、检测限低、线性范围宽和稳定性好等要求。这些也是评价检测器质量的指标。

1. 灵敏度 S

对于浓度型检测器，灵敏度 S_c 的定义是：1mL 载气中含有 1mg 或 1mL 样品时，检测器输出的 mV 数。经推导得计算 S_c 公式为：

$$S_c = \frac{F_0 A_i}{m_i} \qquad (9-27)$$

单位为 mV·mL·mg^{-1} 或 mV·mL·mL^{-1}。式中：m_i 为组分 i 的进样量（mg 或 mL）；F_0 为载气流速（mL·min^{-1}）；A_i 为色谱工作站记录的色谱峰面积（mV·min），由图 9-8 可知工作站记录的色谱峰面积 A 为：$A = \int_0^\infty h dt$，式中：t 为时间（min），h 为色谱峰高度（mV）。

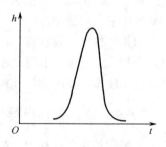

图 9-8　色谱工作站记录的色谱图

对于质量型检测器，灵敏度 S_m 的定义是：1s 内有

1g 样品进入检测器时，检测器产生的 mV 数，计算式为：

$$S_m = \frac{A_i}{m_i} \qquad (9-28)$$

单位为 mV·s·g^{-1}。式中符号意义同式(9-27)，只是 m_i 的单位为 g，A_i 的单位为 mV·s 。

2．检测限 D

灵敏度 S 只是表示检测器对某组分产生信号的大小，但灵敏度大时基线波动也随之增大，因此仅用灵敏度还不能很好地衡量检测量的质量，为此又引入检测限。检测限也称敏感度，是指检测器能确认被测物质存在时进入检测器的最低试样量。其定义为检测器恰能产生相当于 3 倍噪声（R_N）信号时，单位体积载气（mL）或单位时间（s）进入检测器的试样量。

$$D = \frac{3R_N}{S} \qquad (9-29)$$

单位为 mg·mL^{-1} 或 g·s^{-1} 。

由上式可见：要降低检测限，必须在提高灵敏度的同时，最大限度地抑制噪声。

3．线性范围

线性范围是指检测器的信号大小与进样量成线性关系的范围。一般用在线性范围内的试样最大和最小进样量之比来表示。线性范围越大，可以测定的浓度或质量范围越宽。

9.5.2 热导池检测器

热导池检测器（thermal conductivity detector），常用 TCD 表示。由于结构简单，灵敏度适宜，稳定性好，而且对所有物质均有响应，因此是应用最广泛的检测器之一。

1．热导池的结构

热导池由池体和热敏元件构成。池体用不锈钢制成。热敏元件是一些电阻值随本身温度变化而变化的导电体，为提高检测器的灵敏度，一般采用电阻率高，电阻温度系数（即温度每变化1℃，导体电阻的变化值）大的钨丝、铂丝等热敏丝作为热敏元件。热导池可分为双臂和四臂热导池 2 种。双臂热导池的池体上有 2 个大小相同、形状完全对称的孔道，孔道内各固定一根长短、粗细和电阻值完全相同的热敏丝。2 个孔道各与气路相连，工作时一个的气路仅通过载气，称为参比池；另一个的气路通入带有样品的载气，称为测量池。热导池的结构如图9-9所示。

2．热导池的检测原理

热导池的检测原理是基于不同的物质有不同的热导系数（温差为 1℃，传热距离为 1cm，传热面积为 1cm^2，在 1s 内传递的热量）。一些气体或蒸气的热导系数见表9-6。在热导池的测量电路中，将热导池的 2 个热敏丝作为 2 个臂与 2 个等值的固定电阻 R_1、R_2 组成惠斯登电桥，如图9-10所示。

当一定大小的桥电流通过热敏丝时，热敏丝的温度增加，相应的阻值会增大。未进样时，参比池和测量池通过的都是载气，因载气向池臂传导热量，致使两池孔内的热敏丝的温度和电阻值发生等值变化，变化后 2 个热敏丝的阻值仍然相等，即：

$$R_{参} = R_{测}$$

则：
$$R_1 = R_2$$
所以：
$$R_参 \cdot R_2 = R_测 \cdot R_1$$

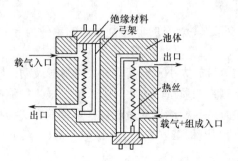

图 9-9　热导池结构

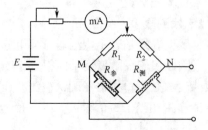

图 9-10　热导检测器电桥线路示意图

表 9-6　某些气体与蒸气的热导系数（λ）（单位：$J \cdot cm \cdot ℃ \cdot s^{-1}$）

气　体	$\lambda \times 10^5$		气　体	$\lambda \times 10^5$	
	0℃	100℃		0℃	100℃
氢	174.4	224.3	甲烷	30.2	45.8
氦	146.2	175.6	乙烷	18.1	30.7
氧	24.8	31.9	丙烷	15.1	26.4
空气	24.4	31.5	甲醇	14.3	23.1
氮	24.4	31.5	乙醇	—	22.3
氩	16.8	21.8	丙酮	10.1	17.6

电桥处于平衡状态，M、N 两点电位相等，无信号输出。记录仪上记录一条平直的基线。在实际中，很难挑选出阻值完全一样的电阻。因而电桥会有输出电压，此时可通过调节滑线电阻，使电桥平衡，输出电压为零。

当载气携带试样进入测量池时，由于被测组分与载气组成的二元体系热导系数与纯载气的热导系数不同，测量池中热敏丝温度和电阻值的变化与参比池不同，致使：
$$R_参 \neq R_测$$
$$R_参 \cdot R_2 \neq R_测 \cdot R_1$$
电桥失去平衡，M、N 两端产生了电位差，于是有信号输出。在检测器的线性范围内，载气中被测组分的浓度 c 越高，测量池中气体热导系数的变化（$\triangle\lambda$）越大，测量池中热敏丝的温度和阻值的改变（$\triangle t$ 和 $\triangle R$）越大，电桥 M、N 两端的不平衡电位差 $\triangle E$ 越大。即：
$$\triangle E \propto \triangle R \propto \triangle t \propto \triangle\lambda \propto c$$
所以：
$$\triangle E \propto c$$

热导池检测器的响应值与进入热导池载气中组分的浓度成正比。

3. 影响热导池测检器灵敏度的因素

（1）桥路电流。桥流增加，热丝温度提高，与池体的温差加大，气体就容易将热量传出，灵敏度就高，灵敏度 S 与桥电流 I 的三次方成正比，即 $S \propto I^3$。但电流过大，基线不稳，且热敏丝易烧坏。以 N_2 作载气时，桥流一般控制在 100mA～150mA；H_2 作载气时，桥电流可控制在 150mA～200mA。

（2）池体温度。桥流一定时，热丝温度一定。降低池体温度可使池体与热敏丝的温差增大，使灵敏度提高。但池体温度不能低于柱温，以免组分在检测器内冷凝而造成检测器污染。

（3）载气种类。载气与试样组分蒸气热导系数相差越大，灵敏度越高。由于一般物质蒸气的热导系数较小，因此，选用热导系数大的 H_2 作载气可使灵敏度提高。

9.5.3　氢火焰离子化检测器

氢火焰离子化检测器（flame ionization detector，FID），简称氢焰检测器。它对大多数有机物均有响应，且灵敏度比热导池检测器约高 3 个数量级，可检测至 $10^{-12} g \cdot s^{-1}$ 的痕量物质，故适宜于痕量有机物的分析。对无机物、永久性气体、水及其他在氢焰中不电离或难电离的物质基本上无响应。因其结构简单、灵敏度高、响应快等优点，它也成为目前应用广泛的一种较理想的检测器。

1．氢焰检测器的结构

氢焰检测器的主要部件是一个用不锈钢制成的离子室，包括气体入口、火焰喷嘴、发射极和收集极。发射极一般用铂丝作成圆环，收集极用铂、不锈钢或其他金属做成圆筒。如图 9-11 所示。在发射极和收集之间加 150V～300V 的直流电压，构成一外加电场。

载气一般用 N_2，燃气用 H_2，助燃气用空气以供给 O_2，在喷嘴附近安有点火装置，（或发射极兼作点火用），使在喷嘴上方产生氢火焰（约 2100℃）作为能源。

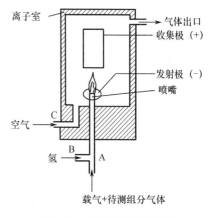

图 9-11　氢焰检测器示意图

2．氢焰检测器的检测原理

有机组分被载气带入检测器，在氢火焰中离子化，产生的离子在外电场作用下向两极定向运动而形成微电流（$10^{-6}A$～$10^{-14}A$）。有机物在氢焰中的离子化效率极低，估计约每 50 万个碳原子仅产生一对离子。离子化产生的离子数目，亦即由此而形成的微弱电流的大小，与单位时间内进入火焰中被测组分的质量成正比。此微电流通过高阻（$10^{8}\Omega$～$10^{11}\Omega$）转变成电压信号，经放大后由记录仪记录下来。

对于氢火焰检测器离子化的作用机理，至今还不十分清楚。一般认为，火焰中电离不是热电离，而是化学电离，即有机物分子在氢火焰中发生自由基反应而被电离。以有机物苯在氢火焰中的化学电离反应为例：

$$C_6H_6 \rightarrow 6CH\cdot$$
$$6CH\cdot + 3O_2 \rightarrow 6CHO^+ + 6e^-$$
$$6\,CHO^+ + 6H_2O \rightarrow 6CO + 6H_3O^+$$

有机物 C_6H_6 在氢火焰作用下首先发生裂解，产生含碳自由基 $CH\cdot$，然后 $CH\cdot$ 自由基与进入火焰的 O_2 发生发应，生成 CHO^+ 及 e^-，形成的 CHO^+ 又与火焰中的水蒸气分子碰撞产生 H_3O^+ 正离子，化学电离产生的正离子（CHO^+ 和 H_3O^+）和电子（e^-）在外加直流电场的作用下，向两极移动而产生电流。

3．操作条件的选择

（1）氢气流速。氢气流速的大小影响检测器的灵敏度和稳定性，氢气流速低时，灵敏度较低，而且火焰易熄灭，过高则造成基线噪声增大。当用 N_2 作载气时，一般 H_2 与 N_2 的流速比为 1:1～1:1.5。

（2）空气流速。空气作为助燃气，当它的流速很小时，灵敏度较低，达到一定值后，空气流量对响应信号几乎没有影响。一般氢气与空气流量之比为 1:10。

（3）极化电压。在低电压时，响应值随极化电压的增加成正比增加，当电压超过一定值时，增加电压对离子化电流没有大的影响。一般极化电压取 100V～300V。

（4）使用温度。温度对检测器的灵敏度影响不大，但应高于 100℃，以免水蒸气冷凝造成影响。

9.5.4 电子捕获检测器

电子捕获检测器（ECD）是一种高选择性、高灵敏度的检测器，它只对具有电负性的物质（如含有卤素，硫、磷、氧的物质）有响应，电负性越强，灵敏度越高，能测出 $10^{-14}g \cdot mL^{-1}$ 的强电负性物质。

电子捕获检测器的构造如同 9-12 所示，在检测器内腔装有一个贴在阴极壁上的圆筒状 β 射线放射源（^3H 或 ^{63}Ni），不锈钢棒作阳极，筒体为阴极。在两极间施加直流或脉冲电压。当载气（一般为高纯氮）进入检测器时，在射线的作用下发生电离：

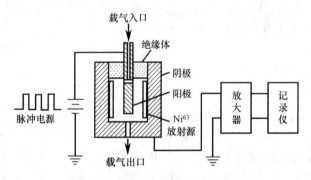

图 9-12 电子捕获检测器示意图

$$N_2 \rightarrow N_2^+ + e^-$$

生成正离子和慢速低能量的电子，在恒定电场作用下分别向负极和正极移动，形成恒定的电流，即原始电流或称基流。色谱仪的记录器上是一条平直的基线。当含有电负性元素的组分AB进入检测器时，就会捕获电子而形成带负电荷的分子离子并放出能量：

$$AB + e^- \rightarrow AB^- + E$$

组分生成的带负电的分子离子又与载气生成的正离子复合成中性化合物：$AB^- + N_2^+ \rightarrow N_2 + AB$，随载气流出检测器。由于被测组分捕获电子，其结果使基流下降而形成倒峰，组分的浓度越高，电负性越强，倒峰越大。

这种检测器对不具有电负性的物质不产生响应或响应信号很小。近年来广泛应用于食品、农副产品中农药残留量的分析、大气及水质污染分析。

9.6　气相色谱定性方法

色谱定性分析的目的是确定各色谱峰所代表的化合物。色谱分析法对混合物的分离能力很强，但对组分的定性鉴别能力比较弱，通常需要采用已知纯物质与试样进行对照的办法来进行定性分析，近年来由于气相色谱与质谱、红外光谱等技术联用，使色谱分析的强分离能力和质谱、红外光谱的强鉴定能力相结合，加上计算机对数据的快速处理和检索，为未知物的分析开创了广阔的前景。下面介绍几种常用的定性方法。

9.6.1　利用纯物质对照定性

1. 利用保留值定性

在一定的固定相和操作条件（包括柱温、柱长、载气流速等）下，各组分都有一确定的保留值（t_R 或 V_R）。因此在一定条件下，分别测出各色谱峰的保留值与纯物质的保留值加以比较，若两者相同，说明可能是同一物质，否则说明不是同一物质。这种方法操作简便快速，但必须严格控制操作条件一致。

2. 加入已知纯物质增加峰高法定性

如果试样中相邻组分的保留值接近，且操作条件不易控制稳定时，可先作出试样的色谱图，然后将纯物质加到试样中混合进样，若某一组分的峰高增加，则此组分与已知物可能是同一物质。

上述 2 种定性方法，大多数情况下是用于定量分析时确定各色谱峰所对应的是试样中哪种组分。一个完全未知的试样用上述方法实现定性鉴定是有一定困难的。

9.6.2　利用文献保留数据定性

利用文献保留数据定性的方法是，从文献上查得有关物质的保留数据，并注意得出这些数据的实验条件，然后在相同的条件下进行实验，测出保留数据，与文献值比较。如果二者相同，一般为同一种物质。文献数据一般有 2 种，即相对保留值和保留指数。

1. 相对保留值定性

相对保留值 r_{is} 是某一物质 i 的调整保留值与另一标准物质 s 的调整保留值之比。

$$r_{is} = \frac{V'_i}{V'_S} = \frac{t'_{R(i)}}{t'_{R(s)}} = \frac{K_i}{K_s} = \frac{k_i}{k_s}$$

由上式可知：r_{is} 仅与柱温、固定液性质有关，与其它操作条件无关。

2. 保留指数定性

在一给定的固定液和柱温下，正构烷烃的调整保留值的对数与其碳原子数 n 成直线关系，即 $\lg t'_R = an + b$。某物质在所给定的固定液和柱温下都有一对应的 t'_R，代入上式可求得一 n 值，那么该物质就可看成是相当于 n 个碳原子数的正构烷烃。

例如乙酸乙酯在阿皮松 L 柱上 100℃测得 $n = 7.75$，乙酸乙酯就可看作是相当于 7.75 个碳原子数的正构烷烃。人为的定义保留指数为碳原子数乘以 100，保留指数用 I 表示，所以 $I = 100n$。如：正己烷 $I = 600$；正庚烷 $I = 700$；乙酸乙酯 $I = 775$。

被测组分保留指数 I_x 的测定方法是，选取 2 个正构烷烃作为标准物，其中一个碳原子数为 z，另一个为 $z+n$，测得它们的调整保留值分别为 $t'_{R(z)}$ 和 $t'_{R(z+n)}$，被测组分的调整保留值为 $t'_{R(X)}$，按下式计算其保留指数 I_x：

$$I_x = 100 \left[z + n \frac{\lg t'_{R(x)} - \lg t'_{R(Z)}}{\lg t'_{R(z+n)} - \lg t'_{R(z)}} \right] \tag{9-30}$$

保留指数仅与固定液性质和柱温有关，与其它操作条件无关，其准确性和重现性都很好。

9.6.3 与质谱、红外光谱联用定性

质谱、红外光谱定性能力很强，但对于复杂混合物的定性鉴定有困难。如果把它们与色谱仪联用，相当于色谱仪作质谱、红外光谱仪的进样装置，而质谱、红外光谱仪成了色谱仪的检测器。混合样品经色谱仪分离以后，各个组分先后进入质谱或红外光谱仪而被鉴定，给出质谱图或红外光谱图，从而判断未知物的结构、相对分子质量等。如若再接上微处理机，对数据进行快速处理和检索，使定性鉴定更为方便快捷。但是这些联用仪器价格昂贵，目前应用尚不普遍。

9.7 气相色谱定量方法

将检测器一节中计算灵敏度的公式（9-27）改写为：

$$m_i = \frac{F_0}{S_c} A_i$$

当 S_c、F_0 一定后，组分 i 的色谱峰面积 A_i 与进入色谱中该组分的质量成正比。令：$f'_i = F_0/S_c$ 则：

$$m_i = f'_i A_i \tag{9-31}$$

上式即为色谱定量分析的依据。式中：f'_i 称为定量校正因子。

由式（9-31）可知，色谱定量分析时需要：（1）准确测量峰面积；（2）求出定量校正因子；（3）选择合适的定量计算方法。

9.7.1 峰面积的测量

1. 峰高乘半峰宽法

当色谱峰形对称且不太窄时可用此法，此法近似地把色谱峰作为等腰三角形来计算面积。

$$A = h \cdot Y_{1/2} \tag{9-32}$$

这样计算的峰面积是实际峰面积的 0.94 倍，故实际峰面积应为：

$$A = 1.065 h \cdot Y_{1/2} \tag{9-33}$$

但在作相对计算时，1.065 可略去。

2. 峰高乘平均峰宽法

对于不对称峰，用此法计算较为准确。平均峰宽是指峰高 0.15 和 0.85 处峰宽的平

均值。峰面积计算式为：

$$A=h\times 1/2(Y_{0.15}+Y_{0.85}) \tag{9-34}$$

3．峰高代替峰面积定量

对于一定的样品，当各种操作条件严格保持不变，在一定的进样范围内，半峰宽是不变的，可由峰高代替面积进行定量计算，特别是当峰形很狭窄时，峰高定量比峰面积定量法更准确。

4．峰高乘保留时间法

在一定操作条件下同系物的半峰宽与保留时间成正比，即 $Y_{1/2}\propto t_R$，$Y_{1/2}=b\,t_R$。所以：

$$A=1.065hY_{1/2}=1.065hbt_R \tag{9-35}$$

作相对计算时，1.65 及比例常数 b 可略去。

5．微机应用

目前多数色谱仪都带有微机进行数据处理，不但能自动显示各峰的保留时间、峰面积、含量等分析结果，配合色谱仪上的控制装置，还能自动控制操作过程、选择最佳分析方法和分析条件，自动化程度大大提高。

9.7.2　定量校正因子

由式（9-31）知：

$$f_i'=\frac{m_i}{A_i} \tag{9-36}$$

f_i' 称为绝对校正因子，其含义是单位峰面积相当的物质量。因检测器对不同物质的响应值（灵敏度 S）不同，所以单位峰面积相当的物质量对不同的物质是不一样的，因此定量时必须求出试样中所有组分的绝对校正因子 f_i'。但 f_i' 既不能精确计算又不能准确测定（与操作条件如 F_0 有关），并且没有通用性（每台仪器的灵敏度 S 不同），故无法直接应用。因此在定量分析中需采用相对校正因子 f_i。

相对校正因子 f_i 的定义是组分 i 的绝对校正因子 f_i' 与标准物的绝对校正因子 f_s' 之比：

$$f_i=\frac{f_i'}{f_s'}=\frac{A_s m_i}{A_i m_s} \tag{9-37}$$

常用的标准物质，对热导池检测器是苯，对氢焰检测器是正庚烷。按被测组分使用的计算单位的不同，可分为相对质量校正因子、相对摩尔校正因子和相对体积校正因子。其中相对质量校正因子最为常用。通常把相对二字略去，平常所指的校正因子就是相对校正因子。

相对校正因子的测定方法是：准确称取一定量的组分纯物质 m_i 和标准物质 m_s，将它们混合，混合后体积为 V，取 V' 进样并分别测定其峰面积 A_i 和 A_s，代入式（9-37）得：

$$f_i=\frac{f_i'}{f_s'}=\frac{A_s m_i V'/V}{A_i m_s V'/V}=\frac{A_s m_i}{A_i m_s}$$

即可求得定量校正因子。由于 m_i 与 m_s 是用分析天平准确称量的，操作条件对峰面积的影响也可相互抵消，因此能够准确测定。f_i 实质是同一检测器对 2 种物质的灵敏度之比，实践证明它只与检测器种类有关，与其它条件无关，因此具有通用性。各种物质的校正因子可在文献中查到。表 9-7 列出了一些化合物的质量校正因子。

表 9-7　一些化合物的质量校正因子

化合物	沸点/℃	相对分子质量	热导池检测器 f	氢焰电离检测器 f
甲烷	-160	16	0.45	1.03
乙烷	-89	30	0.59	1.03
丙烷	-42	44	0.68	1.02
丁烷	-0.5	58	0.68	0.91
乙烯	-104	28	0.59	0.98
乙炔	-83.6	26		0.94
苯	80	78	1.00	0.89
甲苯	110	92	0.79	0.94
环乙烷	81	84	0.74	0.99
甲醇	65	32	0.58	4.35
乙醇	78	46	0.64	2.18
丙酮	56	58	0.68	2.04
乙醛	21	44	0.68	
乙醚	35	74	0.67	
甲酸	100.7			1.00
乙酸	118.2			4.17
乙酸乙酯	77	88	0.79	2.64
氯仿		119	1.10	
吡啶	115	79	0.79	
氨	33	17	0.42	
氮		28	0.67	
氧		32	0.80	
CO		44	0.92	
CCl₄		154	1.43	
水	100	18	0.55	

9.7.3　常用的定量方法

1. 归一化法

如果试样中所有组分都能出色谱峰，则可用此法计算组分含量。设试样中有 n 个组分，各组分的量分别为 m_1，m_2，…，m_n　则 i 组分的质量分数 w_i 为：

$$w_i = \frac{m_i}{m_1 + m_2 + \cdots + m_n} \times 100\%$$

$$= \frac{f_i A_i}{f_1 A_1 + f_2 A_2 + \cdots + f_n A_n} \times 100\% \tag{9-38}$$

当测量参数为峰高时，也可用峰高归一化计算组分含量：

$$w_i = \frac{f_i'' h_i}{f_1'' h_1 + f_2'' h_2 + \cdots + f_n'' h_n} \times 100\% \tag{9-39}$$

式中：f_i'' 为峰高校正因子，必须自行测定。测定方法与峰面积校正因子相同。

归一化法的优点是简便、准确。进样量的多少不影响测定结果，操作条件的变动对结果影响也较小，对多组分的测定尤其显得方便。缺点是试样中某些不需定量的组分也需测出其校正因子和峰面积，增加了一些无用的工作量。并且要求试样中所有组分必须全部出峰，否则不能用此法。

2．内标法

当试样中所有组分不能全部出峰，或只要求测定试样中某个或几个组分含量时，可用此法。作法是准确称取试样（m），加入某种纯物质（m_s）作为内标物，混合后进样。则有：$m_i = f_i' A_i$　，$m_s = f_s' A_s$，两式相比得：

$$m_i = \frac{f_i A_i}{f_s A_s} m_s$$

所以：

$$w_i = \frac{m_i}{m} \times 100\% = \frac{f_i A_i}{f_s A_s} \times \frac{m_s}{m} \times 100\% \tag{9-40}$$

所选内标物应是试样中不存在的纯物质；内标物的色谱峰最好处于待测组分峰附近，但彼此又能很好地分开；加入量与待测组分量应相近。

内标法的优点是定量准确，进样量和操作条件不要求严格控制。缺点是必须对试样和内标物准确称量，比较费时。

3．内标标准曲线法

若固定试样和内标物的称取量，式（9-40）中 $\dfrac{f_i}{f_s} \dfrac{m_s}{m} \times 100\%$ 为一常数，此时：

$$w_i = \frac{A_i}{A_s} \times 常数 \tag{9-41}$$

即被测物的含量与 A_i/A_s 成正比关系，以 w_i 对 A_i/A_s 作图，可得一条通过原点的直线，即内标曲线，如图 9-13 所示。

用内标曲线进行定量的方法是：先将待测组分的纯物质配成不同浓度的标准溶液，取固定量的标准溶液和内标物混合后进样分析，测出 A_i 和 A_s，以 A_i/A_s 对标准溶液浓度作图，得待测组分的内标曲线。分析时，称取与绘制内标曲线时同样量的试样和内标物，测出其峰面积比值，从内标标准曲线即可查得待测组分的含量。

此法不必测出校正因子，消除了某些操作条件的影响，也不需严格定量进样，适于批量试样的常归分析。

4．外标法

外标法又称标准曲线法，与光度分析中的标准曲线法相同，即取待测组分的纯物质配成一系列不同浓度的标准溶液，在一定的色谱条件下准确定量进样得到色谱图，测出峰面积（或峰高），作出峰面积（或峰高）和浓度的关系曲线，即标准曲线，如图 9-14 所示。然后在同样操作条件下进入相同量（一般为体积）的未知试样，从色谱图上测出峰面积（或峰高），由上述标准曲线查出待测组分的浓度。

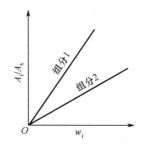

图 9-13　内标法标准曲线图

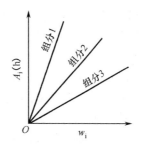

图 9-14　外标法标准曲线图

外标法的操作和计算都简便，不必用校正因子。但要求操作条件稳定，进样量重复性好，否则对分析结果影响较大。

9.8 毛细管柱气相色谱法

毛细管柱气相色谱法是用内壁涂有一层极薄而均匀的固定液的毛细管代替填充柱的一种分离分析方法，由于毛细管柱中心是空的，对气流的阻力很小，因而柱长可以做到20m～100m，使理论塔板数高达数十万块，柱效能极高。图9-15是香精油试样分别在毛细管柱和填充柱上使用相同固定液所得色谱图。由图可见在填充柱上未能分开的峰，在毛细管柱上均被完全分离。

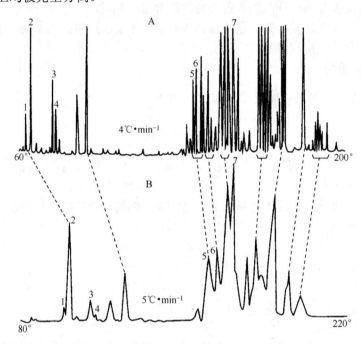

图 9-15　菖蒲油的色谱图

A——使用 50m×0.3mm OV-1 玻璃毛细管柱；B——4m×3mm 填充柱，
内填 5%OV-1 固定相涂在 60 目/80 目 $G_{aschirom}Q$ 担体上，2 个分析各自选择最佳色谱条件。

9.8.1 毛细管色谱柱

毛细管柱早期用不锈钢制成，它的优点是弹性好、不易破裂、仪器连接方便，但不锈钢具有一定的催化性和吸附性，加上不透明、不易涂渍固定液，现已很少使用。玻璃毛细管柱表面惰性较好，透明易加工，因此长期使用，但玻璃易碎，与仪器连接困难。1979 年出现了石英玻璃制作的柱子，由于这种色谱柱具有化学惰性、热稳定性好、机械强度高的特点，目前已占具主要地位。

毛细管柱按固定液的涂渍方法不同，可分为：（1）壁涂开管柱——将固定液直接涂在毛细管内壁上；（2）多层开管柱——在管壁上涂一层多孔性吸附剂固体微粒，实际上是开心毛细管气固色谱；（3）载体涂渍开管柱——先在毛细管内壁涂一层很细的多孔颗粒，然后再在其上涂渍固定液；（4）化学键合相毛细管柱——将固定液用化学键合的方法键合到柱内壁等。

9.8.2 毛细管柱色谱系统

毛细管色谱柱系统与填充柱色谱系统基本上是相同的，不同处是柱前多一个分流进样器，柱后多一个尾吹气路，如图9-16所示。

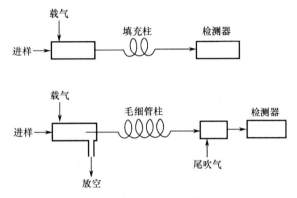

图 9-16 毛细管色谱仪与填充柱色谱仪流路比较

这是因为毛细管柱的柱容量很小，进样体积仅为 $0.01\mu L \sim 0.2\mu L$，很难准确直接进样，必须采用分流进样的方式，即在汽化室出口处将气体分成2路，绝大部分从分流阀放空，只有小部分进入色谱柱，这2部分气流比称为分流比。一般为50:1～200:1。加尾吹气的目的是减少死体积和柱尾端的扩散效应以及满足氢焰检测器所需的气流量，因为毛细管柱色谱系统的载气 N_2 流速约为 $1mL \cdot min^{-1} \sim 5mL \cdot min^{-1}$，达不到氢焰检测器所需 N_2 / H_2 比而使灵敏度降低，增加尾吹气可以提高检测器的灵敏度。

毛细管柱色谱与填充柱色谱的比较见表9-8。

表 9-8 毛细管柱色谱与填充柱色谱的比较

		填 充 柱	毛 细 管 柱
色谱柱	内径/mm	2～6	0.1～0.5
	长度/m	0.5～6	20～200
	相比	6～35	50～150
	总塔板数 n	$\sim 10^3$	$\sim 10^6$
动力学方程式	方程式	$H = A + \dfrac{B}{u} + (C_g + C_1)u$	$H = \dfrac{B}{u} + (C_g + C_1)u$
	涡流扩散项	$A = 2\lambda d_p$	$A = 0$
	分子扩散项	$B = 2\gamma D_g; \gamma = 0.5 \sim 0.7$	$B = 2\gamma D_g; \gamma = 1$
	气相传质项	$C_g = \dfrac{0.01k^2}{(1+k)^2} \cdot \dfrac{d_p^2}{D_1}$	$C_g = \dfrac{(1+6k+11k^2)}{24(1+k)^2} \cdot \dfrac{r^2}{D_1}$
	液相传质项	$C_1 = \dfrac{2}{3} \cdot \dfrac{k}{(1+k)^2} \cdot \dfrac{d_f^2}{D_1}$	$C_1 = \dfrac{2}{3} \cdot \dfrac{k}{(1+k)^2} \cdot \dfrac{d_f^2}{D_1}$
	进样量/μL	0.1～10	0.01～0.2
	进样器	直接进样	附加分流装置
	检测器	TCD，FID 等	常用 FID
	柱制备	简单	复杂
	定量结果	重现性较好	与分流器设计性能有关

9.8.3 毛细管柱色谱的特点

1. 柱效能高

从单位柱长的柱效看，毛细管与填充柱处于同一数量级，但由于毛细管柱是空心的，渗透性好、可以使用很长的柱子，所以柱效远高于填充柱，可解决极复杂物质的分离问题。

2. 相比高，有利于实现快速分析

填充柱的相比一般在 6～35 之间，而毛细管柱的相比一般在 50～150 之间。由于 β 值大，液膜厚度薄，组分在固定相中的传质速度大大加快，加上由于渗透性大，可使用很高的载气线速度，从而实现了快速分析。

3. 操作条件要求严格

毛细管柱的柱体很小，因而允许的进样量小。柱连接管道微小的死体积将会带来很大的影响，对进样技术和检测器的要求很严，如普通的热导检测器由于有较大的死体积而不合适做毛细管色谱的检测器。一般采用氢焰离子化检测器或微型热导检测器。

9.9 气相色谱分析的特点及应用

从前面的讨论可以看到，气相色谱分析是一种高效、快速、灵敏和应用范围广的分离分析方法。

1. 分离效能高

一根长 1m～2m 的色谱柱，一般可有几千个理论塔板，对于长柱（毛细管柱），甚至有一百多万个理论塔板，这样就可使一些分配系数很接近的以及极为复杂、难以分离的物质，仍能得到满意的分离。例如用空心毛细管色谱柱，一次可以解决含有一百多个组分的烃类混合物的分离及分析。

2. 灵敏度高

可以检测 $10^{-11}g$～$10^{-13}g$ 物质。因此：在痕量分析上，它可以检出超纯气体、高分子单体和高纯试剂等中质量分数为 10^{-6} 甚至 10^{-10} 数量级的杂质；在环境监测上可用来直接检测大气中质量分数为 10^{-6}～10^{-9} 数量级的污染物；农药残留量的分析中可测出农副产品、食品、水质中质量分数为 10^{-6}～10^{-9} 数量级卤素、硫、磷化物，等等。

3. 分析速度快

通常一个试样的分析可在几分钟到几十分钟内完成。某些快速分析，一秒钟可分析好几个组分。

4. 应用范围广

气相色谱法可以应用于分析气体试样，也可分析易挥发或可转化为易挥发的液体和固体；不仅可分析有机物，也可分析部分无机物。一般地说，只要沸点在 500℃ 以下，热稳定性良好，相对分子质量在 400 以下的物质，原则上都可采用气相色谱法。目前气相色谱法所能分析的有机物，约占全部有机物的 15%～20%，而这些有机物恰是目前应用很广的那一部分。

对于难挥发和热不稳定的物质,气相色谱法是不适用的,近年来裂解气相色谱法(将相对分子质量较大的物质在高温下裂解后进行分离检定,已应用于聚合物的分析)、反应气相色谱法(利用适当的化学反应将难挥发试样转化为易挥发的物质,然后以气相色谱法分析之)等的应用,大大扩展了气相色谱法的应用范围。

思 考 题

1．气相色谱仪主要包括哪几部分？各有什么作用？

2．试述气固色谱和气液色谱的分离原理,并对它们进行简单的比较。

3．什么是色谱的保留值？有那些表示保留值的方法？

4．从速率方程式简述影响塔板高度 H 的因素。

5．分离度的定义是什么？为什么可用分离度作为色谱柱总分离效能的指标？

6．能否根据理论塔板数来判断分离的可能性？为什么？

7．请以塔板高度 H 作为柱效能指标,讨论色谱分离操作条件的选择。

8．常用的气相色谱检测器有哪几类？简述热导池检测器和氢焰检测器的工作原理。

9．常用的担体有哪些？试比较红色和白色硅藻土担体的性能。

10．怎样选择固定液？

11．色谱定性有哪些方法？依据是什么？

12．什么是绝对校正因子？什么是相对校正因子？如何测定相对校正因子？

13．色谱定量分析中,为什么要用定量校正因子？在什么情况下可以不用校正因子？

14．色谱定量分析有哪些方法？它们的应用范围和优缺点有哪些不同？

习　　题

1．在一根 2m 长的硅油柱上,分析一个混合物,得下列数据：苯、甲苯及乙苯的保留时间分别为 1′20″、2′2″及3′1″；半峰宽为 0.211cm、0.291cm 及 0.409cm,已知记录纸速为 1200mm·h^{-1},求色谱柱对每种组分的理论塔板数及塔板高速度。

(885,0.23cm；1082,0.19cm；1206,0.17cm)

2．色谱图上有 2 个色谱峰,它们的保留时间和峰底宽度分别为 t_{R1}=3′20″；t_{R2}=3′50″；$Y_{(1)}$=2.9mm；$Y_{(2)}$=3.2mm。已知 t_M=20″,纸速为 1cm·min^{-1}。求这 2 个色谱峰的相对保留值 r_{21} 和分离度。

(1.17；1.64)

3．分析某试样时,2 个组分的相对保留值 r_{21}=1.11,柱的有效搭板高度 H=1mm,问需要多长的色谱柱才能分离完全(即 R=1.5)？

(4m)

4．为测定乙酸正丁酯的保留指数,选择正庚烷和正辛烷作为标准物质。从它们在阿皮松 L 柱上的色谱流出曲线可知,用记录纸走纸距离表示的调整保留时间分别为：正庚烷 174.0mm,乙酸正丁酯 310.0mm,正庚烷 373.4mm,求乙酸正丁酯的保留指数。

(775.6)

5. 已知某试样仅含乙醇、正庚烷、苯和乙酸乙酯。用热导检测器，各组分峰面积相应为 $5.0cm^2$，$9.0cm^2$，$4.0cm^2$ 和 $7.0cm^2$，用归一化法计算试样中各组分的质量百分含量，已知上述各组分的质量相对校正因子分别为 0.82，0.89，1.00 和 1.01。

（17.7%，34.6%，17.3%，30.5%）

6. 有一试样含甲酸、乙酸、丙酸及不少水、苯等物质，称取此试样 1.055g。以环己酮作内标，称取 0.1907g 环己酮，加到试样中，混合均匀后，吸取此试液 3μL 进样，得到谱图。从色谱图上测得的各组分峰面积及已知的 f 值如下表所示：

	甲酸	乙酸	环己酮	丙酸
峰面积	14.8	72.6	133	42.4
f	3.83	1.78	1.00	1.07

求甲酸、乙酸、丙酸的质量分数。

（甲酸 7.7%；乙酸 17.6%；丙酸 6.2%）

7. 含农药 2.4-二氯苯氧醋酸（2.4-D）的未知混合物，用气相色谱分析。称 10.0mg 未知物，溶解在 5.00mL 溶剂中；又称取四份 2.4-D 标样，亦分别溶于 5.00mL 溶剂中，同样进行分析，获得下列数据。计算未知混合物中 2.4-D 的质量分数。

2.4-D/（mg·5mL^{-1}）	2.0	2.8	4.1	6.4	未知物
进样量/μL	5	5	5	5	5
峰面积/cm^2	12	17	25	39	20

（33.0%）

第10章　高效液相色谱分析

10.1　高效液相色谱法概述

10.1.1　高效液相色谱法的特点

高效液相色谱法（HPLC）是20世纪70年代初发展起来的一种新型分离分析技术，随着不断改进与发展，目前已成为应用极为广泛的化学分离分析的重要手段。它是在经典液相色谱基础上，引入了气相色谱的理论，在技术上采用了高压泵、高效固定相和高灵敏度检测器，因而具备速度快、效率高、灵敏度高、操作自动化的特点。高效液相色谱法与气相色谱法相比，具有以下方面的优点：

（1）气相色谱法分析对象只限于分析气体和沸点较低的化合物，它们仅占有机物质的20%，对于占有机物质总数近80%的那些高沸点、热稳定性差、摩尔质量大的物质，目前主要采用高效液相色谱法进行分离和分析。

（2）气相色谱采用流动相是惰性气体，它对组分没有亲和力，即不产生相互作用力，仅起运载作用。而高效液相色谱法中流动相可选用不同极性的液体，选择余地大，它对组分可产生一定亲和力，并参与固定相对组分的竞争。因此，流动相对分离起很大作用，相当于增加了一个控制和改进分离条件的参数，这为选择最佳分离条件提供了极大方便。

（3）气相色谱一般都在较高温度下进行分离和测定，其应用范围受到了限制。而高效液相色谱法一般在室温条件下工作，不受样品挥发性和高温下稳定性的限制。

总之，高效液相色谱法是吸取了气相色谱的优点，并用现代化手段加以改进，因此得到了迅猛的发展。目前高效液相色谱法已用于分析对生物学和医药上有重大意义的大分子物质，例如蛋白质、核酸、氨基酸、多糖色素、高聚物、染料及药物等物质的分离和分析中，在化工、农药、医药、环境监测、动植物检验检疫等行业和领域得到广泛应用。

高效液相色谱法的仪器设备昂贵，分析费用较高，操作严格，这是它的主要缺点，因此凡能用气相色谱分析的样品一般不用高效液相色谱法。

10.1.2　影响色谱峰扩展及分离的因素

高效液相色谱法的基本概念及理论基础，如保留值、分配系数、分配比、分离度、塔板理论及速率理论等与气相色谱法是一致的。二者的主要区别是流动相不同，高效液相色谱法的流动相为液体，气相色谱的流动相为气体。液体的密度是气体的1000倍，黏度是气体的100倍，扩散系数为气体的$1/10000 \sim 1/100000$，这些差别显然对色谱分离过程产生影响。根据速率理论对色谱峰扩展的影响因素进行讨论。

1．涡流扩散项

涡流扩散项使色谱峰加宽，其原因与气相色谱法相同。

2．分子扩散项

由于液体的扩散系数 D_m 比气体的小得多，因此在液相色谱中，当流动相的线速度 μ 大于 $0.5cm \cdot s^{-1}$ 时，由于分子扩散所引起的色谱峰扩展可忽略不计，而在气相色谱中这一项却是塔板高度增加的主要原因。

3．传质阻力项

传质阻力项包括固定相传质阻力项和流动相传质阻力项，在高效液相色谱中，传质阻力是使色谱扩展的主要因素。

（1）固定相传质阻力项。固定相传质阻力主要发生在液-液分配色谱分析中。试样分子从流动相进入到固定液内进行质量交换的传质过程取决于固定相液膜的厚度和试样分子在固定液内的扩散系数。对液-液分配色谱法，可使用薄的固定相层；而对吸附、排阻和离子交换色谱法，则可使用小的颗粒填料来减小固定相传质阻力项。

（2）流动项传质阻力项。流动项传质阻力包括流动的流动相中传质阻力和滞留的流动相中的传质阻力。

流动的流动相中的传质阻力项是指流动相流经色谱柱内的填充物时，靠近填充物颗粒的流动相流动得稍慢一些，亦即靠近固定相表面的试样分子走的比中间的分子要走的慢些，而使色谱峰加宽。当柱填料规则排布并紧密填充时，这种加宽幅度会降低。滞留的流动相中的传质阻力项是指由于固定相的多孔性，会造成某部分流动相滞留在一个局部，这部分流动相一般是停滞不动的，流动相中的试样分子要与固定相进行质量交换，必须先自流动相扩散到滞留区。如果固定相的微孔既小又深，此时传质速率就慢，对峰的扩展影响就大，这种影响在整个传质过程中起着主要作用。固定相的黏度越小、微孔孔径越大，传质途径也就越小，传质速率也越高，因而柱效就高。由于滞留区传质与固定相的结构有关，所以改进固定相就成为提高液相色谱柱效的一个重要途径。

影响液相色谱峰扩展的因素除上述以外，主要还有柱外展宽（又称柱外效应）。所谓柱外展宽又可以分为柱前展宽和柱后展宽 2 种。柱前展宽主要由进样引起，由于进样器的死体积以及进样时液流扰动引起的扩散造成了色谱峰的不对称和展宽。柱后展宽主要由接管、检测器流通池体积所引起。由于分子在液体中较低的扩散系数，因此在液相色谱中，这个因素比在气相色谱中更为显著。为此连接管的体积、检测器的死体积应尽可能地小。

10.2 高效液相色谱仪

高效液相色谱仪一般可分为 4 个主要部分：高压输液系统、进样系统、分离系统和检测系统，结构示如图 10-1 所示。此外还配有辅助装置，如梯度淋洗，自动进样及数据处理等。其工作过程如下：首先高压泵将贮液器中流动相溶剂经过进样器送入色谱柱，当注入欲分离的样品时，流经进样器的流动相将样品同时带入色谱柱进行分离，然后依先后顺序进入检测器，记录仪将检测器送出的信号记录下来，由此得到液相色谱图。

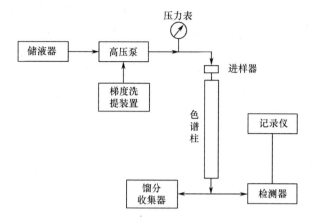

图 10-1　高效液相色谱仪结构示意图

10.2.1　高压输液系统

由于高效液相色谱所用固定相颗粒极细，因此对流动相阻力很大，为使流动相较快流动，必须配备有高压输液系统，它是高效液相色谱仪最重要的部件，一般由储液罐、高压输液泵、过滤器、压力脉动阻力器等组成，其中高压输液泵是核心部件。对高压输液泵来说，一般要求压力为 $150 \times 10^5 Pa \sim 350 \times 10^5 Pa$，压力平稳无脉动，这是因为压力的不稳和脉动的变化，对很多检测器来说是很敏感的，它会使检测器的噪声加大，仪器的最小检测量变坏；另外，要求流量稳定，因为它不仅影响柱效能，而且直接影响到峰面积的重现性和定量分析的精密度，还会引起保留值和分辨能力的变化；对于流速也要有一定的可调范围，因为载液的流速是分离条件之一。

常用的输液泵分为恒流泵和恒压泵 2 种。恒流泵特点是在一定操作条件下，输出流量保持恒定而与色谱柱引起阻力变化无关；恒压泵是指能保持输出压力恒定，但其流量则随色谱系统阻力而变化，故保留时间的重现性差。它们各有优缺点，目前恒流泵正逐渐取代恒压泵。

10.2.2　进样系统

在高效液相色谱中，进样方式及试样体积对柱效有很大的影响。高效液相色谱柱比气相色谱柱短得多，所以柱外展宽较突出。进样系统是引起柱前展宽的主要因素，因此高效液相色谱法中对进样技术要求较严。进样装置一般有 2 类：

（1）隔膜注射进样器。这种进样方式与气相色谱类似。它是在色谱柱顶端装一耐压弹性隔膜，进样时用微量注射器刺穿隔膜将试样注入色谱柱。缺点是不能承受高压，在压力超过 $150 \times 10^5 Pa$ 后，由于密封垫的泄漏，带压进样实际上成为不可能。为此可采用停流进样的方法。这时打开流动相泄流阀，使柱前压力下降至零，注射器按前述方法进样后，关闭阀门使流动相压力恢复，把试样带入色谱柱。由于液体的扩散系数很小，试样在柱顶的扩散很缓慢，故停留进样的效果同样能达到不停流进样的要求。

但停流进样方式无法取得精确的保留时间，峰形的重现性亦较差。其优点是装置简单、价廉、死体积小。

（2）高压进样阀。目前多采用六通阀进样，六通进样阀的原理如图 10-2 所示，操作分 2 步进行，当阀处于装样位置（准备）时，1 和 6、2 和 3、4 和 5 连通，试样用注射器由 5 注入到一定容积的定量管中。注射器要取比定量管容积稍大的试样溶液，多余的试样通过接连 6 的管道溢出。进样时，将阀芯沿顺时针方向迅速旋转 60°，使阀处于进样位置（工作），这时，1 和 2，3 和 4，5 和 6 连通，将贮存于定量管中固定体积的试样送入柱中。

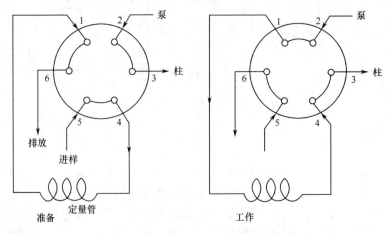

图 10-2　六通进样阀

由于进样可由定量管的体积严格控制，因此进样准确，重复性好，适于作定量分析。更换不同体积的定量管，可调整进样量。

10.2.3　梯度淋洗装置

梯度淋洗装置是高压液相色谱仪中非常重要部分。所谓梯度淋洗，就是流动相中含有 2 种（或更多）不同极性的溶剂，在分离过程中按一定的程序连续改变流动相中溶剂的配比和极性，通过流动相中极性的变化来改变被分离组分的容量因子 k 和选择性因子，以提高分离效果。应用梯度淋洗可使保留时间过短而拥挤不堪、峰形重叠的组分或保留时间过长而峰形扁平、宽大的组分，都能获得良好的分离，使其峰形改善，缩短分析时间。

梯度淋洗可以在常压下预先按一定的程序将溶剂混合后再用泵输入色谱柱，这种方式叫做低压梯度，也称外梯度；也可将溶剂用高压泵增压以后输入色谱系统的梯度混合室，加压混合后送入色谱柱，即所谓高压梯度或称内梯度。

10.2.4　分离系统——色谱柱

色谱柱是液相色谱的心脏部件，它包括柱管与固定相 2 部分。柱管材料多为不锈钢，目前常用的是柱长为 15cm～30cm，内径为 4.6mm 或 3.9mm 的直立柱。填料颗粒度 5μm～10μm，柱效以理论塔板数计大约 7000～20000。液相色谱柱发展的一个重要趋势是减小填料颗粒度（3μm~5μm）以提高柱效，这样可以使用更短的柱（数厘米），获得更快的分析速度。另一方面是减小柱径（内径小于1mm，空心毛细管液相色谱柱的内径只有数十微米），既大为降低溶剂用量又提高检测浓度，然而这对仪器及技术将提出更高的要求。

通常在分析柱前备有一个较短的前置柱（又叫保护柱），前置柱内填充物和分离柱完全一样，这样可使淋洗溶剂由于经过前置柱而使溶于其中的固定相饱和，使它在流过分离柱时不再洗脱其中固定相，保证分离柱的性能不受影响。

柱子装填得好坏对柱效影响很大。液相色谱柱的装柱方法有干法和湿法2种：填料粒度大于20μm的可用和气相色谱柱相同的干法装柱；对于细粒度的填料（<20μm）一般采用匀浆填充法（湿法）装柱，先将填料调成匀浆，然后在高压泵作用下，快速将其压入装有洗脱液的色谱柱内，经冲洗后，即可备用。

10.2.5　检测系统

高效液相色谱检测器的要求与气相色谱检测器的要求基本相同。衡量检测器性能的指标，如灵敏度、最小检测量、线性范围等，仍可用气相色谱的表示方法。

在液相色谱中，有2种基本类型的检测器，一类是溶质性检测器，它仅对被分离组分的物理或化学特性有响应，属于这类检测器的有紫外、荧光检测器等。另一类是总体检测器，它对试样和洗脱液总的物理或化学性质有响应，属于这类检测器的有差示折光、电导检测器等。现将常用的检测器介绍如下：

1．紫外检测器

紫外检测器是高效液相色谱中应用最广泛的一种检测器，它适用于对紫外光（或可见光）有吸收的样品的检测。它的作用原理是基于被分析试样组分对特定波长紫外线的选择性吸收，组分浓度与吸光度的关系遵守比尔定律。据统计，在高效液相色谱分析中，约有80%的样品可以使用这种检测器。它分为固定波长型和可调波长型2类。固定波长紫外检测器常采用汞灯的254mm或280nm谱线，许多有机官能团可吸收这些波长的紫外线。可调波长型实际是以紫外可见分光光度计作检测器。

图10-3是一种双光路结构的紫外光度检测器光路图。光源1一般常采用低压汞灯，透镜2将光源射来的光束变成平行光，经过遮光板3变成一对细小的平行光束，分别通过测量池4与参比池5，然后用紫外滤光片6滤掉非单色光，用2个紫外光敏电阻接成惠斯通电桥，根据输出信号差进行检测。

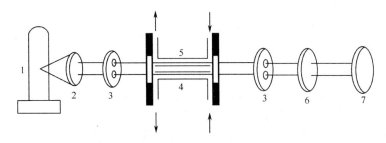

图 10-3　紫外光度检测器光路图

1—低压汞灯；2—透镜；3—遮光板；4—测量池；5—参比池；6—紫外滤光片；7—双紫外光敏电阻。

紫外检测器灵敏度较高，通用性也较好，它要求试样必须有紫外吸收，但溶剂必须能透过所选波长的光，选择的波长不能低于溶剂的最低使用波长。表 10-1 列出一些常用溶剂的最低使用波长。

表 10-1　一些常用溶剂的紫外最低使用波长

溶剂	正己烷	二硫化碳	四氯化碳	苯	氯仿	二氯甲烷	四氢呋喃	丙酮	甲醇	水
最低使用波长/nm	190	380	265	210	245	233	212	330	205	187

近年来，已发展了一种应用光电二极管阵列的紫外检测器，光电二极管阵列检测器是紫外可见光度检测器的一个重要进展。在这类检测器中采用光电二极管阵列作检测元件，阵列由几百至上千多个光电二极管组成，每一个二极管宽 $50\mu m$，各自测量一窄段的光谱。如图 10-4 所示，在此检测器中先使光源发出的紫外或可见光通过液相色谱流通池，在此被流动相中的组分进行特征吸收，然后通过入射狭缝进行分光，使所得含有吸收信息的全部波长的光，聚焦在阵列上同时被检测，并用电子学方法及计算机技术对二极管阵列快速扫描采集数据。由于扫描速度非常快，每帧图像仅需 10^{-2}s，远远超过色谱流出峰的速度，因此可无需停留扫描而观察色谱柱流出物的各个瞬间的动态光谱吸收图。经计算机处理后可得三维色谱-光谱图（如图 10-5 所示）。因此，可利用色谱保留值规律及光谱特征吸收曲线综合进行定性分析。此处，可在色谱分离时，对每个色谱峰的指定位置（峰前沿、峰顶点、峰后沿）实时记录吸收光谱图并进行比较，可判别色谱峰的纯度及分离状况。

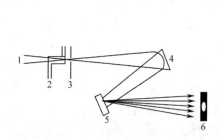 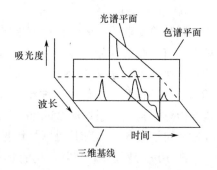

图 10-4　光电二极管阵列检测器光路示意图　　　图 10-5　三维色谱-光谱示意图

1—光源；2—流通池；3—入射狭缝；4—反射镜；5—光栅；6—二极管阵列。

2．荧光检测器

荧光检测器是利用某些物质受到紫外光激发后能发射比激发光波长较长的荧光来对试样进行检测的，对不产生荧光的物质可通过与荧光试剂反应生成能发生荧光的衍生物进行检测。图 10-6 是典型的直角型荧光检测器的示意图。由卤化钨灯产生 280nm 以上的连续波长的强激发光，经透镜和激发滤光片将光源发出的光聚焦，将其分为所要求的谱带宽度并聚焦在流通池上，流通池中欲测组分发射出来的荧光与激发光成 90° 角射出，经过透镜和发射滤光片照射到光电倍增管上进行检测。在一定条件下，荧光强度与物质浓度成正比。荧光检测器是一种选择性强的检测器，它适合于稠环芳烃、甾族化合物、酶、氨基酸、维生素、色素、蛋白质等物质的测定。它灵敏度高，检出限可达 10^{-12}g·cm^{-3}～10^{-13}g·cm^{-3}，比紫外检测器高出 2～3 数量级，也可用于梯度淋洗。缺点是适用范围有一定局限性。

3．差示折光检测器

差示折光检测器是借连续测定流通池中溶液折射率的方法来测定试样浓度的检测器。按其工作原理，可分偏转式和反射式 2 种。现以偏转式为例，它是基于折射率随介质中的成分变化而变化的，如入射角不变，则光束的偏转角是流动相（介质）中成分变化的函数。因此，测量折射角偏转值的大小，便可得到试样的浓度。图 10-7 是一种偏转式差示折光检测器的光路图。

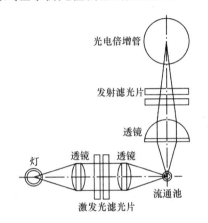

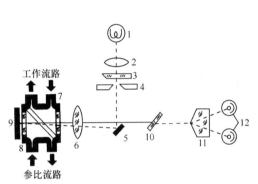

图 10-6　典型的直角型荧光检测器的示意图

图 10-7　偏转式差示折光检测器光路图
1—钨丝灯光源；2—透镜；3—滤光片；4—遮光板；
5—反射镜；6—透镜；7—工作池；8—参比池；
9—平面反射镜；10—平面细调透镜；11—棱镜；12—光电管。

光源 1 射出的光线经曲透镜 2 聚焦后，从遮光板 4 的夹缝射出一条细窄光束，经反射镜 5 反射后，由透镜 6 穿过工作池 7 和参比 8，被平面反射镜 9 反射，成像于棱镜 11 的棱口上，然后光束均匀分解为 2 束，到达左右 2 个对称的光电管 12 上。如果工作池和参比池都通过纯流动相，光束无偏转，左右 2 个光电管的信号相等，此时输出平衡信号。如果工作池有试样通过，由于折射率改变，造成了光束的偏移，左右 2 个光电管所接受的光束能量不等，因此输出一个代表偏转角大小（即反映试样浓度）的信号。滤光片 3 可阻止红外光通过，以保证系统工作的热稳定性。透镜 10 用以调整光路系统的不平衡。

几乎所有物质都有各自不同的折射率，因此差示折光检测器是一种通用型检测器，灵敏度可达 10^{-7}g.cm^{-3}。为了提高灵敏度，要求尽量选择与组分折光率有较大差别的溶剂作流动相。主要缺点是对温度变化敏感，并且不能用于梯度淋洗。

4．电导检测器

电导检测器是离子色谱法应用最多的检测器。其作用原理是基于物质在某些介质中电离后所产生电导变化来测定电离物质的含量。它的主要部件是电导池，图 10-8 是电导检测器结构示意图。电导检测器的响应受温度的影响较大，因此要求放在恒温箱中。电导检测器的缺点是 pH>7 时不够灵敏。

近年来发展的新型检测器有质谱检测器、Fourier 红外检测器、光散射检测器等。由于价格昂贵，应用受到限制。

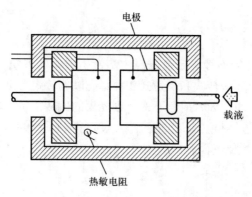

图 10-8　电导检测器结构示意图

10.3　高效液相色谱法的主要类型

高效液相色谱法根据分离机理不同，可分为以下几种类型，现分别讨论如下。

10.3.1　液-液分配色谱法（LLPC）

在液-液色谱法中，流动相和固定相均为液体，作为固定相的液体是涂在很细小的惰性担体上。

1. 分离原理

液-液分配色谱的分离原理基本与液-液萃取相同，都是根据物质在 2 种互不相溶的液体中溶解度的不同，具有不同的分配系数。所不同的是液-液色谱的分配是在柱中进行的，使这种分配平衡可反复多次进行，造成各组分的差速迁移，从而能分离各种复杂组分。组分在两相的分配系数 K 为：

$$K = \frac{C_s}{C_m} = k\frac{V_m}{V_s}$$

式中：k 为容量因子，C_s 和 C_m 分别是组分在固定相和流动相中的浓度，V_s 和 V_m 分别为固定相和流动相的体积。K 越大组分保留值越大。

2. 固定相

液-液色谱的固定由担体和固定液组成。

由硅胶和硅藻土等材料制成的直径在 $30\mu m \sim 50\mu m$ 的多孔型颗粒是常用作的液-液色谱担体。薄壳型微球和全多孔型硅胶微粒吸附剂也是常用的担体。

原则上讲，气相色谱的固定液，只要不和流动相互溶，就可用作液-液色谱固定液。由于液-液色谱中流动相参与选择竞争，因此，对固定相选择较简单，只需使用几种极性不同的固定液即可解决分离问题。例如，最常用的强极性固定液 β，β—氧二丙腈，中等极性的聚乙二醇，非极性的角鲨烷等。

3. 流动相

在液-液色谱中为了避免固定液的流失。对流动相的一个基本要求是流动相尽可能不与固定相互溶，而且流动相与固定相的极性差别越显著越好。根据所使用的流动相和固定液的极性程度，将其分为正相分配色谱和反相分配色谱。采用流动相的极性小于固定相的极性，称为正相分配色谱，它适用于极性化合物的分离。其流出顺序是极性小的先流出，极性大的后流出。如果采用流动相的极性大于固定相的极性，称为反相分配色谱。它适用于非极性化合物的分离，其流出顺序与正相色谱恰好相反。

液−液色谱中流动相是各种极性不同的溶剂，常用溶剂极性从大到小排列顺序为：水、甲酰胺、乙腈、甲醇、乙醇、丙醇、二氧六环、四氢呋喃、甲乙酮、正丁醇、醋酸乙酯、乙醚、异丙醚、二氯甲烷、氯仿、溴乙烷、苯氯丙烷、甲苯、四氯化碳、二硫化碳、环己烷、己烷、庚烷、煤油。为了获得合适极性的溶剂，常采用二元或多元组合的溶剂作流动相。以上溶剂也作为液−固吸附色谱和化学键合相色谱的流动相，在下面的内容中就不再重述。

另外，溶剂的黏度大小也是流动相的一个重要指标，若使用高黏度溶剂，势必增高压力，不利于分离，常用的低黏度溶剂有丙酮、甲醇、乙腈等。但黏度过于低的溶剂也不宜采用，例如戊烷、乙醚等，它们易在色谱柱或检测器内形成气泡，影响分离。

液−液色谱适用于各种样品类型的分离和分析，无论是极性的和非极性的，水溶性和油溶性的，离子型的和非离子型的各种化合物。

10.3.2　化学键合相色谱法（CBPC）

将固定液机械地涂渍在担体上组成固定相，尽管选用与固定液不互溶的溶剂做流动相，但在色谱过程中固定液仍会有微量溶解，以及流动相流经色谱柱时的机械冲击，固定相会不断流失。为了更好地解决这一问题，产生了化学键合固定相。它是将各种不同有机基团通过化学反应键合到担体表面的一种方法，它代替了固定液的机械涂渍。由于键合固定相非常稳定，在使用中不易流失，适用于梯度淋洗，特别适用于分离容量因子 k 值范围宽的样品。由于键合到载体表面的官能团可以是各种极性的，因此它适用于种类繁多样品的分离。统计，约有 3/4 以上的分离问题是在化学键合固定相上进行的。

1．键合固定相类型

用来制备键合固定相的担体，几乎都用硅胶。利用硅胶表面的硅醇基（Si−OH）与有机分子之间可成键，即可得到各种性能的固定相。一般可分 3 类：

（1）疏水基团。如不同链长的烷烃（C_8 和 C_{18}）和苯基等。

（2）极性基团。如氨丙基、氰乙基、醚和醇等。

（3）离子交换基团。如作为阴离子交换基团的胺基，季铵盐；作为阳离子交换基团的磺酸等。

2．键合固定相的制备

（1）硅酸酯（$\equiv$Si—OR）键合固定相。它是最先用于液相色谱的键合固定相。用醇与硅醇基发生酯化反应：

$$\equiv\text{Si—OH}+\text{ROH} \rightarrow \equiv\text{Si—OR}+\text{H}_2\text{O}$$

由于这类键合固定相的有机表面是一些单体，具有良好的传质特性，但这些酯化过的硅胶填料易水解且受热不稳定，因此仅适用于不含水或醇的流动相。

（2）$\equiv$Si—C 或 $\equiv$Si—N 共价键键合固定相。

制备反应如下：

$$\equiv Si - OH + SOCl_2 \longrightarrow \equiv Si - Cl$$

共价键键合固定相不易水解并且热稳定较硅酸酯好。缺点是格氏反应不方便；当使用水溶液时，必须限制 pH 在 4～8 范围内。

（3）硅烷化（$\equiv Si - O - Si - C$）键合固定相制备反应如下：

$$\equiv Si - OH + ClSiR_3 \longrightarrow -Si - O - SiR_3 + HCl$$
$$（或 ROSiR_3）$$

这类键合固定相具有热稳定好，不易吸水，耐有机溶剂的优点。能在 70℃ 以下，pH 在 2～8 范围内正常工作，应用较广泛。

3．反相键合相色谱法

此法的固定相是采用极性较小的键合固定相，如硅胶－$C_{18}H_{37}$、硅胶－苯基等；流动相是采用极性较强的溶剂，如甲醇-水、乙腈-水、水和无机盐的缓冲溶液等。它多用于分离多环芳烃等低极性化合物；若采用含有一定比例的甲醇或乙腈的水溶液为流动相，也可用于分离极性化合物；若采用水和无机盐的缓冲液为流动相，则可分离一些易离解的样品，如有机酸、有机碱、酚类等。反相键合相色谱法具有柱效高，能获得无拖尾色谱峰的优点。

关于反相键合相色谱的分离机理，可用所谓疏溶剂作用理论来解释。这种理论把非极性的烷基键合相看作一层键合在硅胶表面上的十八烷基的"分子毛"，这种"分子毛"有较强的疏水特性。当用极性溶剂为流动相来分离含有极性官能团的有机化合物时，一方面，分子中的非极性部分与固定相表面上的疏水烷基产生缔合作用，使它保留在固定相中；而另一方面，被分离物的极性部分受到极性流动相的作用，促使它离开固定相，并减小其保留作用（如图 10-9 所示）。显然，2 种作用力之差，决定了分子在色谱中的保留行为。

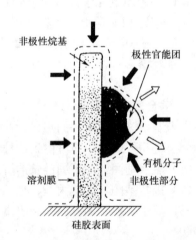

图 10-9　有机分子在烷基键合相上的分离机制

4．正相键合相色谱法

此法是以极性的有机基团，如 CN、NH_2、双羟基等键合在硅胶表面，作为固定相；而以非极性或极性小的溶剂（如烃类）中加入适量的极性溶剂（如氯仿、醇、乙腈等）为流动相，分离极性化合物。此时，组分的分配比 k 值随其极性的增加而增大，但随流动相极性的增加而降低。

这种色谱方法主要用于分离异构体、极性不同的化合物，特别适用于分离不同类型的化合物。

5. 离子性键合相色谱法

当以薄壳型或全多孔微粒型硅胶为基质，化学键合各种离子交换基团，如—SO_3H、—CH_2NH_2、—$COOH$、—$CH_2N(CH_3)_3Cl$ 等时，就形成了离子性键合相色谱的固定相；流动相一般采用缓冲溶液。其分离原理与离子交换色谱类同。

以上讨论了各种类型化学键合相色谱法，归纳键合相色谱的最大优点是：通过改变流动相的组成和种类，可有效地分离各种化合物（非极性、极性和离子型）。此法的最大缺点是不能用于酸、碱度过大或存在氧化剂的缓冲溶液作流动相的体系。如何根据样品极性种类来选择化学键合的固定相，可参见表10-2

表 10-2　化学键合固定相的选择

样品种类	键合基团	流动相	色谱种类	实例
低极性可溶解于烃类	−C_{18}	甲醇-水	反相	多环芳烃
		乙腈-水		甘油、三脂类酯、脂溶性维生素
		乙腈-四氢呋喃		甾族化合物、氢醌
中等极性可溶于醇	−CN	乙腈、正己烷	正相	脂溶性维生素、甾类、芳香醇、
		氯仿		类脂止痛药
	−NH_2	正己烷		芳香胺、酯、氯化农药、苯二甲酸
		异丙醇		
	−C_{18}	甲醇、水	反相	甾类、可溶于醇的天然产物、维生素、芳香酸、黄嘌呤
	−C_8			
	−CN	乙腈		
高极性可溶于水	−C_8	甲醇、乙腈	反相	水溶性维生素、胺、芳醇、抗菌素、止痛药
	−CN	水、缓冲溶液		
	−C_{18}	水、甲醇、乙腈	反相离子对	酸、磺酸类染料、儿茶酚胺
	−SO_3^-	水和缓冲溶液	阳离子交换	无机阳离子、氨基酸
	−NR_3^+	磷酸缓冲溶液	阴离子交换	核苷酸、糖、无机阴离子、有机酸

10.3.3　液−固吸附色谱法（LSAC）

液−固吸附色谱是以固体吸附剂作为固定相，吸附剂通常是些多孔的固体颗粒物质，在它们的表面存在吸附中心。液固色谱实质是根据物质在固定相上的吸附能力不同来进行分离的。

1. 分离原理

当流动相通过固定相（吸附剂）时，吸附剂表面的活性中心就要吸附流动相分子。同时，当试样分子（X）被流动相带入柱内，只要它们在固定相有一定程度的保留，就要取代数目相当的已被吸附的流动相溶剂分子（S）。于是，在固定相表面发生竞争吸附：

$$X+nS_{ad} \rightleftharpoons X_{ad}+nS$$

达平衡时，有：

$$K_{ad}=\frac{[X_{ad}][S]^n}{[X][S_{ad}]^n}$$

式中：K_{ad} 为吸附平衡常数，K_{ad} 值大表示组分在吸附剂上保留强，难于洗脱。K_{ad} 值小则保留弱，易于洗脱。试样中各组分据此得以分离。

2. 固定相

吸附色谱所用的固定相多是一些吸附活性强弱不等的吸附剂，如硅胶、氧化铝、聚酰胺等。由于硅胶的优点较多，如线性容量较高，机械性能好，不溶胀，与大多数试样不发生化学反应等，因此，以硅胶用得最多。有 2 种硅胶固定相，一种是薄壳微珠，这是在直径约为 $30\mu m\sim40\mu m$ 的玻璃微珠表面附上一层厚度约为 $1\mu m\sim2\mu m$ 的多孔硅胶吸附剂，特点是传质速度快，装填容易，重现性好，但由于试样容量小，需配用高灵敏度的检测器。另一种是全多孔型硅胶微粒，是由纳米级硅胶微粒堆积而成的 $\leqslant10\mu m$ 的全多孔型固定相，特点是传质距离短，柱效高，柱容量并不小。近年来 $5\mu m\sim10\mu m$ 的全多孔型硅胶微粒固定相应用广泛。

液-固吸附色谱法适用于分离质量中等的油性试样，对具有不同官能团的化合物和异构体有较高的选择性。缺点是非线性等温吸附，常引起色谱峰的拖尾现象。

10.3.4 离子交换色谱法（IEC）

此法是利用离子交换原理和液相色谱技术的结合来测定溶液中阳离子和阴离子的一种分离分析方法。凡在溶液中能够电离的物质，通常都可用离子交换色谱法进行分离。它不仅适用无机离子混合物的分离，亦可用于有机物的分离，例如氨基酸、核酸、蛋白质等生物大分子，因此，应用范围较广。

1. 离子交换原理

离子交换色谱法是利用不同待测离子对固定相亲和力的差别来实现分离的。其固定相采用离子交换树脂，树脂上分布有固定的带电荷基团和可游离的平衡离子。当待分析物质电离后产生的离子可与树脂上可游离的平衡离子进行可逆交换时，其交换反应通式如下：

阳离子交换：$R—SO_3^- H^+ + M^+ \rightleftharpoons R—SO_3^- M^+ + H^+$

阴离子交换：$R—NR_3^+ Cl^- + X^- \rightleftharpoons R—NR_3^+ X^- + Cl^-$

一般形式：$R—A + B \rightleftharpoons R—B + A$

达平衡时，以浓度表示的平衡常数（离子交换反应的选择系数）：

$$K_{B/A} = \frac{[B]_r[A]}{[B][A]_r}$$

式中：$[A]_r$、$[B]_r$ 分别代表树脂相中洗脱剂离子（A）和试样离子（B）的浓度；$[A]$、$[B]$ 则代表它们在溶液中的浓度。离子交换反应的选择性系数 $K_{B/A}$ 表示试样离子 B 对于 A 型树脂亲和力的大小，$K_{B/A}$ 越大，说明 B 离子交换能力越大，越易保留而难于洗脱。一般说来，B 离子电荷越大，水合离子半径越小，$K_{B/A}$ 值就越大。

2. 固定相

离子交换色谱法的固定相通常分为 2 种类型，一类以薄壳玻璃球为担体，在这表面涂以 1%的离子交换树脂。另一类是离子交换键合固定相，它是用化学反应把离子交换基团键合在担体表面。后一类又可以分为键合薄壳型（担体是薄壳玻珠）和键合微粒硅胶型（担体是微粒硅胶）2 种。键合微粒硅胶是近年来出现的新型离子交换树脂，试样容量大、柱效高，室温下即可分离。

上述的离子交换树脂，也可分为强酸性与弱酸性的阳离子交换树脂和强碱性的阴离子交换树脂。由于强酸性和强碱性离子交换树脂比较稳定，适用的 pH 范围较宽，在液相色谱中应用较多。离子交换色谱法主要在水溶液中进行。

3. 流动相

离子交换色谱法所用流动相大都是一定 pH 值和盐浓度（或离子强度）的缓冲溶液。通过改变流动相中盐离子的种类、浓度和 pH 值可控制 K 值，改变选择性，如果增加盐离子的浓度，则可降低样品离子的竞争吸附能力，从而降低其在固定相上的保留值。也可以通过改变离子交换树脂的种类，显著地改变试样离子的保留值。一般，各种阴离子的滞留次序为：柠檬酸离子 $> SO_4^{2-} > C_2O_4^{2-} > I^- > NO_3^- > CrO_4^{2-} > Br^- > SCN^- > Cl^- > HCOO^- > CH_3COO^- > OH^- > F^-$，所以用柠檬酸离子洗脱要比用氟离子快。阳离子的滞留次序大致为：$Ba^{2+} > Pb^{2+} > Ca^{2+} > Ni^{2+} > Cd^{2+} > Cu^{2+} > Co^{2+} > Zn^{2+} > Mg^{2+} > Ag^+ > Cs^+ > Rb^+ > K^+ > NH_4^+ > Na^+ > H^+ > Li^+$，但差别不如阴离子明显。关于 pH 值的影响，要视不同情况而定。例如，分离有机酸和有机碱时，这些酸碱的离解程度可通过改变流动相的 pH 值来控制。增大 pH 值会使酸的电离度增加，使碱的电离度减少；降低 pH 值，其结果相反。但无论属于哪种情况，只要电离度增大，就会使样品的保留值增大。

10.3.5　离子色谱法（IC）

离子色谱法是由离子交换色谱法派生出来的一种分离方法。由于离子交换色谱法在无机离子的分析和应用时受到限制。例如，对于那些不能采用紫外检测器的被测离子，如采用电导检测器（离子色谱法的通用检测器），由于被测离子的电导信号被强电解质流动相的高背景电导信号淹没而无法检测。为了解决这一问题，1975 年 Small 等人提出一种能同时测定多种无机和有机离子的新技术，他们在离子交换分离柱后加一根抑制柱，抑制柱中装填与分离柱电荷相反的离子交换树脂。通过分离柱后的样品再经过抑制柱，使具有高背景电导的流动相转变成低背景电导的流动相，从而用电导检测器可直接检测各种离子的含量。这种色谱技术称为离子色谱，这一方法很快成为水溶液中阴离子分析的最佳方法。其反应原理与离子交换色谱法相同，例如在阴离子分析中，试样通过阴离子交换树脂时，流动相中待测阴离子（以 F 为例）与树脂上的离子交换。洗脱反应则为交换反应的逆过程。

$$R\text{—}OH^- + Na^+F^- \rightleftharpoons R\text{—}F^- + Na^+OH^-$$

式中：R 代表离子交换树脂。在阴离子分析中，最简单的洗脱液是 NaOH，洗脱过程中 OH^- 从分离柱的阴离子交换位置置换待测阴离子 F^-。当待测阴离子从柱中被洗脱下来进入电导池时，要求能检测出洗脱液中电导值的改变。但洗脱液中 OH^- 的浓度比试样阴离子浓度大得多才能使分离柱正常工作。因此，与洗脱液的电导值相比，由于试样离子进入洗脱液而引起电导的改变就非常小，其结果是用电导检测器直接测定试样中阴离子的灵敏度极差。若使分离柱流出的洗脱液通过填充有高容量 H^+ 型阳离子交换树脂的抑制柱，则在抑制柱上将发生如下交换反应：

$$R\text{—}H^+ + Na^+OH^- \rightarrow R\text{—}Na^+ + H_2O$$
$$R\text{—}H^+ + Na^+F^- \rightarrow R\text{—}Na^+ + H^+F^-$$

由反应可见，经抑制柱后，一方面将碱转变为电导值很小的水，消除了流动相本底电导的影响。同时，又将样品阴离子转变成相应的酸，由于 H^+ 的淌度为 Na^+ 离子的 7 倍,这就大大提高了所测阴离子的检测灵敏度。对于阳离子样品也有相似的作用机理。

由于抑制柱的容量有限，很容易达到交换饱和，因此要定期再生；而且谱带在通过抑制柱后会加宽，降低了分离度。为了解决这一问题，上世纪 80 年代后期，研制出一种电迁移式电化学抑制器，其结构示意如图 10-10 所示，现以阴离子的分析为例说明其工作原理。

抑制器由 3 个室组成，2 张阳离子交换膜 2、2 夹层间组成抑制室 1，2 张阳离子交换膜的另一侧与柱壳体分别组成阳极室 5 和阴极室 6，阴阳极室内置有电极 3、4 和电解液。来自分离柱的淋洗液带着被测离子从抑制室流过进入电导检测器。

在电场作用下，电极上发生下列电化学反应：

阳极：$2H_2O-4e=O_2\uparrow+4H^+$

阴极：$4H_2O+4e=2H_2\uparrow+4OH^-$

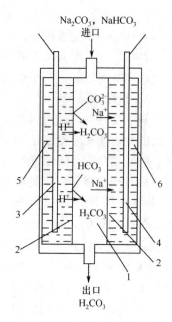

图 10-10　电迁移式电化学
抑制器结构示意图
1—抑制室；2—离子交换膜；3—阳极；
4—阴极；5—阳极室；6—阴极室。

同时在电场的作用下阳极室内的 H^+ 透过阳离子交换膜进入抑制室，淋洗液中的 Na^+ 及样品中的配对阳离子进入抑制室后透过阳离子交换膜进入阴极室，在抑制室内实现了 H^+ 和淋洗液中的 Na^+、H^+ 和样品中配对的阳离子的交换，从而将淋洗液转换成低电导率的物质 H_2CO_3，将样品转换成电导率更高的物质。这种抑制器采用棒状电极，电极与抑制室两侧的阳离子交换膜有一定的距离，为了降低电极与膜之间的工作电压，电极室内采用硫酸溶液。再生离子 H^+ 的来源主要是电解液，硫酸中的 H^+ 的电迁移，工作一段时间电解液必须更换是这类抑制器的主要缺点。

1992 年美国戴安公司将电化学原理引入化学膜抑制器，研制成了自循环再生抑制器。其工作原理基本与上述的电迁移式电化学抑制器相似，先进之处是该抑制器的电极与抑制室的薄膜之间只隔一层供气体、液体流路的薄层导电栅网，从而降低了抑制器的工作电压。使得可以采用电解流经电极的纯水或检测器尾液的水产生再生离子 H^+，而在电极室不再采用化学试剂硫酸溶液，成为一种电解水产生再生离子的电化学抑制器。这是目前离子色谱普遍使用的抑制器。

Frita 等人提出不采用抑制器的离子色谱体系，而采用电导率极低的溶液,例如 1×10^{-4} $mol.dm^{-3}\sim5\times10^{-4}mol.dm^{-3}$ 苯甲酸盐或邻苯二甲酸盐的稀溶液作流动相，称为非抑制型离子色谱或单柱离子色谱。通常阳离子的色谱分析过程就采用此种分析方法。

10.3.6　离子对色谱法（IPC）

离子对色谱法是分离分析强极性有机酸和有机碱的极好方法。它是离子对萃取技术与色谱法相结合的产物。在 20 世纪 70 年代中期，Schill 等人首先提出离子对色谱法，后来，这种方法得到了十分迅速的发展。

离子对色谱法是将一种（或数种）与溶质离子电荷相反的离子（称对离子或反离子）加到流动相或固定相中，使其与溶质离子结合形成离子对，从而控制溶质离子保留行为的一种色谱法。关于离子对色谱机理，至今仍不十分明确，已提出 3 种机理：离子对形成机理、离子交换机理和离子相互作用机理。现以离子对形成机理说明之。假如有一离子对色谱体系，固定相为非极性键合相，流动相为水溶液，并在其中加入一种电荷与组分离子 A^- 相反的离子 B^+，B^+ 离子由于静电引力与带负电的 A^- 组分离子生成离子对化合物 A^-B^+。离子对生成反应式如下：

$$A^-_{\text{水相}} + B^+_{\text{水相}} \Longrightarrow A^-B^+_{\text{有机相}}$$

由于离子对化合物 A^-B^+ 具有疏水性，因而被非极性固定相（有机相）提取。组分离子的性质不同，它与反离子形成离子对的能力大小不同以及形成的离子对疏水性质不同，导致各组分离子在固定相中滞留时间不同，因而出峰先后不同。这就是离子对色谱法分离的基本原理。

离子对色谱法类型很多，根据流动相和固定相的极性可分为反相离子对色谱法和正相离子对色谱法。其中，键合相反相离子对色谱法最重要。这种色谱法的固定相采用非极性的疏水键合相（如十八烷基键合相（ODS）等），流动相为加有平衡离子（反离子）的极性溶液（如甲醇—水或乙腈—水）。

键合相反相离子对色谱法操作简便，只要改变流动相的 pH 值、平衡离子的浓度和种类，就可在较大范围内改变分离的选择性，能较好解决难分离混合物的分离问题。此方法发展迅速，应用也较广泛。

10.3.7　排阻色谱法

排阻色谱法又称凝胶色谱法，主要用于较大分子的分离。

1. 分离原理

排阻色谱法与其他液相色谱方法原理不同，它不具备吸附、分配和离子交换作用机理，而是基于试样分子的尺寸和形状不同来实现分离的。它的固定相为化学惰性多孔物质——凝胶，类似于分子筛，但孔径比分子筛大。凝胶内具有一定大小的孔穴，体积大的分子不能渗透到孔穴中去而被排阻，较早地被淋洗出来；中等体积的分子部分渗透；小分子可以完全渗透入内，最后洗出色谱柱。这样，样品分子基本上按其分子大小，排阻先后由柱中流出。

在排阻色谱分离中，试样相对分子质量与洗脱体积的关系如图 10-11 所示，图的上部分表示洗脱体积和聚合物分子大小之间的关系，下部分为各有关聚合物的洗脱曲线。上图中 A 点表示比 A 点相应的相对分子质量大的分

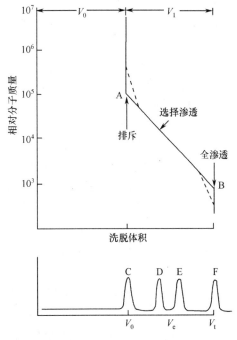

图 10-11　排阻色谱法示意图

子，均被排斥在所有的凝胶孔之外，称作排斥极限点。这些物质将以一个单一的谱带 C 出现，在保留体积 V_0 时一起被洗脱。很明显，V_0 表示柱中凝胶颗粒之间的体积。另外，凝胶还有一个全渗透极限点 B，凡比 B 点相应的相对分子质量小的分子都可以完全渗入凝胶孔穴中。当然，这些化合物也将以一个单一的谱带 F 在保留体积 V_t 被洗脱。对于相对分子质量介于上述 2 个极限点之间的化合物，将根据它们的分子尺寸部分进入孔穴，部分被排斥在孔穴外，进行选择渗透。这样，试样物质将按相对分子质量降低的次序被洗脱。

2. 固定相

排阻色谱固定相种类很多，一般可分为软性、半刚性和刚性凝胶 3 类。所谓凝胶，指含有大量液体（一般是水）的柔软而富于弹性的物质，它是一种经过交联而具有立体网状结构的多聚体。

（1）软性凝胶。如葡聚糖凝胶、琼脂糖凝胶都具有较小的交联结构，其微孔能吸入大量的溶剂，并能溶胀到它们干体的许多倍。它们适用以水溶性溶剂作流动相，一般用于小分子质量的分析，不适宜于用在高效液相色谱中。

（2）半刚性凝胶。如高交联度的聚苯乙烯（Styragel）比软性凝胶稍耐压，溶胀性不如软性凝胶。常以有机溶剂作流动相。用于高效液相色谱时，流速不宜大。

（3）刚性凝胶，如多孔硅胶、多孔玻璃等。它们既可用水溶性溶剂，又可用有机溶剂作流动相，可在较高压强和较高流速下操作。一般控制压强小于 7Mpa、流速 $\leqslant 1\text{cm}^3 \cdot \text{s}^{-1}$，否则将影响凝胶孔径，造成不良分离。

3. 流动相

排阻色谱所选用的流动相必须能溶解样品，并必须与凝胶本身非常相似，这样才能润湿凝胶。当采用软性凝胶时，溶剂也必须能溶胀凝胶。另外，溶剂的粘度要小，因为高粘度溶剂往往限制分子扩散作用而影响分离效果。这对于具有低扩散的大分子物质分离，尤其需要注意。选择溶剂还必须与检测器相匹配。常用的流动相有四氢呋喃、甲苯、氯仿、二甲基酰胺和水等。

以水溶液为流动相的凝胶色谱适用于水溶性样品，以有机溶剂为流动相的凝胶色谱适用于非水溶性样品。

排阻色谱被广泛应用于大分子的分级，即用来分析大分子物质相对分子质量的分布。它具有其他液相色谱所没有的特点：

（1）保留时间是分子尺寸的函数，有可能提供分子结构的某些信息。

（2）保留时间短，谱峰窄，易检测，可采用灵敏度较低的检测器。

（3）固定相与分子间作用力极弱，趋于零。由于柱子不能很强保留分子，因此柱寿命长。

（4）不能分辨分子大小相近的化合物，相对分子质量差别必须大于 10% 才能得以分离。

10.4　高效液相色谱法分离类型的选择

高效液相色谱法的各种方法都各有其自身特点和应用范围，一种方法不可能是万能的，它们往往相互补充，应根据分离分析目的、试样的性质和多少、现有设备条件等选择最合适的方法。一般可根据试样的相对分子质量大小，溶解度及分子结构等进行分离方法的初步选择。

1．根据相对分子质量选择

相对分子质量十分低的样品，其挥发性好，适用于气相色谱。标准液相色谱类型（液–固、液–液及离子交换色谱）最适合的相对分子质量范围是 200～2000。对于相对分子质量大于 2000 的样品，则用尺寸排阻法为最佳。

2．根据溶解度选择

弄清样品在水、异辛烷、苯、四氯化碳、异丙醇中的溶解度是很有用的：如果样品可溶于水并属于能离解物质，以采用离子交换色谱为佳；如样品可溶于烃类（如苯或异辛烷），则可采用液–固吸附色谱；如样品溶解于四氯化碳，则多采用常规的分配和吸附色谱分离；如样品既溶于水又溶于异丙醇时，常用水和异丙醇的混合液作液–液分配色谱的流动相，以憎水性化合物作固定相。

3．根据分子结构选择

用红外光谱法，可预先简单地判断样品中存在什么官能团，然后确定采用什么方法合适。例如：酸、碱化合物用离子交换色谱；脂肪族或芳香族用液–液分配色谱、液–固吸附色谱；异构体用液–固吸附色谱；不同官能团及强氢键的用液–液分配色谱。

现列出表 10-3 作为选择分离类型的参考。

表 10-3　液相色谱分离类型选择参考表

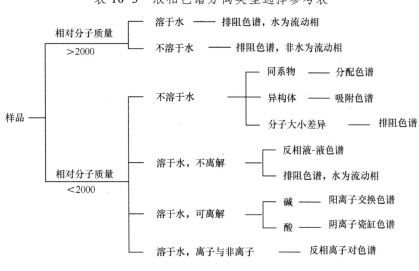

思　考　题

1．从分离原理、仪器构造及应用范围上简要比较气相色谱及液相色谱的异同点。

2．在液相色谱中，采取什么措施可改变柱子选择性？

3．现需分离分析一氨基酸试样，拟采用哪种色谱？

4．提高液相色谱中柱效的最有效途径是什么？

5．何谓反相液相色谱？何谓正相液相色谱？

6．在液相色谱法中，梯度淋洗适用于分离何种试样？

7. 在液相色谱中，范氏方程中的哪一项对柱效能的影响可以忽略不计？

8. 对下列试样，用液相色谱分析，应采用何种检测器：

（1）长链饱和烷烃的混合物；

（2）水源中多环芳烃化合物。

9. 对聚苯乙烯相对分子质量进行分级，应采用哪一种液相色谱法？

10. 什么是化学键合固定相？它的突出优点是什么？

11. 什么叫梯度洗脱？它与气相色谱中的程度升温有何异同？

12. 指出下列各种色谱法，最适宜分离的物质。

（1）气液色谱；

（2）正相色谱；

（3）反相色谱；

（4）离子交换色谱；

（5）凝胶色谱；

（6）气固色谱；

（7）液固色谱。

13. 分离下列物质，适宜用何种液相色谱方法？

（1）CH_3CH_2OH 和 $CH_3CH_2CH_2OH$；

（2）Ba^{2+} 和 Sr^{2+}；

（3）C_4H_9COOH 和 $C_5H_{11}COOH$；

（4）高相对分子质量的葡糖苷。

14. 在硅胶柱上，用甲苯为流动相时，某溶质的保留时间为 28min。若改用四氯化碳或三氯甲烷为流动相，试指出哪一种溶剂能减小该溶质的保留时间？

15. 指出下列物质在正相色谱和反相色谱中的洗脱顺序：

（1）正己烷，正己醇，苯；

（2）乙酸乙酯，乙醚，硝基丁烷。

第 11 章　核磁共振波谱分析

11.1　核磁共振波谱法概述

在过去 50 年中，波谱学已全然改变了化学家、生物学家和生物医学家的日常工作，波谱技术成为探究大自然中分子内部秘密的最可靠、最有效的手段。核磁共振波谱（NMR）是其中应用最广泛研究分子性质的最通用的技术。从分子的三维结构到分子动力学、化学平衡、化学反应性和超分子集体、有机化学的各个领域。核磁共振技术是珀塞尔（Purcell）和布洛齐（Bloch）始创于 1946 年，至今已有 60 多年的历史。自 1950 年应用于测定有机化合物的结构以来，经过几十年的研究和实践，发展十分迅速，现已成为测定有机化合物结构不可缺少的重要手段。

从原理上说，凡是自旋量子数不等于零的原子核，都可以发生核磁共振。^{1}H－NMR 称为氢谱，^{13}C–NMR 称为碳谱。我们仅讨论氢谱。

11.1.1　核磁共振现象

在磁场的激励下，一些具有磁性的原子核存在着不同的能级，如果此时外加一个能量，使其恰等于相邻 2 个能级之差，则该核就可能吸收能量（称为共振吸收），从低能级跃迁到高能级，而所吸收的能量数量级相当于射频率范围的电磁波。因此，所谓核磁共振就是研究磁性原子核对射频能的吸收。

氢原子核是带电荷的粒子，若有自旋现象，可产生一个磁场，即产生磁矩。因此，我们可以把一个自旋的原子核看作一块小磁铁。原子的磁矩在无外磁场影响下，取向是紊乱的，在外磁场中，它的取向是量子化的，只有两种可能的取向，如图 11-1 所示：

当 m_s= +1/2 时，如果取向方向与外磁场方向平行，则为低能级（低能态）

当 m_s=−1/2 时，如果取向方向与外磁场方向相反，则为高能级（高能态）。

两个能级之差为 ΔE：

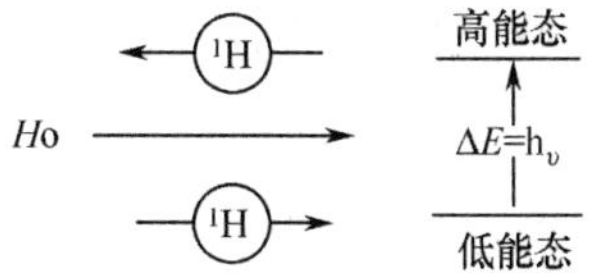

图 11-1　氢原子在外加磁场中的取向示意图

$$\Delta E = r \frac{\mathrm{h}}{2\pi} H_0 \qquad (11-1)$$

式（11-1）中，r 为旋核比，一个核常数；h 为普朗克常数，6.626×10^{-34}J·S。ΔE 与磁场强度（H_0）成正比。给处于外磁场的质子辐射一定频率的电磁波，当辐射所提供的能量恰好等于质子 2 种取向的能量差（ΔE）时，质子就吸收电磁辐射的能量，从低能级跃迁至高能级，这种现象称为核磁共振。

11.1.2　核磁共振谱仪基本原理

如图 11-2 所示，装有样品的玻璃管放在磁场强度很大的电磁铁的两极之间，用恒定频率的无线电波照射通过样品。在扫描发生器的线圈中通直流电流，产生一个微小磁场，使总磁场强度逐渐增加，当磁场强度达到一定的值 H_0 时，样品中某一类型的质子发生能级跃迁，这时产生吸收，接收器就会收到信号，由记录器记录下来，得到核磁共振谱。

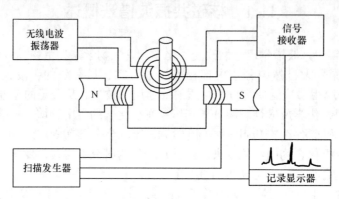

图 11-2　核磁共振谱仪工作原理示意图

11.2　屏蔽效应与化学位移

11.2.1　化学位移

氢质子（^{1}H）用扫场的方法产生的核磁共振，理论上都在同一磁场强度（H_0）下吸收，只产生一个吸收信号。实际上，分子中各种不同环境下的氢，在不同 H_0 下发生核磁共振，给出不同的吸收信号。例如，对乙醇进行扫场则出现 3 种吸收信号，在谱图上就是 3 个吸收峰。如图 11-3 所示：

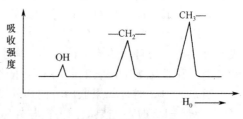

图 11-3　乙醇的 ^{1}HNMR 图

由于氢原子在分子中的化学环境不同，因而在不同磁场强度下产生吸收峰，峰与峰之间的差距称为化学位移。

11.2.2　屏蔽效应

核外电子在与外加磁场垂直的平面上绕核旋转同时将产生一个与外加磁场相对抗的第二磁场。结果对氢核来说，等于增加了一个免受外加磁场影响的防御措施。这种作用叫做电子的屏蔽效应，其示意图如图 11-4 所示。

以氢核为例，实受磁场强度：

$$H_N=H_0(1-\sigma) \tag{11-2}$$

（11-2）式中，σ 为屏蔽常数，表示电子屏蔽效应的大小，其数值取决于核外电子云密度。

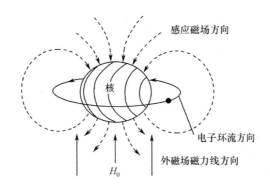

图 11-4　核外电子的抗磁屏蔽示意图

11.2.3　化学位移值

化学位移值的大小，可采用一个标准化合物为原点，测出峰与原点的距离，就是该峰的化学位移值，一般采用四甲基硅烷为标准物（代号为 TMS）。

化学位移是依赖于磁场强度的，不同频率的仪器测出的化学位移值不同，为了使在不同频率的核磁共振仪上测得的化学位移值相同（不依赖于测定时的条件），通常用 δ 来表示，如式（11-3）所示，δ 的定义为：

$$\delta = (\frac{\upsilon_{样品} - \upsilon_{TMS}}{\upsilon_{仪器所用频率}}) \times 10^6 \qquad (11-3)$$

标准化合物 TMS 的 δ 值为 0

11.3　自旋耦合及自旋裂分

11.3.1　自旋裂分

应用高分辨率的核磁共振仪时，得到等性质子的吸收峰不是一个单峰而是一组峰的信息。这种使吸收峰分裂增多的现象称为峰的自旋裂分。

例如：乙醚的自旋裂分如图 11-5 所示：

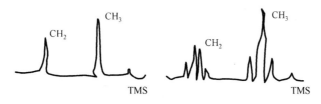

图 11-5　乙醚的自旋裂分

11.3.2　自旋耦合

裂分是因为相邻 2 个碳上质子之间的自旋偶合（自旋干扰）而产生的。我们把这种由于邻近不等性质子自旋的相互作用（干扰）而分裂成几重峰的现象称为自旋耦合。

下面以溴乙烷为例说明自旋耦合的产生：

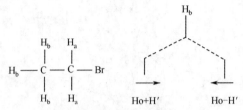

2 个 H_a 为等价氢，3 个 H_b 为等价氢，我们讨论 H_a、H_b 的相互偶合的情况。H_a 在外磁场中自旋，产生 2 种方向的感应小磁场 H′，当 H′作用于 H_b 周围时，使得 H_b 的实受磁场有 2 种情况，这样就使得 H_b 的信号分裂为二重峰。

$$H_a \underline{自旋} \begin{cases} +H' & H_b = Ho + H' \\ -H' & H_b = Ho - H' \end{cases}$$

当两个 H_a 的自旋磁场作用于 H_b 时，其偶合情况为：

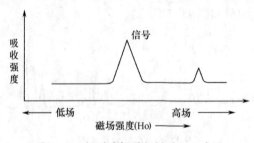

$$H_b的实受磁场为 \begin{cases} Ho + H' + H' = Ho + 2H' & (\uparrow\uparrow) \\ Ho + H' - H' = Ho & (\uparrow\downarrow) \\ Ho - H' + H' = Ho & (\downarrow\uparrow) \\ Ho - H' - H' = Ho - 2H' & (\downarrow\downarrow) \end{cases}$$

2 个 H_a 对 H_b 的偶合作用，使 H_b 的信号分裂为三重峰，其面积比为 1:2:1。

11.3.3 裂分规律

一般来讲，裂分数可以应用（$n+1$）规律，即二重峰表示相邻碳原子上有 1 个质子；三重峰表示有 2 个质子；四重峰则表示有 3 个质子等。而裂分后各组多重峰的强度比为：二重峰 1:1；三重峰 1:2:1；四重峰 1:3:3:1 等。即比例数为（$a+b$）^{n} 展开后各项的系数。

11.3.4 核磁共振图的表示方法

图 11-6 为核磁共振图扫描过程示意图，若固定磁场强度，改变频率，叫扫频；若固定频率，改变磁场强度，叫扫场，现在多用扫场方法得到谱图。

图 11-6　核磁共振图扫描过程示意图

11.4　核磁共振波谱法的解析

核磁共振谱图主要可以得到如下信息：

180

（1）由吸收峰数可知分子中氢原子的种类。

（2）由化学位移可了解各类氢的化学环境。

（3）由裂分峰数目大致可知各种氢的数目。

（4）由各种峰的面积比即知各种氢的数目。

例 1：分子式为 C_3H_6O 的某化合物的核磁共振谱如下，试确定其结构。

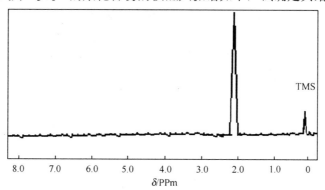

解：谱图上只有一个单峰，说明分子中所有氢核的化学环境完全相同。结合分子式可断定该化合物为丙酮。

例 2：某化合物的化学式为 $C_{11}H_{12}O_2$，其 ^{1}HNMR 谱图如下，试推断其结构式。

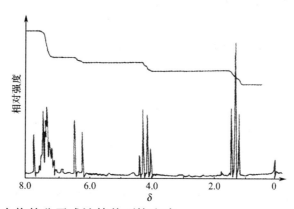

解：（1）由化合物的分子式计算其不饱和度：

$$u = \frac{1}{2}\left[\sum_i n_i(v_i - 2) + 2\right]$$

$$= \frac{1}{2}\left[11 \times (4-2) + 12 \times (1-2) + 2 \times (2-2) + 2\right]$$

$$= 6$$

（2）由谱图上的积分线高度计算其氢原子数：

化学位移值	裂分重峰数	积分线高度	质　子　数
7.5	1	8	5
6.3	双峰	1.5/1.5	1/1
4.3	4	3	2
1.2	3	4.6	3

化学位移 $\delta \sim 7.5$，有苯环存在。并由积分线高度计算出质子数为 5，所以为一元取代苯。

$\delta \sim 6.3$，出现双峰，质子数均为 1，可能是结构单元中的烯键—HC—CH—质子所产生。

$\delta \sim 1.3$，$\delta \sim 4.3$ 处有 2 个吸收峰，这 2 个积分线高度比为 2:3，以及从偶合裂分数，受吸电子基团影响，四重峰向低场移动说明存在—O—CH$_2$CH$_3$。

在所给的化学式中，扣除上述结构单元，剩余的为 C=O，其不饱和度为 1，苯环和烯键的不饱和度为 5，二者和为 6，与计算的不饱和度相一致。

综上所述，此化合物的结构式为：

思　考　题

1. 核磁共振谱图中氢核峰分裂的原因。
2. 核磁共振波谱图上积分曲线中峰面积与氢核数的关系。
3. 何谓自旋偶合、自旋裂分？它们有什么重要性？
4. 解释在下列化合物中 Ha、Hb 的 d 值为何不同？

Ha: $\delta = 7.72$
Hb: $\delta = 7.40$

5. 在 CH$_3$—CH$_2$—COOH 的氢核磁共振谱图中可观察到其中有四重峰及三重峰各一组。（1）说明这些峰的产生原因；（2）哪一组峰处于较低场？为什么？

第12章 质谱分析

质谱分析法是通过对被测样品离子的质荷比的测定来进行分析的一种分析方法。被分析的样品首先要离子化，然后利用不同离子在电场或磁场的运动行为的不同，把离子按质荷比（*m/z*）分开而得到质谱，通过样品的质谱和相关信息，可以得到样品的定性定量结果。从 J.J.Thomson 制成第一台质谱仪，到现在已经有近 90 年了，早期的质谱仪主要是用来进行同位素测定和无机元素分析，20 世纪 40 年代以后开始用于有机物分析，20 世纪 60 年代出现了气相色谱−质谱联用仪，使质谱仪的应用领域大大扩展，开始成为有机物分析的重要仪器。计算机的应用又使质谱分析法发生了飞跃变化，使其技术更加成熟，使用更加方便。20 世纪 80 年代以后又出现了一些新的质谱技术，如快原子轰击电离子源、基质辅助激光解吸电离源、电喷雾电离源、大气压化学电离源，以及随之而来的比较成熟的液相色谱−质谱联用仪、感应耦合等离子体质谱仪、傅立叶变换质谱仪等。这些新的电离技术和新的质谱仪使质谱分析又取得了长足进展。目前质谱分析法已广泛地应用于化学、化工、材料、环境、地质、能源、药物、刑侦、生命科学、运动医学等各个领域。

12.1 质谱分析法的基本原理

12.1.1 基本原理概述

使待测的样品分子汽化，用具有一定能量的电子束（或具有一定能量的快速原子）轰击气态分子，使气态分子失去一个电子而成为带正电的分子离子。分子离子还可能断裂成各种碎片离子，所有的正离子在电场和磁场的综合作用下按质荷比（*m/z*）大小依次排列而得到谱图。

其过程为可简单描述为：

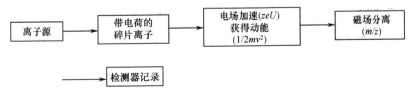

其中：*z* 为电荷数；*e* 为电子电荷；*U* 为加速电压；*m* 为碎片质量；*V* 为电子运动速度。

12.1.2 质谱仪及分析原理

质谱分析法主要是通过对样品的离子的质荷比的分析而实现对样品进行定性和定量的一种方法。因此，质谱仪都必须有电离装置把样品电离为离子，有质量分析装置把不同质荷比的离子分开，经检测器检测之后可以得到样品的质谱图，如图12−1 所示。

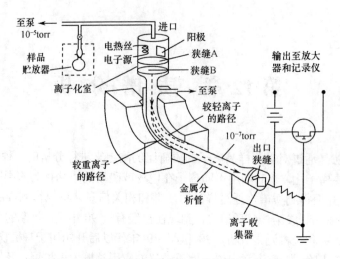

图 12-1　质谱仪的结构图

　　样品经导入系统进入离子源，被电离成离子和碎片离子，由质量分析器分离并按质荷比大小依次抵达检测器，信号经过放大、记录得到质谱。

12.2　质谱图及其离子峰的类型

12.2.1　质谱图

　　质谱图是以质荷比（m/z）为横坐标、相对强度为纵坐标构成的，将原始质谱图上最强的离子峰定为基峰并定为相对强度 100%，其他离子峰以对基峰的相对百分值表示。如图 12-2 所示为丁酮的标准质谱图。

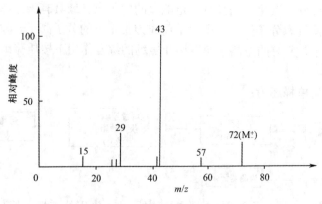

图 12-2　丁酮的质谱图

12.2.2　离子峰的主要类型

　　分子在离子源中可以产生各种电离，即同一分子可产生多种离子峰：分子离子峰、同位素离子峰、碎片离子峰、重排离子峰、亚稳离子峰等。

1．分子离子峰

分子受电子束轰击后失去一个电子而生成的离子 M^+ 称为分子离子，在质谱图上由 M^+ 所形成的峰称为分子离子峰。

$$M+e \rightarrow M^+ + 2e$$

M^+ 称为分子离子或母离子，分子离子的质量与化合物的分子量相等。几乎所有的有机分子都可以产生可以辨认的分子离子峰，正确地识别和解析分子离子峰十分重要。

（1）有机化合物分子离子峰的稳定性。有机化合物分子离子峰一般具有如下的稳定性顺序：

芳香化合物＞共轭链烯＞烯烃＞脂环化合物＞直链烷烃＞酮＞胺＞酯＞醚＞酸＞支链烷烃＞醇。

（2）N 规律。有机化合物通常由 C、H、O、N、S、卤素等原子组成，分子量符合含 N 规律：

由 C，H，O 组成的有机化合物，M 一定是偶数

由 C，H，O，N 组成的有机化合物，N 为奇数，M 为奇数

由 C，H，O，N 组成的有机化合物，N 为偶数，M 为偶数。

（3）分子离子峰的判断：

① 分子离子峰必须有合理的碎片离子，如有不合理的碎片就不是分子离子峰；

② 根据化合物的分子离子的稳定性及裂解规律来判断分子离子峰，如醇类分子的分子离子峰很弱，但常在 M−18 有明显的脱水峰；

③ 降低离子源能量到化合物的离解位能附近，避免多余能量使分子离子近一步裂解

④ 采用不同的电离方式，使分子离子峰增强。

2．同位素离子峰

组成有机化合物的元素许多都有同位素，所以在质谱中就会出现不同质量的同位素形成的峰，称为同位素离子峰。

同位素离子峰的强度比与同位素的丰度比是相当的。如自然界中丰度比很小的 C、H、O、N 的同位素离子峰很小，而 S、Si、Cl、Br 元素的丰度高，其产生的同位素离子峰强度较大，根据 M 和（M+2）2 个峰的强度比容易判断化合物中是否有 S、Si、Cl 等元素或有几个这样的原子。

如：因为 $^{35}Cl:^{37}Cl=3:1$，若分子中含有一个 Cl 原子，M:(M+2)=3:1；若分子中含 2 个 Cl 原子，M:(M+2):(M+4)=9:6:1；若分子中含 3 个 Cl 原子，M:(M+2):(M+4):(M+6)= 27:27:9:1。

因为 $^{79}Br:^{81}Br =1:1$，若分子中含有 1 个 Br 原子，M:(M+2)=1:1；若分子中含 2 个 Br 原子，M:(M+2):(M+4)=1:2:1；若分子中含 3 个 Br 原子，M:(M+2):(M+4):(M+6)= 1:3:3:1。

3．碎片离子峰

分子发生键的断裂只需要约 10eV 能量，而电子轰击的能量为 70eV，因而会产生质量数更小的碎片离子峰。分子离子碎裂后产生的离子形成的峰称为碎片离子峰。

有机化合物受高能作用时会产生各种形式的分裂，通过各种碎片离子的分析，有可能获得整个分子结构的信息。

例如：烷烃化合物断裂多在 C—C 之间发生，且易发生在支链上：

$$CH_3-CH_2-\overset{\overset{\displaystyle CH_3}{|}}{\underset{\underset{\displaystyle CH_3}{|}}{C}}-CH_3 \quad\begin{array}{l} \longrightarrow CH_3-CH_2-\overset{\overset{\displaystyle CH_3}{|}}{\underset{+}{C}}-CH_3(m/z=71) \\ \\ \longrightarrow CH_3-\overset{+}{\underset{\underset{\displaystyle CH_3}{|}}{C}}-CH_3(m/z=57) \end{array}$$

而烯烃多在双键旁的第二个键上开裂：

$$CH_3-CH=CH+CH_3 \longrightarrow CH_3-CH=\overset{+}{CH}$$

4．亚稳离子峰

在离子源生成的离子，如果在飞行中发生裂解，生成子离子和中性碎片，则把这种在飞行中发生裂解的母离子称为亚稳离子，由它形成的质谱峰为亚稳峰。

亚稳峰的特点是：峰弱，强度仅为 m_1 峰的 1%～3%；峰钝，一般可跨 2 个～5 个质量单位。质荷比一般不是整数，与母离子和子离子有如下关系：

$$m^* = \frac{(m_2)^2}{m_1}$$

可将此峰看成 m_1 和 m_2 的"混合峰"，因此形成"宽峰"，极易识别；也可用于寻找裂解途径（通过母离子 m_1 与子离子 m_2 的关系）。

5．重排离子峰

原子或基团经重排后再开裂而形成一种特殊的碎片离子，称重排离子。如醇分子离子经脱水后重排可产生新的重排离子峰。

12.3　质谱法的应用

质谱法是纯物质鉴定的最有力工具之一，其中包括相对分子质量测定、化学式确定及结构鉴定等。

1．相对分子质量的测定

从质谱图中的分子离子峰的质荷比的数据可以准确地测定其相对分子质量，所以准确地确认分子离子峰十分重要。虽然理论上可认为除同位素峰外分子离子峰应是最高质量处的峰，但在实际中并不能由此简单认定。有时由于分子离子稳定性差而观察不到分子离子峰，因此在实际分析时必须加以注意。

2．确定化合物的分子式

由于高分辨的质谱仪可以非常精确地测定分子离子或碎片离子的质荷比（误差可小于 10^{-5}），利用查表中的确切质量求算出其元素组成。在低分辨的质谱仪上，则可以通过同位素相对丰度法推导其化学式，同位素离子峰相对强度与其中各元素的天然丰度及存在个数成正比。

3．物质结构鉴定

纯物质结构鉴定是质谱最成功的应用领域，通过对谱图中各碎片离子、亚稳离子、分子离子的化学式、m/z 相对峰高等信息，根据各类化合物的分裂规律，找出各碎片离子产生的途径，从而拼凑出整个分子结构。根据质谱图拼出来的结构，对照其他分析方法，得出可靠的结果。

4．谱图解析实例

解析步骤：

（1）首先确认分子离子峰，确定分子量；

（2）用同位素峰强比法或精密质量法确定分子式；

（3）计算不饱和度；

（4）解析某些主要质谱峰的归属及峰间关系；

（5）推定结构；

（6）验证：查对标准光谱验证或参考其它光谱及物理常数。

例：未知物质谱图如下，红外光谱显示该未知物在 $1150cm^{-1}\sim1070cm^{-1}$ 有强吸收，试确定其结构。

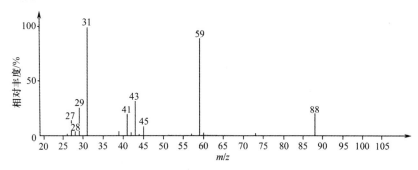

解：从质谱图中得知以下结构信息：

① m/z 88 为分子离子峰；

② m/z 88 与 m/z 59 质量差为 29u，为合理丢失，且丢失的可能是 C_2H_5 或 CHO；

③ 图谱中有 m/z 29、m/z 43 离子峰，说明可能存在乙基、正丙基或异丙基；

④ 基峰 m/z 31 为醇或醚的特征离子峰，表明化合物可能是醇或醚。

由于红外谱在 $1740cm^{-1}\sim1720cm^{-1}$ 和 $3640cm^{-1}\sim3620cm^{-1}$ 无吸收，可否定化合物为醛和醇。因为醚的 m/z 31 峰可通过以下重排反应产生：

$$CH_2CH_2 - \overset{+}{O} = CH_2 \longrightarrow H\overset{+}{O} = CH_2 \quad + \quad CH_2 = CH_2$$

$$m/z31$$

据此反应及其它质谱信息，推测未知物可能的结构为：

质谱中主要离子的产生过程：

$$CH_3 - CH_2 - CH_2 - \overset{+\bullet}{O} - CH_2CH_3 \xrightarrow{\alpha断裂} CH_2 = \overset{+}{O} - CH_2 - CH_2 \longrightarrow$$

$$m/z88 \qquad\qquad m/z59$$

$$CH_2 = \overset{+}{OH} + CH_2 = CH_2$$

$$m/z31$$

思 考 题

1．有机化合物在电子轰击离子源中有可能产生哪些类型的离子？从这些离子的质谱峰中可以得到一些什么信息？

2．如何利用质谱信息来判断化合物的相对分子质量？判断分子式？

参 考 文 献

[1] 国家自然科学基金委员会化学科学部组编. 梁义平, 庄乾坤主编. 分析化学的明天. 北京：科学出版社, 2003.

[2] 朱明华. 仪器分析. 4版. 北京：高等教育出版社, 2007.

[3] 武汉大学. 分析化学（下册）. 5版. 北京：高等教育出版社, 2006.

[4] 华东理工大学, 四川大学化工学院. 分析化学. 第5版. 北京：高等教育出版社, 2003.

[5] 肖新亮, 古风才, 赵桂英. 实用分析化学. 天津：天津大学出版社, 2000.

[6] 曾泳淮, 林树昌. 分析化学（仪器分析部分）. 2版. 北京：高等教育出版社, 2004.

[7] 朱岩主. 离子色谱仪器. 北京：化学工业出版社, 2007.

[8] 张祥民. 现代色谱分析. 上海：复旦大学出版社, 2004.

[9] 刘志广, 张华, 李亚明. 仪器分析. 大连：大连理工大学出版社, 2004.

[10] 北京大学化学系仪器分析教学组. 仪器分析教程. 北京:北京大学出版社. 2002.

[11] 陈培榕, 李景虹, 邓勃. 现代仪器分析实验与技术. 北京：清华大学出版社, 2006.

[12] 杨守祥, 李燕婷, 王宜伦. 现代仪器分析教程. 北京：化学工业出版社, 2009.

[13] 刘约权. 现代仪器分析2版. 北京：高等教育出版社, 2006.

[14] 冯玉红. 现代仪器分析实用教程. 北京：北京大学出版社, 2008.

[15] 方惠群, 于俊生, 史坚. 仪器分析. 北京：科学出版社, 2002.